本系列丛书为浙江大学CARD国家“985”三期工程“中国新农村建设与发展研究项目”之成果。丛书的调研、写作与出版得到了浙江省农村工作办公室以及相关地市部门的大力支持，在此致谢！

《戈壁明珠玉门》一书得到教育部人文社会科学重点研究基地重大项目(11JD790023)、教育部人文社科一般项目（10YJA790123)以及西北师范大学人文社科基金项目等资助，一并致谢！

中国品牌新农村系列丛书

戈壁明珠玉门

柳建平　张永丽◎著

ZHEJIANG UNIVERSITY PRESS
浙江大学出版社

序　一

经过30多年的改革发展，我国已经站在全面建设小康社会和向现代化迈进的新的历史起点上，正处于以城带乡、以工促农的发展新阶段，正处于加快改造传统农业、走中国特色农业现代化道路的关键时刻，正处于突破城乡二元结构、开创城乡经济社会发展一体化新格局的重要时期。“十二五”时期是全面建设小康社会的战略攻坚时期，也是中国特色工业化、城镇化和农业现代化加速推进的战略机遇期，更是我国发展方式转变的重要转折期。统筹城乡发展、建设社会主义新农村是党中央根据我国“三农”发展依然落后于工业、城市发展的严峻现实而提出来的，是贯穿于社会主义现代化建设全过程的长期任务，也是解决新时期“三农”问题、缩小城乡差别的总抓手。

建设社会主义新农村是我国现代化进程中的重大历史任务，是确保我国顺利实现全面建设小康社会和现代化目标，从根本上解决好“三农”这个重中之重问题的大战略。2005年10月，中国共产党召开了十六届五中全会，通过了关于第十一个五年规划的建议，建议中的农业农村部分的标题就叫做“积极稳妥推进社会主义新农村建设”。自党的十六届五中全会作出了建设社会主义新农村的重大决策后，各地各部门认真贯彻中央决策部署，切实把新农村建设摆上重要位置，统筹谋划，创新思路，进行了创造性的实践。同时各地也从我国地域差异性大、发展明显不平衡的实际出发，坚持遵循新农村建设的普遍规律与从当地实际出发相结合，社会主义新农村建设取得了重大的阶段性成果，形成了众多各具地方特色的新农村建设模式。从“美丽乡村”、“幸福乡村”、“和美家园”等富有地域特色的新农村建设实践中，我们看到了社会主义新农村建设从点到面，由表及里，不断提高和升华的生动局面，有些成功的经验已经发挥出了示范和品牌效应。如浙江安吉把新农村建设与生态示范县建设紧密结合起来，建设中国美丽

乡村的创新经验已经在浙江全省推广，美丽乡村建设已成为浙江社会主义新农村建设的新目标和新标准，这也标志着浙江新农村建设已经进入了一个新阶段。从全国来看，无论是东部、中部、西部，还是东北地区，都涌现出了一批富有自身特色的新农村建设的典型县和典型村。

当前，我国新农村建设正处于深入推进的关键时期。回眸来路，六年来的成就可圈可点，特别是那些在新农村建设中先行一步，求真务实，真抓实干的县和村，已经探索出了新农村建设的新路径、新机制，对这些实践经验加以总结提炼，对其特色加以评判发掘，对其成效加以集中展示，对进一步探索有效推进新农村建设的新途径和新机制，以新的举措开创新农村建设的新局面显得尤为迫切。

基于这样的背景，浙江大学中国农村发展研究院牵头组织相关专家学者，赴典型地区，深入开展调研，并与地方政府开展紧密合作，总结提炼出了一批各具地方特色的中国品牌新农村案例，以系列丛书的形式加以出版，是一件非常有意义的事情。这一系列丛书图文并茂、夹叙夹议，以记者眼光、新闻视角、学者深度深入浅出、可读性强。系列丛书以定时定量的实证分析为体，以新农村新村庄分析为纲，对典型地区新农村建设的成就、模式与品牌进行了全景式的深刻剖析。系列丛书体现了理论与实践相结合的特点，也使得这套丛书更具有实践工作指导和理论学术研究的价值。相信这套丛书的出版将会对我国新农村建设的实践和理论研究起到积极的促进作用。新农村建设不断深化的实践还会催生更多更好的经验值得我们去总结推广，希望有更多的关注“三农”问题的专家学者能够继续深入实践，深入基层，总结出更多更好新农村建设的新案例以供人们研究和借鉴。

陈锡文

2012 年 3 月

序　二

经过30多年改革开放和建设发展，我国已进入了科学发展的新时代。党的十六届五中全会提出了建设社会主义新农村的重大历史任务，是中央顺应城乡统筹发展“两个趋向”的大趋势，从我国总体上已进入以工促农，以城带乡发展新阶段的实际出发，着力于解决重中之重、难中之难、急中之急的“三农”问题，着力缩小城乡差距，顺利推进全面建设小康社会和现代化宏伟事业所作出的与时俱进的战略决策，这已成为全党全国和广大农民群众的自觉行动。

浙江省作为我国东部沿海的发达地区，农村改革发展走在全国前列。从2003年开始，浙江省就按照党中央提出的统筹城乡发展方略，大力实施“千村示范、万村整治”工程，按照“干在实处、走在前列”的要求，开展以村庄环境整治为重点的社会主义新农村建设的实践探索。为深入贯彻落实党的十六届五中全会精神，浙江省及时制定并实施《关于全面推进社会主义新农村建设的决定》。经过几年的努力，全省各地在社会主义新农村建设方面取得了令人瞩目的成就，特别是在建设现代农业，推进高效生态农业发展；促进农村劳动力转产转业，增加农民收入；改善农民生产生活条件，建设农村新社区；建设农村公共服务体系，解决农民“看病难、就学难、养老难”；推进农村民主政治建设，构建农村和谐社会；提升农民整体素质，培育新型农民；促进区域协调发展，加快欠发达地区新农村建设等方面取得了重大突破。与此同时，在深入进行社会主义新农村建设的实践中，湖州安吉、衢州江山、杭州桐庐、宁波北仑、丽水遂昌等县创造性地开展了“中国美丽乡村”、“中国幸福乡村”建设工作，取得了显著成效。一批县域新农村建设的创新实践为全省社会主义新农村建设作出了创新性、示范性的贡献，对于深入推进、整体提升社会主义新农村建设水平起到了明显的示范作用。

浙江大学中国农村发展研究院对浙江省社会主义新农村建设中涌现出来的

先进典型和全国的社会主义新农村建设先进县市进行了深入的调查研究和理论提炼，编写出这套“中国品牌新农村系列丛书”，对进一步探索和提升我国社会主义新农村建设水平具有重要的现实指导作用。浙江大学中国农村发展研究院作为国家教育部定点的“三农”研究重点基地，充分发挥其独特的优势，牵头组织了浙江省农科院农村发展所等有关专家和研究人员，开展专题调研，并与地方政府紧密合作，概括提炼出一批各具特色的中国品牌新农村案例，以独到的视角系统总结了我国社会主义新农村建设所取得的新成就、新经验，所面临的新情况、新问题，并对新农村建设中诸如体制机制创新、农民收入问题、新型农民培育、新社区建设、农业现代化道路等重大问题，提出具有创新性、针对性和前瞻性的理论观点、对策思路和政策建议。

钱江潮涌竞卓越，扎根于实践沃土的理论之树常青。浙江和全国各地“三农”的改革发展的生动实践为新时期“三农”研究提供了丰厚的土壤。“中国品牌新农村系列丛书”以社会主义新农村建设的生动实践为基础，进行科学的理论概括，是我国首部把视角聚焦于县域社会主义新农村建设实践的研究成果。该丛书的出版必将对我国社会主义新农村建设提升发展起到积极的推动作用，同时，也会给人们对新时期我国“三农”转型发展和制度变革有更加清晰的理解，对社会主义新农村建设向更高层次发展带来更加宽阔的视野和启示。

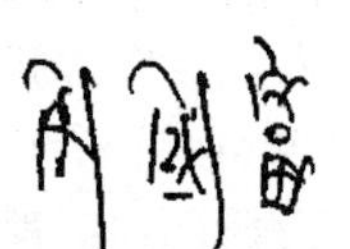

2012年3月

书记心声

——让戈壁明珠更加辉煌灿烂

中共玉门市委书记　雒兴明

唐代诗人王之涣的《凉州词》“羌笛何须怨杨柳，春风不度玉门关”，使塞外、边关、沙场成为玉门的代名词，深深烙在世人心中。新中国成立后，石油事业的蓬勃发展让玉门人民迎来了春天，也甩掉了玉门凄美、荒凉的形象。但是近年来，随着石油资源的逐渐枯竭和环境问题的不断凸现，玉门人民的幸福生活和未来失去了方向。作为玉门市委书记，我和我的人民面临前所未有的挑战和困扰。怎么办？让玉门再度变成“寂静的春天”？在经历了一个艰难痛苦的反思和探索过程后，玉门最终创造性地提出了生态农村建设思路，并以此为契机开始推进新农村建设。生态农村建设旨在给子孙后代留下天蓝、地绿、水净的美好家园；生态农村建设旨在在戈壁上建设一颗灿烂的明珠，将春天永远留在玉门；生态农村建设旨在为玉门人民创造幸福美好的未来。

党的十六届五中全会提出了社会主义新农村建设的主要内容和要求，玉门市按照新农村建设“二十字”方针，结合本地实际，进行了大量的调查、研究和讨论，经过反复论证，玉门市委、市政府最终把生态农村建设作为玉门未来城乡建设的主要内容，把富裕、美丽、满意、和谐作为生态农村建设的目标，按照人口资源环境相均衡、经济社会生态效益相统一的原则调整空间结构，朝着生产空间集约利用、生活空间布局合理、生态环境逐步改善的方向发展。在全市推行“一特四化”、“六个一”工程、“五清五改五化”工程，以改善生产生活环境，通过发展现代生态农业和特色产业促进农民增收，通过开展形式多样的社会文化活动丰富玉门人民精神生活，努力让老百姓的生活富裕起来，日子幸福起来，心情舒畅起来，精神愉悦起来。

我们在生态农村建设过程中遇到了很多困难和挑战。首先是缺少专业技术人才和管理人才，其次就是要得到老百姓的理解、认可与支持，最后就是缺少资

金支持。三年时间里我们采取“三筹资”，即争取上级支持一点、村集体配套一点、农户自筹一点来解决资金问题，同时大力实施农民培训计划，邀请省内外专家及各类专业人才共建美丽玉门。通过全市人民的共同努力，玉门生态农村建设迈出了坚实的步伐，玉门人民找到了自己的未来和方向。

通过几年的时间，玉门生态农村建设已经初见成效，玉门经济社会快速发展，城乡面貌发生了巨大变化，民生事业取得显著进步，人民群众生活得到很大改善。以工促农、以城带乡的体制机制初步形成并逐步完善，特色优势产业不断壮大，城乡居民收入稳步提高，社会主义新农村建设和小康社会目标更进一步。“农村生活城市化、村庄环境风景画”是新时期玉门人民勤劳和努力的结果，是玉门人民创业、奉献、求实、创新的“铁人”精神的写照。

回顾这些年来与玉门干部群众共同奋斗的历程，玉门人民勤劳坚韧的品格、对家乡发展的热切期待，长期支持和鼓励着我努力工作。路漫漫其修远兮，吾将上下而求索。只要紧紧依靠玉门人民，时时刻刻为百姓谋福利，我们就必定能够战胜前进道路上的困难，实现玉门又好又快发展。

谨以此文衷心祝愿玉门生态农村建设取得新进展，玉门人民生活更加幸福、美满，让这颗戈壁上的明珠焕发出更加璀璨的光芒！

2012 年 12 月

目　录

第一章
玉门市基本市情

一、地理区位条件

(一)自然地理条件

玉门市位于中国甘肃省河西走廊西部，东西长 114 公里，南北宽 112.5 公里，总土地面积约为 133.1 万公顷，其中耕地面积 5.8 万公顷，占土地总面积的 4.35%。森林覆盖率 7.48%，绿洲 14.4 万公顷，荒地 16 万公顷，山地 46 万公顷，沙漠 1.4 万公顷，戈壁 57 万公顷。全市地势南高北低，地貌单元分为三部分:南部祁连山地，高山峡谷错综密布，间有昌马盆地，海拔 2400～4000 米；中部为走廊平原，其间被宽台山和黑山分隔为赤金—清泉绿洲盆地、花海绿洲盆地和玉门镇绿洲平原，海拔 1200～2000 米；北部为马鬃山系半滩，其间有南山、帐房山、华窑山、金庙沟南山，海拔 1600～1834 米。玉门市属大陆性中温带干旱气候，年平均气温 6.9℃，降水量少，蒸发量大，相

对湿度低，日照时间长，光资源丰富，年日照时数 3362 小时，平均无霜期为 150 天。冬冷夏热，四季变化明显。风沙多，年平均风速为 4.2 米/秒，植被少，具有典型的大陆性荒漠气候特征。极端高气温一般出现在 8 月份，为 36.0℃，极端低气温一般出现在 1 月份和 12 月份，为－35.1℃。

全市地表水资源总量为 11.59 亿立方米，可利用量为 4.702 亿立方米；地下水资源可利用总量为 6.592 亿立方米，可开采量为 1.89 亿立方米。境内有疏勒河、小昌马河、白杨河和石油河四条内陆河流，均发源于祁连山。目前全市农业、工业、生活、生态用水比例为 77∶18∶2∶3，农田灌溉定额为 607 立方米/亩，高于全国平均水平。土地属中等肥力水平，由于日照时数长、昼夜温差大，可耕性良好。盛产小麦、大麦、玉米、黄豆、西瓜、甜菜、甘草、麻黄、锁阳、啤酒花等作物和名贵药材。气候适于农作物生长和有效成分积累，是国家重要的河西商品粮基地组成部分。

(二)区位及行政区划

玉门市位于东经 96°15′～98°30′，北纬 39°40′～41°00′。东面和嘉峪关市、金塔县相连；南面与肃南裕固族自治县和肃北蒙古族自治县毗连；西面与瓜州为邻；北面和肃北蒙古族自治县相接。玉门市辖 3 个街道、4 个镇、5 个乡、1 个民族乡：南坪街道、北坪街道、新市区街道，玉门东镇、玉门镇、赤金镇、花海镇，下西号乡、黄闸湾乡、柳河乡、昌马乡、清泉乡，小金湾乡。

(三)自然资源

玉门市境内有较好的成矿地质条件，矿藏比较丰富，已发现的有石油、煤、铁、铜、金、金刚砂、锰、耐火黏土、萤石、芒硝、重晶石、石灰岩、石膏、云母、冰洲石等。

(四)交通条件

玉门市地处甘肃省西北部，位于古丝绸之路要道，东临嘉峪关，西毗敦煌，为甘肃河西走廊交通之门户，是我国中原通往蒙古、中亚、欧洲的必经之路，素有“塞垣咽喉、表里藩维”之称。312 国道和新亚欧大陆桥横贯全境，全市公路纵横成网，公路总长达 1700 多公里，交通十分便利。

二、历史沿革

(一)政权的变迁

玉门的来由与玉门关有关。玉门在新石器时代晚期已有人类居住。商至战国为西羌地,秦至汉初为月氏、乌孙国和匈奴地。好战的匈奴对汉民族威胁很大。汉初,匈奴东败东胡,西逐大月氏,占据河西,并以河西为基地,屡犯汉境。汉武帝元狩二年(前121)始建县,即称玉门县,隶酒泉郡。晋元康五年(295)玉门县分置骍马、会稽(今玉门镇一带)二县。西魏(535—556)置玉门、会稽二郡。隋开皇九年(589)改会稽县为玉门县,隶属敦煌郡。唐开元十五年(727)置玉门郡(驻今赤金镇)。天宝十四年(755)废玉门郡,复置玉门县。宋景祐三年(1036)玉门属西夏蕃和郡。蒙古汗国成吉思汗二十二年(1227)西夏政权亡,玉门被蒙古族占据。明洪武八年(1375)始设赤斤(即赤金)蒙古卫等关西七卫。清康熙五十六年(1717),授礼部尚书富宁安为靖逆将军,驻达里图(今玉门镇)。清乾隆二十四年(1759)靖逆、赤金二卫合并设玉门县(治所在今玉门镇)。1938年,国民政府经济部资源委员会在汉口设立甘肃油矿筹备处。1941年,中国共产党在玉门油矿成立老君庙支部。1949年9月25日,中国人民解放军第一野战军三军九师装甲车部队,在军长黄新廷率领下进驻玉门油矿,油矿获得解放,翌日解放玉门县。1955年12月成立玉门市(省辖市)。1958年11月玉门县政府由玉门镇南迁,玉门油矿并入玉门地级市,1961年改为县级市,隶属酒泉市至今。2003年4月玉门实施市政府驻地迁址工程,由老市区迁至新市区(玉门镇),2006年9月市级四大班子在新市区正式挂牌。

(二)文化的演变和发展

古代的关隘功能大都以军事防御为主,而丝绸之路把玉门关造就成了一座中西经济文化交流的国际海关,军事防御则在其次。正如明代陈棐《防边碑》一文所说:“开一路以通西夷之贡,所谓断匈奴之臂,义则次矣。”玉门是古代中原通往西域的必经之地,商业历史悠久。1976年文物部门对境内清泉乡火烧沟出土的彩陶、绿松石珠、玛瑙珠、海贝及金属器等文物考证表明,在距今3700多年前的商代,玉门就有商业活动了。火烧沟文化遗址至少向我们展示了这样的事实:中国古代文明,不仅仅在中原大地上产生,在偏远的西部,曾有火烧沟人创造了令人惊叹的古代文化,它是中国古代文明的重要组成部分。对研究史前时期文

化有着重要的历史意义和艺术价值。随着丝绸之旅的开通，中西方文化的交流及商业活动的兴起和繁荣，玉门的商业也得到了发展。自隋唐以来，玉门成为兴盛的边塞诗歌中出现频率很高的一个名词。据统计，一部《全唐诗》收录边塞诗2000首，其中描写西北的有1500首，更多的是描写河西走廊的玉门、敦煌、阳关、凉州等地方。这是玉门的一个独特的文化符号和文化资源，是一座取之不尽、用之不竭的文化宝藏。玉门市博物馆副馆长王璞表示，历代的文人墨客描写玉门的诗词达到了300首以上，文人的诗词将玉门升华成了一个具有象征意义的响亮名词。与边塞诗歌对应的汉长城、烽火台等军事设施的存在，更加突显了玉门边塞守边文化的厚实，这种厚实的边塞文化，影响着千百年来一代又一代国人的民族气概，对以爱国主义为特征的民族精神的形成产生了极大的影响。从这个意义上说，玉门，其实是一个文化底蕴丰厚的地方，对国家民族文化的形成产生了深远的影响，给我们留下了一笔宝贵的精神文化财富。唐宋后，丝绸之路日渐冷落，商业交往活动也由盛渐衰。玉门随着丝绸之路的兴衰而兴衰，历千年而名不改，成了古代国门的代名词。虽说清末西方技术文明逐步进入，但是真正意义上的现代文明起步要从民国时期开始计算——民国期间玉门县政府置文教科，统理文化教育事业。随着老君庙油田的开发，境内职工文化事业开始起步。新中国成立以来，特别是近几年，玉门市积极挖掘本地文化资源，下大力气发掘和保护玉门的文化财富。纵观玉门的历史长河，玉门总共有三次大的文化输出，即3700年前火烧沟人青铜文化的输出，汉唐至清代边塞文化的输出，20世纪30年代以后石油文化的输出。这三次大的文化繁荣和输出，都对全国文化繁荣产生了较大影响，这些文化现象是中华民族历史长河中闪亮的浪花。玉门市主要从六个方面入手发展玉门文化事业：(1)继承和发扬玉门贸易通商、文明交融的历史文化，发展新时期玉门的商业文化。(2)继承和发扬以民族精神和爱国主义为内容的边塞文化。(3)继承和发扬以“铁人精神”为代表的石油精神文化。玉门石油的开发和建设经历了抗日战争、解放战争、社会主义改造和建设的洗礼，形成了以“玉门精神”、“铁人精神”、“玉门风格”为特色的石油精神文化。这种精神也同样激励了一代又一代国人的意志。“铁人精神”是“爱国、创业、求实、奉献”的大庆精神的典型化体现和人格化浓缩，是中华民族精神的重要组成部分。(4)以新能源发展为契机，培育创建具有玉门特色的生态文化。(5)创新城市发展理念，努力营造城市发展中的和谐文化。(6)积极发展群众喜闻乐见、健康向上的大众文化。历史的长河冲刷着岁月的痕迹，浩瀚的星空见证着戈壁明珠的蜕变。如今的玉门市，作为连接边疆与内地的重要节点城市，作为新欧亚大陆桥上的重要节点城市，必将在新的历史时期焕发出新的活力。

三、玉门市的特殊地位

(一)玉门是古丝绸之路和新丝绸之路的重镇

玉门市地处甘肃省西北部大漠戈壁,丝绸之路要道,东临嘉峪关,西毗敦煌,为甘肃省河西走廊交通不可或缺之津,是我国中原通往蒙古、中亚、欧洲的必经之路。而今的玉门绿洲不仅是我国西北戈壁的一颗绿宝石,更因其独特的地理位置,成为新亚欧大陆桥上一颗璀璨的明珠——完善配套的通讯设施已进入全国自动化大网,无线通讯联通城乡;酒玉电网与西北电网并联,以满足全市工业和生活日益增长的电力需要;周边和境内有国家投巨资扩建的酒泉卫星城、嘉峪关钢铁城、敦煌旅游城、甘肃核工业城、玉门石油城;兰新铁路复线通车,西—兰—乌光缆通讯投用,疏勒河水电综合开发工程上马,吐哈油田开发,中蒙马鬃山口岸通商等,都给玉门经济发展带来了百年不遇的良机。

(二)玉门是中国石油工业的摇篮

玉门油田是中国勘探开发石油最早的地区之一。新中国成立前,它是当时规模最大的油矿,为抗日战争的胜利做出了重大贡献,也是新中国成立后的第一个天然石油基地。西晋《博物志》首次记载了玉门石油——“延寿县南有石山出泉,县人谓之石漆”(延寿县,即今赤金镇,西汉玉门县地,后汉改为延寿县)。1938 年,孙健初、严爽等爱国知识分子来到玉门石油河畔,开始对老君庙油矿进行艰苦勘探,1939 年 3 月老君庙油田获得工业油流,打出了第一口工业油井。1939 年 8 月,中国第一口工业开采的油井在抗日烽火中投产,1949 年 9 月玉门油矿和平解放。中华人民共和国成立以来,以玉门为中心,在甘肃西部各沉积盆地进行了大量石油勘探开发工作,不仅创造了中国第一个年产百万吨原油的辉煌纪录,也在地质、物探、钻探、测井、试油、开发、综合研究诸方面积累了丰富的资料和经验。1952 年毛泽东主席签发命令,将中国人民解放军第十九军五十七师改编为“石油工程第一师”,加快了玉门油矿的建设步伐。1955 年油矿区成立地级玉门市,1957 年国家“一五”计划结束当年,玉门油田生产原油 75 万吨,占全国原油总产量的 87.8%,新华社向全世界庄严宣告:新中国第一个石油工业基地在玉门建成。从此,玉门油田无可替代地承担起了我国石油业的大学校、大试验田、大研究所和出产品、出人才、出经验、出技术的“三大四出”历史重任,会战大庆,二进柴达木,三战吐鲁番……先后向全国 50 多个石油石化企业和地矿

单位输送骨干力量10万多人，支援各类精良设备4000多台(套)，以"铁人"王进喜为代表的一批批玉门儿女为新中国石油工业的发展做出了突出贡献。诗人李季赋诗称颂："苏联有巴库，中国有玉门，凡有石油处，就有玉门人。"

(三)玉门是甘肃风电产业的摇篮

玉门风电发展

玉门市南依祁连山脉，北邻马鬃山，两山夹一谷的狭管地带成为东西风的天然通道，这一带被称为"世界风口"。风在这个地方产生狭管效应，风速明显加大。根据玉门市气象局30年气象资料评估分析，玉门境内年平均风速3.5米/秒，70米高度平均风速7.9米/秒，平均风功率密度506瓦/平方米，年有效风速时数8085小时，年满负荷发电2300小时。风能理论蕴藏量3000万千瓦，可开发利用2000万千瓦以上。1996年，玉门被确定为甘肃"十五"期间重点开发的风力发电场。1997年5月，甘肃洁源风电有限公司从丹麦引进4台单机容量为300千瓦的风电机组，建成了甘肃省第一座示范型试验风电场。2001年3月，洁源公司从西班牙引进12台单机容量为600千瓦的风电机组，这是国内首次引进的大容量变桨变速机组。2003年12月，洁源公司选用新疆金风公司600千瓦定桨定速风机22台，开始装备运行国产化风电机组。2006年年底，洁源公司三十里井子11万千瓦风电场建成；2007年年底，洁源公司低窝铺5万千瓦、大唐电力低窝铺5万千瓦风电场建成。全市风电装机规模达到21万千瓦，成为甘肃最大的风电基地和全国第五大风电场。此后，玉门陆续开工建设的低窝铺、昌马、黑崖子、七墩滩等风电场选用的风电机组由国外引进到国内自产，从小型实验机组发展到大规模开发的兆瓦级风电机组。2008年，甘肃省委、省政府提出"建设河西风电走廊，打造西部陆上三峡"的战略构想，2009年8月8日，国家发改委、国家能源局和甘肃省委、省政府在玉门昌马举行了中国首个千万千瓦级风电基地一期工程开工仪式，拉开了甘肃风电产业大规模开发的序幕。截至2009年年底，玉门风电装机规模达到108.6万千瓦，初步形成了风电场、风电装备制造和电网相配套的新能源基地框架，玉门市风电开发进入了快速发展的新阶段。

四、玉门市现状

(一)社会发展现状

1. 教育发展情况。截至2011年年底，全市拥有各类学校58所，其中幼儿园26所、小学21所、中学5所、九年制学校4所、中等职业技术学校1所；在校学生共25476人，专职教师1690人。普通中学在校学生8623人，专职教师607人；小学在校学生11370人，专职教师666人。投资2000多万元，改善城乡办学基础条件，“两基国检”工作顺利通过省政府评估验收。投资1.8亿元，新改扩建了玉门一中、三中和石油中专等一批教育工程，基本完成了城乡教育布局调整，教育事业走出了低谷，步入了快速提升的良性发展轨道。

2. 科技文化事业。2011年，全市各类企业共实施科技项目20项，用于科技活动的经费支出达到1515万元，其中研究与试验性发展(R&D)项目15个，经费支出1091.6万元。群众性文化活动丰富多彩，文化市场呈现繁荣景象，精神文明建设不断得到巩固和加强。2011年，全市城乡广播覆盖率达到90%，电视覆盖率达到100%，有线电视入户率达到88.5%。全市报纸订购量414.25余万份，杂志订购量203.5万份，市级公共图书馆藏书6.9万册，拥有杂志4万册。乡镇综合文化站、村级文化广场、农家书屋建设稳步推进，文化事业进入大发展时期。

3. 医疗卫生事业。2011年全市拥有卫生机构110个，其中：综合医院6所，乡镇卫生院11所；卫生技术人员719人，病床960张；全市每千人拥有医生2人，病床6张。卫生设施建设不断加强，新型农村合作医疗、城镇合作医疗制度全面建立，城镇居民基本医保覆盖率和新农合参合率分别达到95%和98%，公共卫生体系进一步健全，卫生基础设施条件有了较大改善。

4. 体育事业。全民健身运动广泛开展，体育竞技水平显著提高。2011年，全市共举办各种形式的运动会35次，参加人数达8.5万人次。参加省、地举办的各种体育比赛6次，获各类奖牌34枚。年内中小学生《国家体育锻炼标准》达标率为95%。

5. 社会保障。玉门市是全省率先实施社会保障制度改革的县级市之一，建立了城镇职工养老保险、城镇职工失业保险和被征地农民养老保险等各项社会养老保障制度。截至 2010 年 6 月底，玉门市城镇职工参加养老保险总人数达到 8360 人(不含退休)，参保单位数为 201 家，原国有、集体企业参保率达到 100%。失业保险参保人数 23625 人，参保单位 211 家；失地农民已参保 880 人。2010 年当年共有 6 家私营企业参加了职工社会养老保险。社会保障体系逐步健全，城镇登记失业率控制在 4%以内，养老金和失业金社会化发放率均达到 100%。1.15 亿元的筹资解决了老市区改制企业 8600 多名下岗失业职工和离退休人员的社会保障遗留问题。移民“三个一”脱贫增收目标基本实现，75%的移民被纳入低保，移民群众的生活状况发生了巨大变化。玉门市的被征地农民基本养老保险实施办法从 2010 年 1 月开始在玉门镇南门村和北门村施行。目前全市有 1642 人纳入被征地农民养老保障体系，172 人开始领取保障金。截至 2010 年 6 月 30 日，市社保中心已为 961 名被征地农民办理了参保手续，收取失地农民养老保险费 1438.62 万元，为 61 名符合条件的失地农民发放了 30690 元养老保险金。玉门市村干部养老保险工作从 2009 年开始，截至 2010 年 6 月，全市 58 个行政村的 220 名村干部(除 41 名妇女主任外)已全部参加了村干部养老保险，对于 41 名没有参加村干部养老保险的妇女主任，玉门市也从 2010 年起将他们全部纳入了村干部养老保险范畴。

(二)经济发展现状

1990 年以来，随着玉门石油资源逐渐枯竭，石油开采和加工产业开始衰落，原有的高度依赖石油开采、加工而建立的国民经济体系受到严重冲击，经济社会的可持续发展面临严重挑战，玉门市不得不面对资源型城市的转型和可持续发展问题，开始了艰难的转型之路。由于油田企业赖以生存的石油资源的枯竭和石油开采、加工产业的衰落，生产能力出现过剩，进而引发了玉门市的大搬迁。1995 年，部分油田企业和 5 万多名油田职工、家属西迁新疆哈密，铁路机构搬迁嘉峪关；2002 年玉门油田生活基地东迁酒泉市肃州区；2003 年市政府驻地西移至 70 公里外的玉门镇。企业和政府搬迁后形成了玉门市新、老两个市区。新、老市区分置，一市两城双中心，导致城市经济集聚功能严重衰退，人口、资金大量外流。

党中央、国务院高度重视玉门老石油工业基地的转型发展，2009 年 3 月，国务院将玉门市列为第二批 32 个资源枯竭城市之一。国家发改委和甘肃省委、省政府对玉门市转型发展也给予了大力支持。玉门市自此迎来了新的转型发展机遇，生产总值从 2002 年的 33.39 亿元增加到 2011 年的 125.4 亿元，不到 10 年增长了3.76倍，全市人均生产总值按常住人口计算，达到78208元。2011年第一产业实现增加值7.72亿元，同比增长7.32%；第二产业增加值84.8亿元，同比增长15.68%；第三产业增加值32.92亿元，同比增长16.44%，三次产业比重为6∶68∶26。2011年全市完成大口径财政收入55539万元，同比增长38.8%。2011年，全市农业总产值达118285万元，按可比价同比增长5.22%；农业增加值达70064万元，同比增长6.34%。林业生产快速发展，2011年全市完成人工造林26626亩，同比增长29.9%。完成林业增加值982万元，同比增长39.04%。工业增加值逐年提升，从2002年的21.26亿元增加到2011年的77.23亿元。2010年全社会完成固定资产投资133.13亿元，比2009年增长37.5%；2011年固定资产投资为140亿元，投资趋稳。按城乡分，城镇固定资产投资完成97.25亿元，同比增长35.22%；农村固定资产投资完成32.67亿元，同比增长25.27%。金融机构年末各项存款余额68.55亿元，同比增长14.7%。2011年全市农民人均纯收入8060元，同比增长12.58%；城镇居民人均可支配收入17002元，同比增长13.5%。

"十一五"期间建设重点项目533项，引进到位资金281亿元，完成固定资产投资443亿元，工业项目考核位居酒泉各县市前列。玉门市被评为"全国最具区域带动力百强中小城市"和"全国最具投资吸引力城市"，被国家能源局、财政部、农业部授予"国家绿色能源示范县"称号，入选"2010中国地方低碳政府榜样"，连续三年被评为"中国新能源产业百强县"。县域综合经济实力名列全国第351位、甘肃省县市区第三位。借助国家扶持的转型东风，玉门市工业不断向多元化方向迈进，以新能源、石油化工、装备制造、矿冶建材、农产品加工为主的工业体系初步构建。

石油化工依然是玉门市的支柱产业。老油田升级改造和油气勘探步伐不断加快，玉门油田加快推进"增采、扩炼、改造、延伸"战略，油田勘探开发、炼油化工、工程技术、矿区服务取得长足发展，玉门油田进入了二次开发的新阶段。玉门油田的勘探开发和技术改造升级取得了新突破，原油产量有望重上100万吨，原油炼化能力已经达到300万吨，地质勘探、钻井、运输、石油机械制造等配套产业也逐步壮大。2011年，仅有1.9万人的玉门老市区共完成工业总产值151.28亿元，工业增加值45.15亿元。

新能源产业成为玉门经济转型的主导接续产业。2008年，甘肃省委、省政府提出"建设河西风电走廊，打造西部陆上三峡"的战略构想后，玉门市风电开发进入了快速发展的新阶段，全国首个千万千瓦级风电基地在玉门奠基，全省首个风光互补发电项目在玉门开工建设，全省首台3兆瓦大型风机塔筒在玉门投产下线，风光大道建成通车，光电、火电、水电、电网统筹推进，截至2011年年底，全

市风电装机累计达到200万千瓦以上。目前,正在加快实施51万千瓦大型国产化风机示范项目,拥有300千瓦、600千瓦、850千瓦、1兆瓦、1.5兆瓦、2兆瓦、2.5兆瓦、3兆瓦、5兆瓦等国内外9个型号的风电机组,玉门已成为名副其实的世界风机博览园。大力发展光电、调峰电源、水电、装备制造、风光旅游等产业,进一步加快了新能源产业体系建设。

玉门赤金峡水库

循环经济正在成为推动经济转型的又一增长极。投资2700万元规划建设的东镇循环经济产业园,成功引进100万吨焦化、2万吨钛白粉、1000万吨物流仓储等重点项目,实施172个重点建设项目,重点推动石材产业园、森源钒钛磁铁、风机检测中心建设等34个亿元项目和晟源建材30万吨活性石灰石、矿山地质环境治理等22个5000万元以上项目。

传统农业向现代农业加快转变。"六个一"特色产业基地迅速发展壮大,玉门市被列为甘肃省蔬菜产业大县,"百万只养羊大县"通过省级验收,"玉门酒花"获得国家地理标志保护产品认证,"祁连清泉"人参果跻身国家A级绿色食品行列并荣膺国家金奖,农业总产值和增加值较2006年实现"双翻番"。扩大优势产业基地,按照产业化经营思路发展经营组织,加快标准化生产体系建设,推进农业产业示范园建设,加大农业基础设施投入力度,形成合力推动玉门农产品品牌建设。以顺兴现代农业产业示范园为例,玉门顺兴现代农业示范园是玉门镇引进玉门顺兴物流公司规划建设的集高标准日光温室、设施养殖、沼气综合利用为一体的生态循环现代农业示范园区，示范引领全市现代农业快速发展。园区温室里一排排现代化的无土栽培育苗设备，通过自动化的循环系统，直接将营养液输入到植物根系，采用无土栽培技术的育苗不会伤害作物根系，避免了土壤育苗带来的土传病害，因而移植后易成活、生长快、成熟早、产量高，同时育苗过程省工省力、省水省肥，比较优势十分明显。温室里采用了“几”字钢骨架、自动放风系统、骨膜防虫系统、智能温室监控、滴灌等多项国内领先技术，一个温棚就需要投资17万元。投资虽然高，但效益也是普通温室的好几倍，一年收入可达7万多元。园区还常年聘请山东寿光技术专家驻园进行技术指导，积极推广新品种、新技术，引导培训农民严格按照标准化生产规程实施操作，提高了农作物种植效益。预计该园区完全建成并发挥效益后，每年可为市场提供鲜食蔬菜5000吨、各类鲜肉和肉制品200吨、花卉1万盆、育苗3000万株，年均收入可达到5000万元，可向社会提供就业岗位500多个。

玉门市“祁连人参果”获金奖

第三产业进入恢复性快速发展的新阶段。对老市区，玉门市按照“收缩边缘、繁荣中心”的思路，整合闲置资产，集中老市区人流、物流及生活服务设施。新市区建成了阳光酒店、东方酒店、万豪酒店、疏管局培训中心和商汇综合市场、祁连北路商业街等一批服务业项目，玉门新城的吸引力和聚集度明显提升，第三产业比重较2006年提高7.5个百分点。2012年以来，玉门市进一步拓宽思路，加大对第三产业的扶持和引导力度，使第三产业对地方经济增长的贡献率稳步

提高。全市登记注册各类第三产业企业及个体经营户达 6154 户，注册资本 1.14 亿元；三产从业人员 1.67 万人；实现税收 9552 万元，同比增长 17%；第三产业在全市经济中的比重占到 29.6%。在全市实施的 183 个重点项目中，三产服务业项目达到 44 个，总投资 58.58 亿元，同比增长 52.4%。以商贸流通“4561”工程（四个商业区、五条专业街、六个市场、一个大型综合商场）为重点，大力实施商贸流通市场体系建设，建成了商汇、再生资源和农机销售等三处市场，盛浩建材市场、汽摩一条街、活畜交易市场、蔬菜批发市场等三产项目正在加快建设当中。不断挖掘文化价值，整合域内资源，加快文化产业和旅游产业融合，着力打造赤金峡水利风景区、“铁人”王进喜纪念馆、风电旅游景区。2012 年 1—9 月，全市共接待国内外游客 107.87 万人次，实现旅游收入 9.24 亿元，较上年同比分别增长 38.7%和 40.2%。玉门市成立第三产业发展协调领导小组，负责全市第三产业发展规划编制实施、政策制定落实、重大项目建设和协调指导督查等工作，实行第三产业重点项目市级领导包挂包抓、部门跟踪服务推进制度，建立第三产业发展目标考核等机制。市财政将统一安排 300 万元设立第三产业发展基金，并按每年 20%的幅度逐年增长，专门用于支持第三产业重点行业、关键领域和薄弱环节发展，对新建的第三产业重点项目、重点企业采取以奖代补的方式给予补贴，对全市第三产业发展做出突出贡献的单位或个人给予奖励。努力形成较为完善的第三产业服务体系。

（三）精神文明现状

精神文明建设是一项百年工程，是保障人的尊严、解放人的思想、陶冶人的情操、提升人格品质、促进社会和谐进步的千秋事业。玉门人民在经济进步的同时，积极开展各种文化活动，推进乡风文明建设，为新时期玉门的精神文明建设书写了浓重的一笔。

玉门精神以“艰苦奋斗、三大四出、无私奉献、自强不息”为基本内容，艰苦奋斗是玉门精神的核心。“三大四出”是玉门精神的特征。曾作为石油摇篮的玉门油田，承担过“大学校、大试验田、大研究所，出产品、出经验、出技术、出人才”的历史重任。玉门精神是玉门的发展之魂，不仅是激励一代代玉门石油人锲而不舍、埋头苦干的精神源泉，而且也已融入到玉门人民的血液之中，成为玉门人民精神文明建设的宝贵财富和不竭动力。

玉门市结合创建省级文明城市标兵工作，把开展群众性精神文明创建活动作为提升市民素质、带动各项工作的重要抓手，使精神文明创建活动扎实开展。玉门市妇联组织开展的“巾帼文明岗位”评选活动，团、市委组织开展的“十大杰出青年”、“十佳青年道德标兵”、“十佳好少年”评选活动、市文明办与团市委联合组织开展的“青年文明号”评选活动、市文明办与市企业工委联合组织开展的“十大文明班组”评选活动，市文明办与老龄委联合组织开展的“十大孝星”评选活动等，不仅丰富了创建内涵，而且使创建形式多样化。这些创建活动，把精神文明建设工作由点推向了面，使活动逐步深入群众、深入生活，激发了广大干部群众参与精神文明创建的积极性、主动性。

玉门市同时积极推进文明村镇、文明生态村、文明小康村、五星文明户、“好媳妇”、“好公婆”等群众性精神文明创评活动，广泛组织开展“立六户”(创业示范户、计生示范户、诚信示范户、文化示范户、科技示范户、卫生示范户)、“评十星”(爱国贡献星、学用科技星、勤劳致富星、遵纪守法星、崇文重教星、计划生育星、清洁卫生星、移风易俗星、家庭和睦星、尊老爱幼星)活动，不断丰富农民的精神文化生活。全市90%以上的村通过各种形式开展创建文明村镇、和谐家庭等活动，“农家乐”、“自乐班”、农民运动会等文娱活动常年开展，引导农民崇尚科学、破除陋习，民风持续改善。村容村貌直接体现了农村的基础设施建设情况，更体现了农村居民的精神面貌。通过治理、引导、宣传，“六乱”(垃圾乱倒、柴草乱垛、粪土乱堆、棚圈乱搭、污水乱泼、畜禽乱放)现象得到根本改观，人居环境明显改善，农村居民向着高品质的生活不断迈进，还涌现出了下西号乡“十里新村”、花海镇南渠村等一批在全省、全市起到示范带动作用的新农村示范点。

(四)生态环境现状

1. 气候环境的变化

降水量少是制约植被生长和导致土地荒漠化的重要因素。玉门市年降水量从20世纪70年代的76.5毫米，减少到80年代的64.9毫米，90年代又减少到58.2毫米。玉门市多年降水量平均值为64毫米。60年代大风日数比多年平均值少7天，70年代则多21天；进入80年代以后，大风日数有持续减少的趋势。从70年代的年均61天，减少到80年代的年均40天，90年代减少为25天。该区域年平均风速、沙暴日数的变化与大风日数的变化态势基本一致，70年代普遍较高，80年代以后呈现出较为明显的减少趋势。治沙造林、退耕还林、退牧还草、天然林保护、“三北”防护林、植被保护、小流域生态治理、水土保持、湿地保护等生态工程的建设，使得玉门市生态环境逐步好转。

2. 水文环境的现状

疏勒河流域自东向西发育的主要河流为白杨河、石油河(下游称赤金河)、疏勒河干流、榆林河、党河，此外还有数十条小沟小河。白杨河及石油河发源于祁连山，出山后即被引用供玉门市工农业生产使用，河水经新民沟、鄯马城沟、火烧

玉门市水库堤坝治理

沟、赤金河等流入花海盆地。大气降水是水资源的总补给来源，在高山区降水凝结成冰雪为冰川资源；在中低山区降水部分形成地表径流直接补给河流，部分入渗后成为山区地下水资源，最终通过深切的水文网排泄入沟谷而成为地表水资源；在走廊平原地下水位浅埋区(地下水埋深度小于 10 米)，降水入渗后便成为地下水资源。根据世界各国的经验和分析结果，当水资源利用率超过 40%～50%时，就会出现水资源严重短缺和生态环境恶化等一系列问题。而玉门市随着干旱区各片人工绿洲的逐步稳定和扩大，白杨河、石油河、赤金河(石油河的下游段)水资源利用率都在 72%以上，小昌马河、疏勒河水资源利用率在 56%以上。地表水与地下水大多经过了几次转化和利用，如此高的利用率，改变了流域内部的水循环关系，水资源消耗向干流中游集中，致使下游天然绿洲萎缩，土地沙漠化进展加快。位于花海盆地下游的干海子候鸟自然保护区，20世纪60年代曾是一片汪洋，现在却是地表干裂、植物枯萎，干海子变干了。究其原因，花海灌区灌溉面积从20世纪90年代的5333.33公顷发展到现在的14000公顷，土地的过度开发造成地下水超采、地下水水位下降过快，跨流域调水每年都在增加，区域内资源性缺水显现并异常突出(白成生，2009)。地下水利用缺乏合理性，流域土地盐渍化严重。大量开发水资源极大地干扰和破坏了依水而存的脆弱生态系统。

3. 人口及对环境影响

玉门市自20世纪50年代以来，区域人口一直呈不断上升趋势。随着石油工业的发展，区域人口出现急剧增长，玉门市人口从1949年的4.15万人，猛增到2011年的18.2万人，人口对土地荒漠化具有直接的诱导和加剧作用。随着人口的增加，区域农业开发步伐加快，耕地面积随之增加。土地荒漠化面积在20世纪90年代以前呈增加态势。由于采取了区域农业综合开发与治理相结合的措施，之后呈下降态势。随着疏勒河农业开发项目的实施，以及大规模的治沙造田和治沙造林活动的开展，使大面积沙荒地得以开垦，从而使区域沙荒地面积有所减少。然而粗放的水资源利用方式使得用水效率不高，浪费严重，农业灌溉方式多为大水串灌、大田漫灌、深浇满灌。造成地下水位下降，加剧了水生态恶化。严重的土地沙化、湿地萎缩及植被减少还在侵蚀着人们赖以生存的自然生态环境。玉门市的生态治理工程任重道远。

4. 工业对环境的影响

玉门市有六大主导产业，即石油化工、冶金、建筑建材、机械加工、农副产品加工、矿产开采等。玉门市为发展工业付出了不小的环境成本。老市区空气中碳氢化合物含量较高，甚至可检测出3,4-苯并芘等致癌有毒物；污染严重的大气总悬浮微粒(TSP)年日均值最高达0.85毫克/立方米，超过国家二级标准1.8倍。油气勘探开采对地质地貌和生态植被破坏严重，造成油田开采区20多万亩的生态植被遭到毁坏，大部分油井的注水开采造成地下水水位逐年下降，植物生长主要靠地下水维持生命，而不是靠雨水，植物对地下水有极强的依赖性，地下水位的降低造成广泛的生态恶化，水土流失和土地荒漠化面积分别占全市总面积的88.8%和49.6%。玉门油田及所属企业每年排放的近300万立方米的原油污物、生产废水和城市生活污水对老市区及下游乡镇水源和土壤造成严重污染，石油河污染物中石油类和挥发酚类物质分别超过国家标准的1.78倍和74.4倍(2007—2008年监测数据)。距新市区25公里的甘肃矿区，每年排放大量废水和废气，对周边乡镇的生态环境和人们的生产、生活造成了较大的影响。

第二章 玉门市生态建设的目标任务

一、生态观

生态，通常指生物的生活状态，既指生物在一定的自然环境下生存和发展的状态，也指生物的生理特性和生活习性。简单来说，生态就是指一切生物的生存状态，以及它们相互之间及与环境之间环环相扣的关系。

生态的产生最早是从研究生物个体开始，随着社会的进步和生态学的发展，"生态"一词涉及范畴也越来越广，人们常常用生态来定义许多美好的事物，如健康的、美丽的、绿色的、和谐的、可持续的事物。当然，不同文化背景的人对生态的理解会有所不同，多元的世界需要多元的文化，正如自然界的生态所追求的物种多样性一样，人类的"生态"也需要一种多样性与统一性的结合，以此来维持整个生态系统的平衡发展。

(一)生态的词源

汉语中的“生态”是外来语，它来源于“生态学”一词，是从英文 ecology 翻译而来的。生态学(ecology)作为一个学科名词最早是由亨利·索瑞(H. D. Thoreau)于 1858 年提出，但没有给它下定义。1866 年，海克尔在《有机普通形态学》一书中第一次给生态学以科学定义：生态学是研究生物与其环境的相互关系的学科。而“生态学”(ecology)一词源于古希腊字，由两个希腊词根“oikos”(住所、栖息地或生境)和“logos”(科学)拼成，合起来的意思就是“关于生物的生活环境的科学”，即生态学。那么，从生态学派生出来的“生态”一词，其含义包括：(1)显露美好的姿态；(2)生动的意态；(3)生物的生理特性和生活习性。

生态是生物与环境、生命个体与整体间的一种相互作用关系，在生物世界和人类社会中无处不在。生态学是研究生物与环境关系的一门科学，F. F. Darling(1967)指出，生态学作为一门研究生物与其环境之间关系的科学，是一个超出初创者想象的意义十分重大的思想。

生态学的发展经历了植物生态学、动物生态学、人类生态学、民族生态学四个阶段。植物生态学只研究植物与其环境之间的关系，随着保护生态学的发展，人们发现了它的局限性。因为离开了动物，纯粹只考虑植物生态是毫无意义的，因为动物可能瞬间就将其破坏。因此，就产生了动物生态学，然而人类的破坏力比动物更大，于是产生了人类生态学。民族生态学是生态学发展的最高级阶段，是通过特定人群(以民族为单位)来研究不同文化、风俗、信仰与环境的关系问题。

由于人口的快速增长和人类活动干扰对环境与资源造成的极大压力，人类迫切需要掌握生态学理论来调整人与自然、资源以及环境的关系，协调社会经济发展和生态环境的关系，促进可持续发展。

今天，人们把生态的内涵扩展到了人类与整个自然界的关系。马克思讲，“历史可以从两方面来考察，可以把它划分为自然史和人类史，但这两方面是密切关联的。只要有人存在，自然史和人类史就彼此相互制约。”生态，是指生物之间及生物与环境之间的相互关系与存在状态，亦即自然生态。我们到处在用“生态”一词，例如，生态环境、生态关系、生态平衡、城市生态、农业生态、生态工程等。同时还将生态学与其他学科结合，出现了跨学科的经济生态学、城市生态学等。

从生态学理论中引申出来的生态一词，有了全新的意义：即生态是和谐的，遵循整体协同、循环自生、物质不灭、能量守恒；生态是进取的，追求高效竞争、开放共生、优胜劣汰、协同进化；生态是辨证的，和谐而不均衡、开拓而不耗竭、适应

而不保守，循环而不回归。生态联结你、我、他，和谐社会敬重生态、遵循生态、保育生态、建设生态。

(二)对生态观的解读

尽管“生态”一词至近代才出现，但生态观很早就有了。生态观是人类对生态问题的总的认识或观点。这些观点建立在生态科学所提供的基本概念、基本原理和基本规律的基础上，并在人类、自然、全球生态系统层次上进行哲学世界观的概括，能够指导人类认识和改造自然的基本思想。从古至今，随着对生态系统的认识的发展，人类的生态观也发生了很大的变化。

1. 对生态系统结构的认识

(1)广义生态观

广义生态观可以分为系统生态观和激进生态观。系统生态观认为，人只是广义生态系统中的一个原子，这个原子与生态系统其他的原子没有什么本质不同，唯一的区别就是“人”具有意识，能认识自己所在的广义生态系统，并可以按照自己的意图去干涉这个系统，来实现自己的目标。

激进生态观则认为，世间万物像人一样，都有天赋的“人”权不可侵犯性，持这种激进生态观的多是一些宗教人士和一些激进生态保护人士。他们为保护生态、促进人类社会发展做了很多的努力，为促进人类社会的和谐发展做出了很大的贡献。

(2)基础生态观

基础生态观认为，生态系统是基础，人类社会不能脱离生态系统而存在，人类社会的经济发展必须遵从生态发展规律，不能以破坏生态环境来换取经济发展。这是目前的主流生态观。

(3)相交观

相交观认为，人类社会与生态系统是相对独立的两个系统，其公共部分就是人工生态系统，如农田、茶园等。持这种生态观的人多是一些非生态界人士，尤其是一些社会科学界人士和一些人类中心主义者。相交生态观认为，人具有干涉生态系统的能动性，可以按照自己的意图和自然规律对生态系统实施干涉，来实现自己的目标。

人类社会的发展，要遵从广义的生态系统运行规律，用生态学、系统学的观点(就目前人类认识水平而言)去研究人类社会的发展行为，指导人类社会发展：在物质世界建设方面，对于天然生态系统，立足于保护、保持天然生态系统的持久健康；对于人工生态系统，在尊重自然规律的基础上，按照生态关系，建立稳定健康安全的近自然生态系统。在精神世界里，将生态学的观点和平等、公正观念精神化，从而形成崇高的生态精神，指导人类的社会行为，实现和谐发展。

2. 西方社会的生态观

在西方近代科学早期，博物学家们很早就注意到了生物体与环境之间的关系，并从理论上对其进行了说明，最著名的是进化论学说。拉马克以生物与环境的关系为科学假说出发，将生物进化与环境条件联系起来。他认为，环境在不断变化，所以生物也必然不断变异，并进一步提出“用进废退”、“获得性遗传”的进化假说；之后达尔文提出了“适者生存”、“自然选择”的进化理论，成为近代生态学的理论来源之一，真正将“生态”——生命与环境的关系当作独立的科学研究对象并确定其为一门独立的学科。

随着人类社会的发展，西方近代先哲们的生态观沿着两条不同的路线展开。一条路线是环境对人的决定意义，代表人物是孟德斯鸠和爱尔维修；另一条路线是人对环境的决定意义，代表人物是培根、康德和黑格尔。但是，两方都只看到了事物的一面。西方社会的态度基本沿袭了第二条路线，即同自然做斗争，将自然仅仅理解为认识和征服的“对象”，使得人们对自然采取的是一种无止境地索取和占有的态度。他们不断强调发展科学，崇尚人类理性力量，宣扬科学主义和理性主义，并在利用自然、改造自然的过程中，使自然为人类服务取得了巨大的成绩。然而，这种纯智主义和功利精神所表现出来的对于生态环境、自然资源的索求欲望是无止境的，它所带来的破坏后果也日益严重：空气污染、水污染、环境污染、森林污染、水土流失、物种灭亡……人类也开始经受自然生态环境恶化危机的考验。尤其是 19 世纪末以美国的“第二次工业革命”为标志的“后工业时期”的到来，世界各资本主义国家为了争先恐后地创造更多的剩余价值，完全忽视了自然界的承受能力。英国、德国、美国等工业革命的先行者凭借军事、经济和科技实力在掠夺全球资源的同时，对自然界造成了极大的破坏。同时，人类社会也遭受到了自然界的报复，各种由于人为的原因导致的自然灾害频频发生。

纵观人类发展的历史，不难发现这两种观点也经历了一个相互转变的过程。在茹毛饮血的时代，人类面临自然界的各种风险和威胁，历尽千辛万苦去战胜自然中的一切灾难成了人类的首要任务。但随着科学技术的发展，人类渐渐远离自然界，过着丰衣足食的现代化生活。此时，面对环境的污染和城市的喧嚣，人们又开始怀念大自然的纯净和美好，油然而生一种向往自然、眷恋自然的心态。

3. 东方社会的生态观

在我国夏朝时期就有了与当时的农牧业相适应的“天时”、“地宜”的生态观念。到了春秋战国以后，便发展为“上因天时，下尽地财，中用人力”的“天地人”生态观（《淮南子》）；“顺天时，量地利，则用力少而成功多。任情道反，劳而无获”

(《齐民要术》);“夫人事必将与天地相参,然后乃可以成功”(《国语·越语》)。下面从儒家、道家和佛家的角度分析他们的生态观。

(1)儒家的生态观

儒家生态观的哲学基础是仁爱观念。“仁”是儒家思想的一个中心范畴,儒家创始人孔子提出了仁的概念,孔子自己没有对仁下过概括性定义,我们也很难对仁进行清晰统一的界定。总的来看,孔子思想中的仁是“全德”之称,是人格的至高境界,任何界定都是对它的限制,都不足以表达其完善性。儒家生态观的基本特征是“万物一体论”和“人主”论。主张“天人合一”,天、地、人之间顺应与和谐,在此基础上又强调人的能动性。孔子和孟子把对待人的道德情感扩大到对待万物,或者说将自然万物纳入仁的范围,用仁爱之心将人与万物联成了一个整体,至此儒家生态观为整体论,但还未发展到“万物一体观”。宋明时期,儒家学者们对理论做了重要推进,提出了“万物一体”观念,对万物就像对待人一样。“人主论”实质上就是人要“为天地立心”的思想。荀子就已经提出“人定胜天”的思想。人在为自己确立“天地之心”价值定位的同时,不是拥有了主宰万物的权力,而是承担了自然万物“主持者”的责任和义务。儒家的“人主论”主张人为万物之首,万物之主,这样人就有了主动权和能动性,从而采取合理措施来对待生态问题,注重维护生态平衡。

(2)道家的生态观

道家的创始人老子提出了“人法地,地法天,天法道,道法自然”的思想。道家强调人是自然的一部分,认为人与自然是一个统一体,万物的生存都离不开自然环境,万物都是在一定的自然环境中产生和发展,最后又自然而然地复归于自然环境。道家的哲学基础是“道法自然”。道家生态观的基本特征是“天人一体论”,主张顺应天道,热爱山水之美,重视生态保持,其哲学和美学带有自然主义的浓郁气味。道家提出“道法自然”,强调人要以尊重自然规律为最高准则,崇尚自然、效法天地。庄子把人与自然的和谐称为“天乐”。在庄子看来,万物齐一、天人相通,强调人必须顺应自然,达到“天地与我并生,而万物与我为一”的境界。如此,自然不存在破坏生态环境的问题。

(3)佛家的生态观

佛家生态观的哲学基础是“缘起论”。缘起论认为世界是相互依存的,任何事物的产生、发展、寂灭都有特殊的因缘。佛家生态观的基本特征是“整体论”和“无我论”。佛家“整体论”认为整个世界是相互联系的,不能分割。每一单位都是相互依赖的因子,是关系的而非独立的存在。人与自然,如同一束芦苇,相互依持,方可耸立。任意割裂事物间的关系,就不能对其本性有正确的理解。佛教整体论的最鲜明体现,是它的全息思想,它认为任一极微都蕴含着宇宙的全部信息，叫做“芥子容须弥，毛孔收刹海。”佛家认为，人与其他事物是相通的，是相互轮回转世的。万物与人一样，都有佛性。所谓“青青翠竹，皆是法身；郁郁黄花，无非般若。”人在通过修行向佛的境界发展的过程中，要爱惜万物，这也是修行的必修课。同时，万物所具备的佛性有助于人之佛性的提升。佛教的“无我论”不认为人为主，而是认为世界上的一切事物只是相对的存在，称此为“空”。“空”不是绝对的无，而是说事物没有自性，缘起故空。佛家的“无我论”强调了人与万物的平等性，人无优越性，有利于人与万物的平等相处，而缺点在于人们少了主动性和积极性，消极适应环境，而不能积极去改善环境。

4. 东西方生态观的比较和演化

在近代科学发展的背后，有笛卡尔式的或者牛顿式的自然观在发挥着作用。培根希望通过对自然的征服和大规模改造来改善人类的物质生活条件，这是支配自然的思想。他们试图通过科学来驾驭自然，构筑人类的理想王国。笛卡尔则把动物和植物都视作机械，将人和自然分开，以自然为改造对象。牛顿构筑了近代科学的基础，正是所谓的笛卡尔一牛顿范式，构成了近代科学的原点，也对西方的生态观产生了深刻的影响。在工业化的时代和市场经济中，在不断强化的经济效率优先的生产体系下人们追求经济利益，一切自然、环境、资源都是为人类服务，成为人类改造的对象，人类与自然的有机联系不可避免地被割裂了。今天，自然的包容力及其再生的可能性已经接近临界点，环境污染、生态破坏、自然灾害威胁着人类的发展，人类开始反思与自然的关系，通过种种研究试图寻找一种人与自然更为合理的共存方式，寻找一种均衡，达到一种和谐的关系。

同样，东方的生态观在儒家、道家和佛家的发展过程中逐渐形成和转变，虽然与西方一开始有所不同，而且在东方不同的社会发展阶段，人们的生态观也有差异。西方虽然在认识自然、利用自然、改造自然甚至征服自然方面取得了巨大的成就，但在享受胜利成果的同时，也受到了自然的严厉惩罚。于是，整个人类社会都开始寻找一种全新的与自然相处的方式，以此为契机，东西方生态观的整体融合趋势日益明显。

现在，全世界都开始谋求与自然和谐共处，在有效利用自然资源的同时，又能够维持和保护自然本身的生态过程，从而达到人与自然的和谐与可持续的共同发展。即在尊重自然、尊重规律的同时合理地开发和利用自然资源，对于天然生态系统，立足于保护，保持天然生态系统的持久健康；对于人工生态系统，在尊重自然科学规律的基础上，按照生态关系，建立稳定健康安全的近自然生态系统。在精神世界里，将生态学的观点和平等、公正观念精神化，从而形成崇高的生态精神，指导人类的社会行为，实现真正的和谐发展。

二、人与自然关系的演变

人与自然的关系是人类生存与发展的基本关系。人类社会的发展是在人类认识、利用、改造和适应自然的过程中不断演进的。同时，随着人类社会的发展，人与自然的关系持续演进。

原始人类依靠狩猎、采集从自然界获取食物，满足自身的需要，农耕文明则建立在植物和动物驯化的基础上，人类脱离狩猎采集方式而进入了农业阶段。农业社会的定居生活，促进了人与人之间密切的社会关系；农业生产对相关气候的知识、种植的技艺和生产经验的需要，促进了相关知识和经验的积累，发展出生产文明。从某种意义来说，农耕文明是一种善的文明。它本质上需要顺应天命，需要守望田园，需要辛勤劳作。它不需要培养侵略和掠夺的战争技艺，而是需要掌握争取丰收的农艺和园艺；它无需培养尔虞我诈的商战技巧，而是企盼风调雨顺，营造人和的环境。这一阶段是人与自然和谐相处的"天人合一"阶段，即原始的农耕文明阶段，人与大自然是相对亲近的，人类从属于自然。

随着生产的积累和社会的进步，在弘扬理性、倡导实验科学的文化主流影响下，工业文明得到迅猛发展，取得了征服自然的许多成果。人统治自然，人是自然界的主宰这种观念也走向了极端。工业文明时期，要求稳定的能源和资源供应，对自然的干预能力和手段也日新月异，从生态系统输出大量物质能量的同时，工业生产中大量剩余物直接排入生态系统，人类社会对自然系统的索取与"给予"急剧增加，令自然既难以供给也难以消化。工业文明的高歌猛进，同时带来了人口爆炸、粮食短缺、资源枯竭、生态破坏、空气污染等负面效应。这一阶段是人类征服和改造自然的天人相分并对立阶段，以人类大规模地征服、改造和利用自然为特征，人与自然的关系日渐走向疏离，即近代工业文明阶段，人与自然的关系是一种"主奴关系"。

与此同时，工业文明也使农业生产发生了巨大变化，当初可以称为"有机农业"或"生态农业"的生产方式，在人口爆炸、粮食短缺的情况下发生了质的变化，农业生产率有了很大的飞跃。农业生产率的提高主要得益于生产现场传统技术的改良和进步以及受现代科学洗礼的农学发展。其具体表现为：化学肥料的开发和利用，以各种农业机械为代表的农业生产资料的发明，遗传法则的发现和家畜、作物品种的改良，农药的发明，种植方法和经营管理方法的改善。这些技术的进步使农业生产力以及养活人口的能力得到了极大提高。

但与此同时也暴露出了许多问题。规模饲养、大规模单作化、连作化及化肥的滥用，削弱了动植物的生命力，导致病虫害的多发，由此又引起饲料中抗生物质的添加和作物栽培中药剂量的增大，这些都在一定程度上削弱了生态的自身循环稳定能力，减少了野生生物的数量，破坏了农业生态环境，也降低了食物的安全性，直接威胁到人类自身的健康乃至生命。

因此，人类改造自然的同时，必须重新认识与自然的关系。人类与自然应是共生、共赢、共荣的伙伴关系，必须以互惠互利、共同发展为前提，克服目光短浅、急功近利思想，树立人与自然和谐相处的科学发展观，在改造自然的同时要对自然进行涵养保护。只有依靠科学发展，才能实现人与自然的和谐，实现资源的合理可持续的利用和生态环境的有效保护。而生态农村的观念正是在这一背景下提出并发展起来的，生态农村的发展将使人与自然重新走向和谐的新“天人合一”阶段，呈现出人对自然关系的新认识和某种程度的复归。

三、生态农村的内涵

农村是一个由生态、经济、社会子系统所组成的巨型复合系统，这已经为广大区域可持续发展研究的学者所接受。用巨型复合生态系统来定义生态农村，将会赋予生态农村更多的内涵。生态农村这一概念是在面对农村日益严峻的水土流失、土地退化、森林破坏、禽畜粪便污染、农药和化肥大量使用所导致的水资源和土壤资源的污染等生态环境问题，是在“工业文明给生态环境造成巨大的破坏，进行生态文明建设越来越成为人类发展所需”的大背景下，在农村城镇化、城乡一体化及建设社会主义新农村的进程中，针对农村发展过程中出现的种种不协调问题而提出的。

生态农村运用农学、生态学、经济学、系统学和社会学等多学科原理，按照“生态优先、可持续发展”的战略思想，指导农村的经济和社会发展；是在保证农村生态环境良性循环前提下，通过农村生态系统调整和功能整合，农村生态文化建设和生态产业的发展，从经济发展、村容村貌、生态环境、社会文明等方面因地制宜地进行全面生态化建设，实现农村社会经济的稳定发展与农村生态环境的有效保护，把农村地区建设成为村容整洁、环境宜人，各产业协调发展，人与自然、人与人之间和谐共生，社会、经济、生态之间协调、可持续发展。下面从三个层面具体阐述生态农村的内涵：

1. 经济发展层面

农村是以主要从事农业生产为主的农民聚集地，是与城市相对应的区域，具有特定的自然景观和社会经济条件。农村的经济发展主要取决于农业产业的发

展，甚至整个国家的粮食保障都来自于广大的农村，来自于农业产业。因此，要想发展农村经济，要想实现农民生活富裕，必须要从最基础的农业着手，才能够实现农业增产和农民增收，才能够让农民过上幸福安康的日子。

自然科学意义上的农业“是人类通过社会生产劳动，利用自然环境提供的条件，促进和控制生物体的生命活动过程来取得人类社会所需的产品的生产部门。”祖田修总结前人的理论给农业下了如下的定义：农业是通过保护和利用地域资源，管理和培育有利于人类的生物来实现经济价值、生态环境价值和生活价值的均衡与和谐的人类目的性社会活动。农业不只是为人类提供了充足的粮食供给，农业产业还具有涵养水源、净化大气、防止土壤流失乃至增添自然景观等巨大的国土环境保护功能。同时农业受到自身生产特性的影响，其发展不同于工业。农业的生产特性如下：其一，农业生产本身受到时间和空间的制约。农业生产利用空气、水和太阳等自然力来培育有机生命体，而且要依靠一定的土地空间或者水域空间，这是农业发展的基础。其二，农业生产具有长期性和连贯性。农业生产的顺序是固定和无法变更的，而且农业生产一般都具有周期性，一般以一年为单位周期，但是有些需要两年或者更长的时间。其三，农业的生产有季节性。在农业生产中，每一个环节都有自然的顺序和固定的期限，并且与特定的季节有关。其四，农业生产需要广阔的土地资源。农业生产中特别是土地利用型农业如谷物、家畜放牧等，需要大量的土地，才能够进行生产。因此，基于这些农业生产的特性，农业的发展会受到种种制约，人类在农业发展方面经历了漫长的探索过程。

从一开始的狩猎采集到后来善意的饲养与培育开始了家畜化的过程，再到农业产业的形成，这时的农业都是粗放式农业。在这种粗放式传统农业发展模式中，农业生产率的提高主要是通过最大限度地掘取水、土地等自然资源来扩大种植、养殖面积，通过生产现场的传统经验技术的改良和进步，通过现代农业技术的普及和利用，从而以换取满足日益膨胀的人口对粮食消费的需要为特征，这种传统发展模式在获得经济发展速度和增加地域供养人口的数量来看是有成效的，极大地丰富了人们的物质需求，但是对人类生存环境的破坏也是前所未有的。主要表现是：化学肥料的开发和利用，大面积的土地开垦，以各种农业机械为代表的农业生产资料的发明，遗传法则的发现和家畜、作物品种的改良，农药的发明，地膜的使用，致使水资源遭到污染、土地遭到破坏、沙漠化问题严重，直接威胁到人类的发展。随着工业化、城市化进程加快，人口增加给农业生产带来持续的压力，农业发展的合理性和可持续性受到很大的制约。这些问题告诉我们，探寻新型农业发展，促进农业作为多元化价值产业进行发展，建设生态、经济、可持续的生态农业是现代社会主义新农村建设的重点，也是生态农村建设的基本内涵。

生态农业是在经济与环境协调发展原则指导下，依据生态经济型原理，应用系统工程方式建立和发展起来的农业体系。它要求将粮食生产与经济作物生产，种植业与林、牧、渔业结合起来，利用现代科学技术，协调经济发展与环境之间、资源利用与保护之间的关系，实现生态经济的良性循环，实现农业的可持续发展。生态农业需要最大限度地挖掘农村自身优势，利用农村天然的自然景观、新鲜的空气、广阔的土地、优美的田园风光和淳朴的民风，让农业的经济效益和生态效益发挥到极致，保障粮食的高效和安全增长，增加农民的收入，同时利用农村的自然资源和生态农业辐射带动旅游、观光、休闲、体验等服务业和农产品加工业的发展，促进农村经济实现全面可持续发展，让农民过上幸福、快乐的生活。

2. 生态环境建设层面

在人们的想象里，农村应该是风景优美、空气清新，到处一片生机盎然的绿色景象。在农村可以亲近大自然，感受生命的跃动，体验无比的自由和放松；走在乡间的小道上，扑鼻而来的是泥土的清香和植物的气息，让人感到惬意，感觉舒心，也感叹生命的神圣；走进农家小院，一家人围坐在院子里，吃着自家菜园种的新鲜蔬菜，聊着一天来的趣事，脸上洋溢着快乐和幸福，我们常常会被这样的场景所感动。但是在当今物欲横流的经济时代，农村的这块净土也受到经济浪潮和工业文明的冲击，遭到了破坏。人们一味地要改造自然、征服自然，成为自然的主宰。于是，人类破坏了农耕文明时期与自然和谐相处的天人合一关系，失去了与自然交往中本来能够获得的智慧、对自然的敬畏、惊奇与感动、关怀、祈祷，以及对自然和劳动的感激之情。

建设生态农村，需要重新找回那种农村的宁静与安详，需要重新找回那种亲近自然的温暖和惬意，需要重新建造一种绿色、经济、环保与可持续的和谐家园。这就需要在注重农村经济发展的同时，从生态环境入手，合理利用农业这一靓丽的风景，实现既保证农业的生产、增加农民的收入，又实现环境的保护和生态建设。

农村的农业产业具有天然的净化环境和保护国土资源的功能，但是农业的发展对自然资源具有一定的破坏，它是在破坏自然景观的同时建立人工景观，从经济学的角度分析，农业也有自己的外部性，包括外部经济性和外部不经济性。在工业化、现代化发展的过程中，在市场机制引导下，长期以来要求的是“作为产业的农业，作为商品的农产品”，这是经济高速增长以来经济至上主义农业观的本质。农业的外部不经济性表现得非常明显，为了追求经济利益，一方面，大量使用化肥和农药，引起土壤和水质污染，甚至导致某些野生动植物的灭绝，造成对自然生态系统的破坏；另一方面，农药的大量投入严重降低了食品的质量，损

害人体健康。但是并不能抹杀农业所存在的天然优势和外部经济性,尤其是在目前环境遭到破坏、土地沙漠化、水资源遭到污染、人类生命受到威胁的情况下,人们越来越意识到保护环境、促进人与自然和谐共处的重要性,而农村和农业给人类提供了这样的机会,提供了这样的空间。

相比较外部不经济性,农业的外部经济性更加明显。我们知道,农业是一个具有经济价值、生态环境价值和生活价值的多元价值产业。其经济价值是显而易见的:长期以来农业为人类提供了粮食保障,满足了人类最基本的物质需求,为经济发展提供了动力,促进了经济的稳定增长,保障了食品供应,还可以活跃地方经济,增加高龄者及女性的受雇佣机会。农业的生态环境价值也是人类长期以来忽视的部分:农业对水资源的涵养和土地的保护,防洪,储备地上地下水;净化水质和空气质量,防止噪音和臭味;提供自然景观和避难场所;还有利于当地能源和资源的有效循环利用等。我们在建设生态农村的时候,要努力发展不给生态环境造成负担的可持续发展的农业,合理利用农业产业的各种外部经济性,减少农业产业的外部不经济性,在未来农业的发展方面利用相互乘数效应来促进各个产业的"均衡增长",实现经济利益和生态环境建设共同发展,共同繁荣。

实现农村生态环境建设,就是要充分利用农村的农业产业这一平台,发挥农业生态环境保护功能。在现有的耕地中,保持原有农业的发展,同时利用当地自然资源,寻找适合当地种植的经济作物,同时利用养殖业和种植业的特性,发挥各自的优势,相互促进,谋求绿色、无污染的农业生产方式。在农村院落的建设方面,要尊重当地的民族特色和建筑风格,尊重当地的风俗习惯,在保持原有建筑特色的情况下为农民提供更加健康、更加便利的现代生活环境。在庭院的周围留出一定的空地,农民可以按照自己的想法随意地种植一些蔬菜,或者种上一些当地有特色的花花草草,带给家人一种赏心悦目之情。除了庭院建设外,村道的建设也是美化环境的一部分。不能把城市的建设理念照搬到农村,硬化路面与村道的绿化相结合,除了种植防风防沙的白杨树或者其他的植物外,还可以种植经济林木,这样除了可以净化空气、美化环境还能够给当地的农民和外来的游客提供免费的果品,让他们能够亲近大自然,体验采摘的快乐和丰收的喜悦。

通过农业的发展、农村庭院的设计建造、村道路面的美化和主干道的建设,在保持农村本来的田园风光和建筑风格的基础上,运用现代技术、现代理念打造一个全新的生态农村,一个融入绿色、环保和可持续发展的现代农村,一个让人感觉美丽、放松、自由、便捷和幸福的农村,一个可以长久地造福于当地人民的农村。

3. 社会文化层面

随着社会的进步和科技的发展,在农村出现了一种现象,每一个家庭都希望

玉门市餐饮居住一体的新农村建设

自己的孩子能够离开农村，能够脱离农业，不要那么辛苦。因为在农民的心里，他们眼中的城市有漂亮的建筑、宽阔的马路、琳琅满目的商品、便利的交通、良好的教育、完善的医疗、丰富的信息等，同时也说明农民的不易和进行农业生产的辛苦。所以越来越多的人离开农村，进入城市，希望可以感受现代城市的生活方式，可以共享城市的各种便利，可以融入到城市里。

正是农民的这些想法，让人们意识到农村除了有很多宝贵的东西值得我们挖掘和保护外，还有很多不利的条件，这是值得我们关注的。在农村，生活设施不够完备，教育水平落后，公共卫生水平低下，而且信息相对封闭，思想比较保守等。在今天，农民满足了自己物质条件后，也需要丰富自己的精神世界，他们渴望知识，渴望了解外面的世界，渴望和城里人享受同样的公共服务。因此，我们建设生态农村，不但要重视农村的经济发展和生态环境的保护与建设，还要从农民的精神文化生活抓起，大力发展农村文化产业，提高农村的公共服务条件，满足农民的精神需求。

社会文化建设，首先要从最基础的教育抓起。一方面要加大资金投入力度，完善教育基础设施建设。另一方面，要从软件方面抓起，为学校安装配备先进的教学器材，对老师进行定期的培训。利用农闲时间，组织定期的专业技术培训，为当地的农民送去先进的农业技术，让他们除了用自己勤劳的双手外还能够用知识、用信息去经营致富。同时要加强生态文明宣传教育，增强农民节约意识、环保意识、生态意识，营造爱护生态环境、保护农村自然景观的良好风气。

其次，提高公共卫生水平。结合当前的新型农村合作医疗，完善农村医疗服务体系，除了抓硬件外还要不断引进高水平的医生，定期请一些有经验的专家来为农民看病、治疗，真正解决困扰农民的看病难、看病贵的问题，让他们能够享受到良好的公共卫生服务条件。

第三，丰富农民群众的文化生活。农业是人类最古老并曾经是人类唯一的产业，而且农业还是人类和自然联系的中介和桥梁。迄今为止，几乎所有的人类生活方式和生产方式都能从古老的农业中找到最初的依据。长期以来，中国的农业文化有着丰富的内容，农村也形成了自己的民间文化活动，如剪纸、刺绣，每逢过节的时候农民会组织起来扭秧歌、耍大船、舞龙、唱戏等。农村文化建设，一方面要继续鼓励这种民间艺术的传播，将好的东西发扬光大，走出农村，让城市人也享受到农民艺术的特有魅力；另一方面，将现代艺术引入农村，丰富农民文化、精神生活。加大文化设施建设，建设文化广场，安装健身器材，让农民有自己的休闲、娱乐场所。发挥农业和农村的文化传承和保护功能。

玉门市健身器材安置

第四，完善通信网络建设。在信息化时代，社会主义新农村建设的一个重要内容，就是要让农民能够及时了解外面的世界、了解最新的信息，也要让外面的人能够认识农村，了解农村。信息传递的最好桥梁就是信息网络，它是农村与城市联系最便捷的通道。因此，要加大通信网络建设，对农民进行培训，让他们通过网络学习先进的知识和理念，同时把自己宣传出去，介绍给世界，把农村美丽、恬静和与自然亲近的一面展现给大家，吸引更多的人走进农村、认识农村、了解农村，从而带动农村经济的发展，实现农民物质生活和精神生活共同富裕。

四、玉门市生态农村的建设内容

玉门市地处河西走廊西部，有着辉煌的历史。1939 年玉门老君庙第一口油井出油，奠定了中国石油工业的基础。新中国成立后，更是为陕北、大庆等新油田输送了大量人才和技术。然而，经过 60 多年的开采，玉门石油产量逐年下滑，这个国内最早开发的油田，如今成了企业规模最小、发展困难最多的石油企业。1998 年以来，当年地方政府围绕油田而兴办的化工、轻工机械等工业企业大部分破产倒闭，而糖酒、五金、饮食、服装等行业也冷清萧条。多年石油开采造成的环境破坏也令人不容乐观，市区工矿企业与居民生活区交错，空气污染严重。长期过度使用地表水，地下水位逐年下降，导致供水不足。另外，由于地处祁连山地震断裂带，石油开采造成的水土流失严重，泥石流等地质灾害频发。

石油枯竭了，玉门要实现经济发展，必须找到一条新路。党的十六届五中全会提出，建设社会主义新农村是我国现代化建设进程中的重大历史任务。“生产发展、生活宽裕、乡风文明、村容整洁、管理民主”，这既是中央对新农村建设的要求，也是其总体目标。党的十七大把建设生态文明作为实现全面建设小康社会奋斗目标的新要求之一，并首次把生态文明这个概念写入党代会报告，强调要基本形成节约能源资源和保护环境的产业结构、增长方式、消费模式，在全社会树立生态文明观念。“十八大”报告中再次提出，大力推进生态文明建设。树立尊重自然、顺应自然、保护自然的生态文明理念，把生态文明建设放在突出地位，融入经济建设、政治建设、文化建设、社会建设各方面和全过程，实现中华民族永续发展。这为玉门带来了新的发展机遇，玉门人开始反思传统的发展方式，通过学习和借鉴先进的经验，结合玉门自身区位优势和气候特点，开始了玉门社会主义新农村建设的步伐，并把生态农村建设作为玉门未来经济发展的主要方向，按照人口资源环境相均衡、经济社会生态效益相统一的原则，调整空间结构，促进生产空间集约高效、生活空间宜居适度、生态空间山清水秀，给自然留下更多修复空间，给农业留下更多良田，给子孙后代留下天蓝、地绿、水净的美好家园，构建科学合理的玉门农业发展格局和生态安全格局。

根据生态农村的内涵，玉门市决定从以下几个方面来进行生态农村的建设：

1. 发展现代生态农业和特色产业，实现农民富裕

农业是农村的根基，是农村实现经济发展的突破口，是农民实现生活富裕的有力保障，是实现生态环境建设和社会文化建设的前提条件，是建设生态农村的物质基础和坚强后盾，但同时农业又有很多的风险特性。因此，发展现代生态农业和多样化农业，实现农业增产和增收，是生态农村建设的首要任务和内容。

玉门市是一个传统的农业县市，现有 12 个农村乡镇、53 万亩耕地和 9.8 万农业人口。玉门市地貌分为祁连山地、走廊平原和马鬃山地三部分，自然形成了三个各具特色的绿洲区，即昌马赤金片、沿山冷凉绿洲区、玉门镇片、冲积扇平原绿洲区和花海片、山间盆地绿洲区，形成玉门市的主要耕作区，海拔 1250 米～2100 米不等，落差悬殊。玉门市日照时间长、昼夜温差大，适于农作物生长和有效成分积累。玉门市特殊的自然条件，决定了其农业结构和种植特点的多样性，农产品种类丰富。但是玉门市属典型的荒漠绿洲交接生态脆弱区，其农业经济发展对自然资源与环境的依存度较高，针对脆弱的生态环境与农业可持续发展的限制因素，玉门市提出了绿洲农业可持续发展的思路与对策，即“以生态农业保证效益农业，效益农业推动生态农业发展”的新路子。

花海红提示范园

生态农业是重视经济、生态、社会三大效益相统一的高效农业。生态农业和效益农业是相辅相成、相互促进的，没有生态农业，可持续的效益就很难实现；相反，没有效益的生态农业就没有物质基础作保障，从事经营的劳动者也无积极性可言。因此，生态农业与效益农业的耦合是玉门市发展绿洲农业的现实选择。

玉门市提出要扩大农业产业化规模、发展品牌农业、提升农产品质量、提高

农民素质、改善土地规模经营与耕地素质，大力发展现代农业和特色优势产业。通过贯彻“发展高效节水特色农业，专业化布局、产业化经营、标准化生产、技能化培训”的“一特四化”农业发展战略，将 12 个乡镇划分为城郊绿洲农业片区、花海盆地农业片区和沿山冷凉农业片区，按照“一乡一业”、“一乡一品”的发展模式，全力打造 1000 亩人参果、1 万亩温棚韭菜、10 万亩啤酒原料、10 万亩蔬菜、10 万亩特色林果、100 万只羊的“六个一”特色产业基地，同时借鉴国内外的先进经验，在发展现代农业的同时，提出避免农业的“现代化”弊端和缺陷的措施，充分利用地貌多样、气候多样、生态多样、物种多样，发展地域性，多样化的农业，保障在不破坏生态环境和造成污染的情况下，实现农业的多样化和高产增收。

花海辣椒

首先，在现存的玉门市农村农业发展的基础上，从实际出发，对于一些面积小、交通便利、离农村庭院比较近、无法实现连片经营的土地，鼓励农民发展休闲农业。休闲农业是利用农业景观资源和农业生产条件，发展观光、休闲、旅游的一种新型农业生产经营形态，也是深度开发农业资源潜力，调整农业结构，改善农业环境，增加农民收入的新途径。在休闲农业区里，游客不仅可以观光、采果、体验农作的乐趣、了解农民生活、享受乡土情趣，而且可以住宿、度假、游乐，这样不仅能够改善农业环境，还可以为农民带来远高于单纯经营农业所带来的经济利益。对于玉门市适合规模经营的绿洲农业区，在不损害生态环境的前提下实

行土地适当集中，或农户、集体经济之间进行紧密型合作，按经济原则优化配置资源，生产统一规格、标准化的大宗农产品，提高农产品竞争力，最大限度地实现农民利益和农业效益。通过农业生产机械化，将农民从繁重的体力劳动中解放出来，让他们充分享受现代物质文明的成果，实现“文明生产，体面生活”。

玉门市甜瓜种植园

其次，推进农业产业化经营。传统农业产业附加值低，经济效益低，难以使群众以实际行动维护环境质量。玉门市绿洲农业应以农业产业化为基本经营方式，通过产业化促进专业化生产和协作以及水、土、光、热资源的专业化利用，形成利益共同体；这样可以实现以利益和产业为纽带、以市场为中介的各种合作关系，不断以生态原则和经济效益原则优化区域资源配置。产业化经营要以势力较强的龙头企业为依托，或以合作社模式，通过产业和利益将分散经营的农户连接起来，把千家万户引进市场，使农户成为市场经济利益共同体的一员，增强农户抵御市场风险的能力和决策能力，因地制宜地发展支柱产业和主导产品，通过利益纽带把产、供、销各个环节有机地连接起来，延长农业产业链，扩大农业生产的外延，以市场为导向，培育一些新的作物品种，提高农产品的科技含量和附加值，发挥玉门市绿洲农业资源和要素配置及利用的整体效益。同时发展农产品加工业，利用玉门的蔬菜、酒花、枸杞、食用瓜、特色林果、畜牧、制种等特色农产品，对其进行深加工，制成方便贮存、携带的绿色食品。一方面将玉门有特色的农产品通过加工，销售到全国各地，让其他地方的人们也能够享受戈壁滩的美味带给他们的快乐；另一方面，可以带动当地的就业，为一些从农业中解放出来的劳动力提供就业机会，维护农村的稳定和协调发展。通过玉门的特色农产品，创造出全国知名的绿色、无污染、无公害的农产品品牌，让更多的人走进玉门、认识玉门、了解玉门——这颗璀璨的戈壁明珠。

玉门市测土配方施肥项目大麦实验田

第三，依托玉门市农业景观的辐射带动作用发展旅游产业。农村的神奇和魅力能够吸引长期生活在城市的人们，他们渴望回归自然，渴望呼吸新鲜的空气，渴望体验乡土人情，渴望感受生命的气息，而农村成了他们向往的地方。正是这种需求的存在，才需要农村发展观光、休闲农业，建设玉门独具特色的农家乐产业，打造玉门人家。

玉门市旅游资源丰富，是有名的石油城，是铁人王进喜的故乡。玉门所属的12个乡镇气候差异较大，自然风貌迥异，老市区的全国工业旅游示范点、清泉的玫瑰沟、吾艾斯拱北、赤金的金玉度假村、赤金峡水利风景区、红柳峡丹霞地貌、五华山丹霞地貌、赤金硅化木地质公园、昌马石窟、月亮湾等自然景点，有的以绿意清新取胜，有的以神斧天工的景物夺魁。更有亘古历史的遗迹，向人昭示着玉门悠久的历史渊源。特别是近年来快速发展的风电产业，不但创造了好的经济效益，广袤戈壁上林立的风车，在常年的季风吹动下不停地转动着，更是为玉门

增添了一道美丽的风景，吸引了许多游客前来观光。

在未来将休闲农业和玉门市这些"养在深闺人未识"的美景结合起来，改变传统农家乐的发展模式，将农家乐、玉门人家、农业自然景观和庭院建设结合起来，打造集吃饭、休闲、玩乐和体验生活为一体的玉门生态旅游，能够满足人们亲近自然、体验生活、感悟生命、追寻历史文化足迹、寻找温暖家园的需求。田园风采与历史文化古迹结合，向前来参观、游玩的游客呈现出玉门的神采，能够提高玉门的知名度，吸引更多的人来到戈壁绿洲农村，体验乡村的魅力，感受自然的伟大、神奇。

丹霞地貌

2. 从生态环境建设着手，为农民再造美丽家园

生态农村建设，经济发展是基础，生态环境建设是保证。在现代生态农业产业发展的基础上，为农民再创一个生活富裕、环境优美、人居和谐的绿色家园是玉门生态农村建设最重要的任务之一。在一望无际的玉门田野，夜晚月朗风清，玉门人享受着一方土地独有的自然恩宠。看月亮从树阴里筛下满地的光斑，闪闪烁烁，飘忽不定；门口不远的田野里泛起细细的柔波，那里传来一阵阵如潮水般汹涌的蛙鸣，用心去倾听着这些天籁之音，会使你感受到月下乡村的深邃和美妙。但是，随着经济的发展，玉门农村的环境也遭到了严重的破坏，生活垃圾到处都是，水土流失严重，土地肥力下降，到处是一片脏乱。因此，社会主义新农村建设的过程中，玉门在发展生态产业的同时，更要给农民再造生态人居环境，为农民提供生态、绿色的家园。

首先，要尊重当地的民俗习惯、建筑风格和风土人情，按照农民的需要，用生态理念规划和建设住房、庭院、村庄。在农村，家家户户都会有自己的小院子，居住比较分散，所以在生态农村的建设过程中，对于生态环境建设，应更多地依托农村所具有的农业自然景观，对农民的庭园建设，要最大限度尊重当地的习惯。例如有些人喜欢睡火炕，有些人喜欢在自己的院子里种一些蔬菜和水果，有些人喜欢种漂亮的花，这是农民的习惯，应该尊重。农村又是一个完全人性化的地方，人与人之间，人与物之间，人与自然之间都是有感情的，所以在进行农村庭院建设的时候要考虑多样化，而不是统一规划，统一布局。在庭院的周围可以留出一些空地，让他们种蔬菜或者植物，同时多使用一些环保建材，建设绿色、美丽、整洁的生态庭院和兼有生态功能的生态经济庭院。对于一些生态环境相对脆弱、人口稀少、经济落后的村庄，实行移民搬迁，为这些地方的农民重新建造一个融入生态、环保理念的家园。在生态农村建设中优化村庄布局和庭院生产结构，建设新型沼气池，严格废弃物和生活垃圾处理，增设垃圾回收点，改善庭院居住环境和村庄环境。

其次，道路的建设和绿化是关键。村道是方便人们出行的交通要道，所以村道干净、整洁、漂亮会给大家一个好心情。玉门村道一般都是土路或者砂石路，加之降水少，气候干燥，尘土很大，常常是“晴天一身土，雨天两脚泥”。所以需要进行路面硬化，改变以前的面貌，对于比较有特色的地方可以适当保留原貌，供人们体验和感受。同时在村道两旁，要栽种各色树木花草。对于村内的主干道要进行合理的规划和硬化建设，在原有路线的基础上，尽量缩短与外界沟通的距离，通过主干道将村子最美丽、最有特色的地方展现给大家，方便村子与外界的沟通和交流，也要通过这条路，让初次到来的人们对农村有一个美好的第一印象。通过道路硬化和绿化工程，将农村变成一个舒适、干净、整洁的地方。

玉门市中心村住宅小区建设

第三,对农村环境进行综合整治。农村本身是一个完整的生态系统,家畜的粪便可以给农作物的生长提供充足的养料,农作物的果实可以为农民提供粮食保障,还可以作为家畜的饲料,多余的粮食可以储存或者变卖。但是随着农业的现代化,塑料薄膜的大面积使用造成农村的白色污染越来越严重,地埂、村道两旁到处都是废弃的塑料,规模化的养殖使粪便严重污染了农村的空气,植物的秸秆堆积,影响农村的村容村貌。生态环境建设,就是希望把农村打造成真正与自然融为一体的和谐、绿色家园,就是希望展现给大家的是一种优美的田园风光。因此,要对这些问题逐个解决,几个村庄连片,建造垃圾处理厂,回收废旧塑料以及生活垃圾。对动物的粪便和植物的秸秆,引进现代生态农业技术进行发酵,变废为宝,为农业提供肥料,减少了化肥的使用。大力推行"改清洁用水、改卫生厨房、改卫生厕所、改清洁能源"工程,还给大家一个干净卫生的农村,一个美丽和谐的农村,一个可持续发展的农村。

玉门市村容村貌

第四,对土地进行优化布局。用生态学原理作指导,合理安排生活用地、生产用地、绿化用地、除污用地等。对于已经污染或者破坏的盐碱地,引进先进的技术进行土地改良,也可以选择适合的作物进行种植;对于土质良好,土壤肥沃的土地,进行农作物种植,用一种生态循环的理念指导农业生产,合理利用优质的土地资源;对于生活用地,要严格地控制,保证农村可耕地面积的稳定。真正实现让农村的每一片土地都能够最大限度地发挥自己的作用,为农民带来收益。

玉门花海镇新农村

3. 发展社会文化产业，丰富农民的精神世界

农民的口袋鼓起来后，农民的脑袋还要富起来。在发展农村经济，建设生态、绿色家园的同时，也要抓精神文明建设，发展农村文化产业。在农村，农民的文化生活与当地的农业有着密切的关系。农业劳动的过程既是创造物质财富的过程，也是丰富精神世界的过程，是向自然界学习的过程。正是在劳动过程中才形成了今天农村特色的乡村文化，如特定时节人们会举行祭祀活动，这是对祖先表示感谢，也是希望来年一切都能够风调雨顺；春节的社火、舞龙、耍大船、舞狮子，是对节日的庆祝，表达了一年来农民辛勤劳作后丰收的喜悦。

农村虽然有一定的社会文化基础，但需要继续丰富和提升农村文化产业。发展农村文化产业是建设和谐文化的内在要求，是建设社会主义新农村，满足广大农民群众多层次多方面精神文化需求的有效途径。在玉门生态农村建设中，发展农村文化产业，建设和谐文化，培养农民的生态意识和环保意识，是当前和今后一个时期内玉门新农村建设面临的一个极其重要和紧迫的任务。

首先，完善农村公共文化服务体系。文化是提高农民整体素质的基础，是促进农村精神文明建设的关键因素。要建设社会主义新农村，必须提高对加强公共文化服务体系建设重要性的认识，同时，要认真深入调查，勇于实践，寻求搞好玉门农村公共文化服务体系建设的策略和措施，不断提高广大农民群众的思想文化素质，用强有力的文化支持和精神动力，推进玉门社会主义新农村建设。一方面，加强玉门农村公共文化基础设施建设，形成较为完备的公共文化服务网络。争取达到乡乡都有一个综合文化站，每个村有一个文化活动室。县乡文化

社火表演

玉门市农家书屋

资源共享工程联通，自然村通广播电视，基本解决农民看书难、看电影难、接收广播电视难等问题。另一方面，改进文化服务手段，引进文化人才，创新文化服务活动的新思路。一是探索与农村党员干部现代远程教育工程及农村中、小学现代远程教育工程的合作，最大限度地实现资源共建共享，推动文化共享工程进乡入村，让广大农村群众共享文化发展成果，促进农村经济社会协调发展。二是充分利用传统的节日、集会，千方百计地搭建文化平台，灵活机动地开展文化活动，真心实意地为农民提供形式多样和群众喜闻乐见的文化服务。从实际出发，因地制宜，把为农民群众提供公共文化服务与帮助农村发展文化产品服务结合起来，帮助有基础的乡村组建业余演出队，培养农村的乡土文化人才，增强农民参与公共文化服务体系建设的主体意识。

花海镇文艺表演

其次，提高农村公共服务水平。长期以来农村公共服务的缺失，使农民在义务教育、公共医疗、社会保障等多方面的公共需求得不到满足，这不仅制约了农民素质的提高，影响了农民未来收入的提高，还会形成很多经济社会问题。因此，完善农村基本公共服务体系是新阶段农村脱贫的关键所在，是提高农村人口素质的主要路径，也是玉门生态农村建设的重要内容。

一是普及农村义务教育，提高教育教学质量。义务教育是基础，玉门决定在未来逐步建成“布局合理、体系完整、发展均衡、质量一流”的教育体系，提升教育事业发展水平。做到硬件和软件一起抓，在加大各个村庄的校舍维修改造和教学仪器设备购置力度，解决学校办学规模小、效益低和运转难的矛盾，为农村的孩子们提供一个安全、良好的学习环境的同时，从软件方面着手，从基础教育抓起，实行包括三年学前教育在内的 12 年义务教育制度，对师资进行定期培训，同时结合当地的就业政策引进大学生到农村给孩子们教授知识，让他们把先进的知识带给孩子们，真正促进教育事业健康发展。为了让教育资源最大限度地发挥效益，还可以加大农村技能培训的力度，对农民进行职业和技能培训，改变传统的思想观念，用先进的技术和生态理念进行农业发展，拓宽农民致富途径。

花海中心敬老院

二是完善公共医疗卫生服务体系。农民看病难、看病贵、因病致贫现象制约着玉门的经济发展和新农村建设的步伐。因此，玉门在生态农村建设的过程中，结合国家提出的新型农村合作医疗和农村养老保险制度，决定深化公共医药卫生体制改革，完善医疗卫生服务体系，提高医疗服务的供给能力和水平，为农民提供公共医疗服务的人性化、阳光性、公正性和可及性，切实维护和实现人民群众最根本的健康权益，让农民看病满意，看病放心，看病安心。具体来说主要有以下措施：在各个乡镇完善公共卫生基础设施建设，配备先进的医疗器械；定期对医务人员进行培训，同时引进高水平的医护人员，在条件允许的情况下对当地的农民实行定期的免费体检，普及医疗常识，促进玉门市公共医疗卫生事业全面、协调和可持续发展，使城乡居民的医疗卫生需求得到保障，农民能够健康、快乐地生活。

玉门生态农村建设的内容有很多，只有从经济、生态和社会文化的角度一项一项建设，才能够达到最终的目标。但是，玉门生态农村的建设不是要推倒以前的东西，重新去创造出一个人为规划出来的、整齐划一的新农村，而是在现有农村经济发展的基础上，在已经形成了一定文化底蕴的基础上，在了解玉门、认识玉门的基础上，在尊重当地的风俗习惯的基础上去建设。玉门生态农村建设的目标不只是一个经济发展良好，环境优美，空气清新的农村，还应该是一个有着玉门特色的农村，一个充满了浓郁人情味的农村，一个充满爱和快乐的农村，一个让人感觉温馨和舒服的农村，一个有着顽强生命力的农村，一个具有可持续发展的农村，一个美丽、健康、幸福的农村。用一种生态、绿色和可持续发展的理念进行玉门生态农村的建设和规划，把农业园区与新型农村规划建设相结合，通过园区、乡村共建，打造一批生态田园型、特色产业型、农家乐旅游型、历史文化型等类型各异、特色鲜明的生态乡村。让住在农村的人们感觉幸福、快乐、温馨，让前来参观的人们不只是感受到世外桃源般的恬静，更感受到一种对生命的感激和敬畏。

五、玉门市生态农村建设的意义

近年来，为了推进社会主义新农村建设、实现小康社会，玉门市委、市政府立足玉门经济社会发展的阶段性特征，按照“发展新农业、建设新村镇、培育新农民、推行新管理、树立新风尚”的新农村建设“五新”发展思路，广泛开展了“一特四化”促农增收项目入户活动，大力推进了“六个一”工程，使得玉门经济社会快速发展，资源型城市可持续发展取得重大突破，城乡面貌发生了巨大变化，民生事业取得显著进步，人民群众生活得到了极大改善，以工促农、以城带乡的体制机制初步形成并逐步完善，特色优势产业不断壮大，城乡居民收入稳步提高。

从总体来看，玉门市的新农村建设已经取得了显著成效，为加快推进未来玉门市社会主义新农村建设提供了很好的物质基础、工作平台和发展机遇。但是，在发展过程中，玉门市新农村建设遇到了瓶颈和挑战：一是农民增收的难度加大。在连续几年快速发展的背后，农业增产、农民增收的各种支撑力量已经绷得很紧，农产品提价增收空间越来越小，农业传统增长方式的增收潜力越来越弱，农民转移就业难度越来越大，持续快速增加农民收入成为农业农村工作的最大难题。二是村容村貌整治难度日益加大。随着新农村示范点建设的深入实施，农村基础条件好的村组和农户基本上全部实现了人居环境改造提升，其他尚未进行改造的村组由于经济条件、地域特征千差万别，基础设施投入和公共服务需求有很大差异，改造难度逐年加大。三是资金成为束缚新农村建设的最大障碍。新农村建设是一个艰巨和长期的任务，涉及农业生产、农民生活、公益事业、社会保障、水电路等基础设施建设以及村容村貌、民主管理等各个方面。要抓好各项工作，最关键的是要有资金保障，而县乡一级财力有限，上级部门扶持资金少，缺少长效投入机制，极大地束缚了新农村建设。四是资源整合困难。现有涉农项目资金，由于来自不同的部门，在使用上难以整合，不能完全根据各地发展的轻重缓急安排使用，影响了新农村建设整体效应的发挥。五是体制机制还不完善。主要表现在现行的农村宅基地流转制度不完善，土地城乡一体化发展体制机制

尚未建立，农村社会事业发展条件落后，农业社会化服务体系不够健全，这些都极大地制约了新农村建设及城乡一体化发展。

正是这些困难和障碍，促使玉门市不断寻找新的方法和出路，决定走出一条属于玉门自己的社会主义新农村建设路子，而"生态农村"建设为玉门市农村的发展指明了方向，为玉门市社会主义新农村建设赋予了全新的意义。既然缺少资金，农业自身的潜力已经不大，那么就要学会变通，学会挖掘农业的深层经济价值，学会把不利条件变成自己的优势。农村落后，没有便利的交通，没有繁荣的经济和商贸，没有优质的生活条件。但是农村本身就是一个宝，农村的天然环境和农业的自然景观是城市没有的，农村有新鲜的空气，有广袤的土地，农村弥漫着温馨、安详和闲适，只有在农村才能实现与自然的近距离接触，享受到"采菊东篱下，悠然见南山"的恬淡和闲适，真切地体会到自然的魅力和生命的奇妙，享受人与自然和谐相处的快乐。所以，只要合理利用和开发农村的这些优势，玉门的社会主义新农村建设将会有重大突破，这也会对加快提升玉门市新农村建设水平提供有效的载体和发展机遇，并对整个玉门市的经济社会发展产生深远的影响。

首先，玉门生态农村建设是对中国传统生态观的继承和发扬。中国传统文化中固有的生态和谐观，为实现生态农村建设提供了坚实的哲学基础与思想源泉。今天，玉门生态农村建设将科学发展观、社会主义和谐社会、环境友好型社会、可持续发展理念、中国传统生态观相融合，在未来将形成玉门独具特色的支柱产业和生态农业，将促进玉门经济发展走上可持续的道路，将加快玉门社会主义新农村建设的步伐，将构建玉门人的全面发展和玉门经济社会的和谐。

其次，玉门生态农村建设是设身处地地为农民着想。农村是农民的家园，他们祖祖辈辈都生活在这片热土上，每天都和这片土地打交道，他们热爱这片土地，热爱这个养育他们的地方，对这块土地心怀感激和敬畏，所以强行对农村进行重新规划、拆迁和重建，会伤害农民的感情，也会给农村这片热土带来伤痕。社会主义新农村建设的最终目的是希望农民能够过上幸福、快乐的日子，而玉门生态农村建设具有这样的意义。玉门生态农村建设的过程中，规划者能够更多地考虑当地农民的切实利益和他们内心的真实想法，在这片本就有无限魅力的土地上绘制更加优美的风景，同时抛弃一些不好的习俗，让农村的一切变得更加完美，更加吸引人，让这里的农民生活得更加健康，让他们拥有一个幸福、快乐和充满生机活力的家园。

第三，玉门生态农村建设是对农村这片神圣土地进行保护。在人类发展、科技进步的过程中，我们大肆开发和利用土地和资源，对环境造成了严重的破坏，滥砍森林、水土流失、土地沙漠化、水污染严重，我们对自然的开发已经超出了自然界所能承受的限度。近年来各种自然灾害和环境问题的频发，就是自然对人类无限度开发进行的报复。在后工业时代，农村再不应该是贫穷落后的代名词，而应当成为一片圣洁的土地，生活在这里的人们与自然和谐相处，从自然界获取物产的同时，对自然界充满了感激和敬畏，保护好自然环境。农业生产过程是对动植物的利用和改进，农业具有储存水源、防止土壤流失和洪水暴发、净化水和空气、保护生态环境的功能，农民就是利用这些规律，在自然界养育他们的同时也保护着自然环境。农民对农村和土地的感情就像是对自己的孩子一样，他们希望自己的日子过得幸福，也希望周围的环境能够美丽。生态农村是一种人性化的设计，生态农村建设把农村的这种生态环境保护功能发挥到了极致，为玉门市未来的发展提供了充足的资源和无限的潜力。

第四，玉门生态农村建设是玉门特色最完美的展现。玉门是戈壁滩上的一片绿洲，玉门生态农村建设，更多地依托玉门独特的气候资源和地域优势，合理地开发和利用，才能最大限度地挖掘农村的经济效益和生态效益，最大化农民的幸福指数。通过开发休闲、观光农业，建设农家乐、玉门人家，发展有机生态农业等，不但农民增加了收入，保护了环境，建造了温暖家园，还给来自远方的游客们带来了一种新的、大自然的体验和感受。让他们不只看到一望无际的沙漠和安静的农村，更看到自然的伟大、生命力的顽强。他们在这里感受到的是玉门人家的热情、朴实与憨厚，是人与自然互动、交流的和谐景象。他们体会到的是劳动的辛苦和丰收的喜悦，以及对自然的感激和敬畏之情。生态农村是一种对农村优势资源的共享，是一种和谐、可持续发展的道路，是对玉门社会主义新农村建设的新的解读。生态农村将是玉门未来的一块王字招牌，是玉门人民的无形资产，它不只会给玉门人民带来财富，带来小康，带来幸福，也会让走进玉门、了解玉门的人感受到清新和愉悦，产生对玉门生态农村生活的向往，不啻是对工业社会和现代城市人的一种再教育。

在未来，玉门生态农村建设将会给玉门的经济发展贡献出无穷的力量，为玉门人民创造出无尽的财富和幸福。通过“生态农村”建设，将玉门市丰富的生态、传统的文化资源和农业农村的亮点工程有机结合，充分发挥玉门的比较优势，通过发展生态旅游业、园林绿化业、生态农业和特色优势产业以及农产品加工业，让优良的生态创造出巨大经济效益，从而进一步促进生态建设，再以更高水平的生态赢得发展，最终实现社会效益、经济效益和生态效益三丰收，为玉门市区域经济发展构建强大的核心竞争力，为玉门步入小康社会提供物质基础和有力保障。

六、生态玉门的建设目标任务

(一)生态玉门的总体目标

玉门市生态农村建设要结合全市的资源优势、地域和气候特征,充分发挥石油化工、新能源、生态农业、特色优势产业和园区产业发展对新农村建设的带动作用,特别是从农家乐、玉门人家、休闲农业等生态旅游业着手,坚持把解决好农业、农村、农民问题作为全市工作的重中之重,作为生态农村建设的主攻方向。统筹城乡发展,坚持"工业反哺农业、城市支持农村"和"多予、少取、放活"方针,加大强农惠农力度,夯实农业农村发展基础,提高农业现代化水平和农民生活水平,建设农民幸福生活的美好家园。到 2015 年年底,基本实现生产发展、生活宽裕、乡风文明、村容整洁、管理民主的新农村建设目标。

"十二五"期间,玉门市生态农村建设的总体目标是:将 12 个乡镇按照"一城两区一带"的空间区位划分,制定发展规划和实施方案,组团推进生态农村建设。针对各乡镇、村组不同的地域特点和经济实力,按照"抓点示范、串点连线、折线成面、整体推进"的思路分整组推进、整村推进、沿线推进、整乡推进四个层次,梯次开展以发展生态农业和特色产业为核心、以改善村容村貌和乡村环境综合整治为重点、以完善农村社会文化事业为补充的新农村示范点建设。将玉门市农村建设成为经济繁荣、社会和谐、人民幸福、生态文明、环境优美的美好家园,把玉门市"生态农村"打造成国内知名的新农村建设品牌。

(二)生态玉门的空间布局

玉门市 12 个乡镇按照"一城两区一带"的空间区位划分,制定发展规划和实施方案,组团推进生态农村建设。"一城"即以新市区为中心的城市核心区。加快新市区的开发建设步伐,不断优化城市功能,全面提升城市规模、品位和实力,不断增强承载吸引和辐射带动能力。"两区"即以新市区周边四乡镇为主的城郊区和以花海镇周边一镇三乡为主的花海片区。城郊区以特色农产品为依托,利用便利的交通,优美的农业自然景观,发展周末旅游、休闲度假等服务业来加快发展,促进农民增收。花海片区按照中心小城镇带动经济发展的思路,同时为玉门其他地方提供花海的农产品,大力开发观光农业。"一带"即以冷凉灌区三乡镇为主的沿山沿路乡镇带。按照"两改变、三集中"的要求,不断提升农民生产生活水平,即在保留原有的自然风景和建筑习惯的基础上改变村容村貌,改变农业基础条件，适当促进分散种植的土地向种植大户和合作社、龙头企业集中，对于小面积经营的土地则转变发展思路，除了种植经济效益好的农作物，还要大力发展休闲、观光农业，为那些喜欢冒险和挑战、同时又想感受农村生活的人们提供服务。

（三）生态玉门建设的具体目标

1. 创建富裕乡村

玉门市坚持以农民增收为重点，来实现富裕乡村的建设目标。生态农村建设过程中，除了开发农业的传统经济效益，还大力开发有机生态农业的辐射带动作用，促进旅游等服务业的发展，通过推进可持续、绿色环保产业发展经济，增加农民收入，建设玉门的富裕乡村。到2015年，全市农民人均纯收入达到11000元以上。

2. 创建美丽乡村

生态农村建设，就是要为农民群众建造一个干净整洁、环境优美的绿色家园。玉门市通过广泛发动农户开展农村“五清五改五化”工程（清垃圾、清柴堆、清粪堆、清路障、清院落，改水、改厕、改厨、改路、改圈，道路硬化、门坛硬化、门面美化、周围绿化、圈舍洁净化），将所有生态农村示范点与危房改造、村级“一事一议”项目、“村村通”工程、文体设施配套、农村“人饮”工程“五结合”，通过道路建设和绿化工程的有序推进，以及农业自然景观的自身优势，彻底改变农村环境“脏、乱、差”问题，全面整治农村环境。到2015年年底，实现全部村组通油路，绿化工程有一定成效，基本解决农村饮水安全问题，实现“一池三改”的农户占到80％以上，垃圾和污水集中处理率达到50％，在保留当地传统建筑风格和风俗习惯的基础上结合惠农政策，实现农村危旧房改造全覆盖。为农民创造出传统与现代、经济与环保完美结合的绿色、美丽的田园生活。

3. 创建满意乡村

玉门生态农村建设就是从农民的切实利益出发，本着一切为农民服务的思路，争取创建农民满意的乡村。在具体实施过程中，玉门市通过完善农村文化服务体系、提高公共医疗卫生服务水平、扩大就业和社会保障能力，推进社会民生事业发展和惠民工程建设，提高人民群众生活质量和改革发展成果共享水平，改善农民的居住安全水平，扎实推进农村社会治安综合治理工作，全力维护农村平安稳定，创造优美、舒适、安全的生活环境，创建“平安玉门”，实现农村经济社会的健康发展。到2015年全市建立健全以养老保险、医疗保险、失业保险、工伤保险和生育保险为基础、覆盖全市及各乡镇的社会保障体系；全面落实城乡居民最低生活保障、城乡居民医疗救助、临时救助、灾害救助、五保供养等社会救助制度和城镇居民基本住房保障制度，在切实保障城乡困难群众基本生活的基础上，使

其生活水平得以逐步提高，构建让农民满意、让农民安心的乡村生活。

4. 创建和谐乡村

生态乡村建设的最终目的就是要创造一种人与人之间、人与自然之间和谐相处的友好景象。利用农村广阔的土地和天然的自然资源，以农业产业为依托，大力开发农业的经济效益、生态效益和社会文化效益，在满足当地农民物质需求的同时，将传统文化发扬光大，在传统生态观的指导下，让人们学会给予和索取的适度，学会对自然界心存感激和敬畏，学会一种谦和的情操，学会像大自然一样有一颗包容心，学会人与人之间要互相学习，互相谦让，互相理解，互相包容，学会在发展经济的同时保护环境，保护自然，坚持走全面、协调、可持续的发展之路，最终用农业的经济效益促进农村的生态环境建设和农民的社会文化事业，反过来用生态效益和农村的优良文化传统为农民创造更多的经济收入。在实现经济富裕和生态环境优美的同时，努力创造出稳定民主、幸福美满的“和谐乡村”，到 2015 年形成玉门和谐农村全覆盖。

玉门和谐乡村

(四)生态玉门行动计划

建设“生态农村”是一项长期而艰巨的任务，是一个循序渐进的过程。需要按照近、中、远的实施步骤和分阶段目标为行动计划，针对各乡镇、村组不同的地域特点和经济实力，按照“抓点示范、串点连线、折线成面、整体推进”的思路分整组推进、整村推进、沿线推进、整乡推进四个层次进行新农村示范点建设。

根据当前全市城乡建设和发展的实际，加速推进城镇规划编制工作，健全城镇规划体系，加大规划执行落实力度，切实提高规划对城镇建设的指导、规范和调控作用，着力构建以新老市区为核心、以玉门镇、花海镇、赤金镇三个中心小城镇为节点，以其他乡镇和中心村为依托，层级分明、梯度推进、相互衔接、以城带乡、城乡互动的城镇发展新格局，加快全市社会主义新农村建设的进程。把新、老市区作为城镇体系的第一层次，加快建设新市区，改造提升老市区，逐步完善城市功能、大力提升城市形象、着力提高城市首位度，积极推进工业向园区集中、基础设施向城市周边辐射、城郊村和城中村农村转社区，增强新、老市区的辐射带动能力，将新市区打造成以能源新都、石化新城、戈壁绿洲上的低碳示范新城为定位的全市发展的主核心，将老市区打造成以“百年油城”、石化工业基地为定位的全市发展的次核心。把玉门镇、花海镇、赤金镇三个中心小城镇作为城镇体系的第二层次，加快建设镇域工商业体系，促进产业集聚；加快完善城镇基础设施和公共服务体系，推进农村人口向城镇集中、部分土地经营向规模大户集中；突出玉门新农村建设特色，提高建设水平，逐步把三个中心小城镇真正建设成为承接新、老市区辐射、带动周边乡镇发展的片区发展中心。把其他乡镇和中心村作为第三层次，大力推进特色优势农业发展、农业产业化经营和部分农业转变发展思路，向休闲农业进军，积极创造条件，促进人口适度集中，增强配套服务新、老市区和中心城镇的能力，逐步实现城乡一体化发展。最终实现生态农村全覆盖，巩固生态农村建设品牌。按时间点规划如下：

(1)近期：抓点示范，串点连线阶段(2009—2011 年)

在完善“生态农村”创建内容和评价指标的基础上，全面启动创建行动，重点做好一批基础较好村的改造提升工作，确保几个典型村基本达成“生态农村”创建指标，争取在三年内初见成效，打出“生态农村”品牌。

(2)中期：折线成面阶段(2012—2015 年)

充分发挥第一批“生态农村”的典型示范作用，以 G30 国道、玉花路、玉布路等重点公路和旅游景区沿线为重点，每年完成若干个“生态农村”的创建，经过四年的发展，确保到 2015 年玉门市内重点公路和旅游景区沿线的村基本达到“生态农村”创建标准，争取在市内外有较大的影响，打响“生态农村”品牌。

(3)远期：整体推进阶段(2016—2020 年)

按照整体推进的要求，基本实现全市其他村的创建工作，并巩固提升已取得的创建成果，将绝大多数乡镇建成“生态乡镇”，全市基本建成“生态玉门”，最终实现“生态农村”建设目标，使“生态农村”成为玉门继石油城后的又一国家级的区域品牌，成为玉门城市营销中的又一张名片。

第三章
玉门市生态农村建设进程评价

一、生态农村建设指标体系

(一)国内外生态农村研究综述

1. 国外生态农村概念的提出与研究

20 世纪 60 年代,基于人们对日益严重的生态环境、不可再生资源的过量消耗、居住地的环境污染与生活方式的不可持续性的认识与反思,在国外兴起了生态村运动。其概念最早由丹麦的一位学者 Robert Gilman 在他的报告《生态村及可持续的社会》中提出:“生态村是以人类为尺度,把人类的活动结合到不损坏自然环境为特色的居住地中,支持健康地开发利用资源及能持续发展到未知的未来”。这个定义从理想主义出发,较为客观地阐释了生态村的本质,作为社区实体,生态村在努力寻求达成人、自然和社会之间的和谐与平衡,但是并没有给出具体的实践之道。1991 年丹麦大地之母(GAIA)信托基金版了《生态村研究报告》，报告指出：生态村中的“生态”是人与自然间高效、和谐关系的简称。该报告正式定义了生态村的概念：“生态村”是在城市及农村环境中可持续的居住地，它重视及恢复在自然与人类生活中四种组成物质的循环系统——土壤、水、火和空气的保护，它们组成了人类生活的各个方面。提出生态村的目的是使人们相互之间及与自然界协调地生活在一起，建立一个可持续的社会样板。其主要内容包括：1. 区域化、本地化的有机食品生产；2. 生态化的建筑；3. 自然环境的保护与恢复；4. 集约、可更新能源系统；5. 减少运输，充分利用现代通讯；6. 生态村的大小及社群的决策等。1996 年 6 月 3—14 日联合国在伊斯坦布尔召开世界居住地第二次首脑会议，讨论如何使人类在地球上保持可持续的居住地，如何保护环境及未来的城市文明，这使得生态村从理想模式步入了现实实践，从此生态村及全球生态村运动在发达国家及发展中国家便蓬勃兴起。

目前，国外生态村运动在北欧许多国家发展壮大（丹麦、英国、挪威、芬兰、苏格兰、德国）并且在其他一些国家也开始发展（美国、印度、阿根廷、以色列等）。在北半球发达国家，人们创建生态村的动机倾向于三种目的类型：生态化、宗教精神化和社会化。南半球生态村运动的主要目的是减少涌向大城市的人流，重新建立农村社群的可持续性。因此，南半球生态村建设的任务有两方面是不同于北部发达国家的：一是维持和重建现在农村社群的持续性，具体包括创造就业，为此将减慢但非停止城市化进程；二是为了更好地吸引人流，在大城市周边的可以持续发展的生态村内建立低成本、本地化的可以承受的住房建设模式。

根据全球生态村网络（GEN）网站资料显示，截至 2010 年 10 月，全球生态村运动遍布世界七大洲，共有 515 个生态村。欧洲拥有生态村的国家最多，有 25 个国家，南美洲有 7 个国家，亚洲有 5 个国家，北美洲有 4 个国家，大洋洲和非洲各有 2 个国家。美国是世界上拥有生态村最多的国家，有 66 个之多，澳大利亚 23 个，德国 18 个，加拿大 15 个，意大利 11 个，西班牙 10 个（杨京平，2000）。德国生态村的建设在 20 多年的实践探索中成为建筑新技术的展示地，在太阳能利用、节能、节水、绿化以及材料绿色化、技术集成化等方面都达到了很高水平；瑞典生态村建设不仅应用大量节能、节水和材料绿色化技术，而且还力争降低这些技术的成本，使生态建筑不仅具有环境友好性，而且还具有市场竞争力；日本也在进行生态村实践建设，并把它作为恢复农村生态环境、复兴农村经济的重要措施（K. T. 等，2000）。

国外生态村一个重要的问题是使人们对技术的需求反应生态化、社会化。它不反对现代技术，认为技术有利于决定生态社会的结构和组合。GEN（全球生态村网络组织）战略的一个重要部分是促进可持续技术的发展。对生态村来

说评价适宜的技术出现了三个具体标准：①生态可持续性；②在人类居住的范围尺度，非集中化生产；③对环境无胁迫的生产、生活方式。国外生态村的创建从理想主义步入了实践，多倾向于宗教精神化，重视乡村景观建设、美学价值及绿色生态建筑，强调覆盖空间异质性以及建筑物的太阳能利用、节能、节水、绿化及材料绿色化和现代技术的应用，很少涉及农业生产活动。

2. 我国生态农村建设及研究现状

我国生态农村建设始于70年代末80年代初，其产生发展不同于国外，是伴随我国生态农业的发展而产生的，当时旨在通过调整农业内部“农、林、牧、副、渔”生产结构，在发展农村经济的同时保护好农村生态环境，实现生态、经济、社会效益的统一。概念也不同于国外：是先有实践，后有理论研究；先有典型，后组织推广；先自发建设，后政府推动。而且在这一过程中，生态村的概念逐步扩展，内容逐渐丰富，出现了各种类型的生态村，经历了从生态村到生态农村的发展历程。

(1)生态农业村。生态农业村的提出背景是20世纪80年代的生态农业建设，这是我国农业生态化发展的开始，由于其内涵是在村级尺度上建设生态农业，所以称其为生态农业村。我国生态农业建设经过20多年的发展，在空间尺度上形成了生态户—生态村—生态县—生态省等不同建设层次，在建设模式上结合我国不同的资源经济条件形成了不同的农业生态工程模式，如南方的猪—沼—果(菜、花等)、北方的“四位一体”模式。生态农业村就是实施生态农业建设的自然村或行政村，就是在村域范围内进行农业结构调整，充分利用自然资源，集成农业生态工程技术，组装农林牧副渔复合生态系统，加速物质循环和能量转换，建立一个生态、经济和社会效益同步发展的农业生态系统(李文华等，1994)。80年代建设生态农业村的典型代表有北京大兴留民营生态农场、浙江省萧山县山一村、浙江省郸县上李家村、浙江省奉化县藤头村、江苏省太县河横村、安徽省颖上县小张庄村、辽宁省大洼县西安生态养殖场等七个生态村，因其在环保生态上的突出贡献，被联合国环境规划署授予“全球500佳”的荣誉称号。

(2)生态村。这里所指的生态村有别于生态农业村，是对生态农业村概念的扩展，其内涵已从农业生态系统建设扩展到基础设施、农村产业结构、村庄环境、社会文化建设等方面。1997年安徽省环保局制定的《安徽省生态村标准》(试行)中指出，生态村是指在生态农业基础上，建立的一种村级小范围的复合生态系统，包括农业经济系统、工业经济系统、居住环境建设、能源工程建设、社会进步、文化教育和科学技术发展以及人口节育等方面。这与玉门市所提出的生态农村的概念比较接近，所不同的是生态村在建设内容上还不够全面、系统，还没有形成完整的理论框架来指导生态村的建设，只是在体现“生态”的某些方面进行总结与规划，但为玉门市提出的生态农村发展模式提供了实践基础和借鉴意义。目前,全国各地已经建立起众多各具特色的生态村,如浙江省建德市的农村能源生态村(马建萍等,2000)、仪征市马坝村的水土保持生态村(张辉等,2001)、山东西单村的景观生态建设村(卢兵友,2001)、安徽东关村的旅游生态村(程广文,1996)、海南省的文明生态村(杨海蒂,2002)、云南省的民族文化生态村(关尔,2002)、广西龙脊壮族文化生态村(杨树喆,2002)、福建北部建阳山区的小康生态村(翁伯奇等,2001)、四川北川县黄家坝村的山区小康经济——生态文明村(万朴等,2001)等。这些类型的生态村以生态农业为基础,以旅游或以文化或以能源建设为特色,突破了农业生态系统,扩展了生态村的范围,在村级单元上探索生态农村的建设模式,为建立区域尺度上的生态农村模式奠定了基础。

(3)特殊类型生态村。随着全国各类生态村的蓬勃发展,也出现了一些特殊功能的生态村,这类生态村与上述生态村的主要区别在于不是以村庄或行政村为基础,不包括农村社区,一般新建于城市近郊,规范讲应该是"园区"的形式。目前主要有两种类型,一种是生态度假村,一种是科研示范生态村。生态度假村是随着人们生活品位的提高,为满足人们渴望融入大自然、向往体验田园野趣的消费需求,而出现的一种集采摘、垂钓、烧烤、狩猎、观赏、娱乐、住宿、餐饮、商务、会议于一体的综合性消费场所。生态度假村既体现"生态"的内涵,在系统内部实现物质的循环利用、废弃物的零排放、生产绿色或有机农产品,又体现商业开发价值,在经营上采用"前店后园"的形式。其典型代表有北京的蟹岛生态度假村和安利隆生态农业旅游山庄。科研示范生态村是在特定地域建设起来的集生态学科研、科普教育、高效都市农业示范、农产品开发、观光旅游等目标为一体的示范园。典型代表有 1996 年由华南农业大学、龙岗区农业局和香港生态视野组织三方共同建设的深圳龙岗区碧岭生态村,其规划目标是一个集当今生态学热点问题的实验研究、高级生态人才培养与生态化生物产业开发研究于一体的科学研究实验基地,一个生态化生物产业试验生产、示范推广、生态环保监测与教育服务一体化的新型农技中心,一个集自然享受、生态体验、人格修养开发与生态旅游于一身的生态文明旅游新景点。碧岭示范村的功能配置由六大块组成。第一块是基地农田水利的生态化改造,为生态农业示范生产提供生态化的农田水利保障。第二块是生物多样性的培育、保护与利用,以之作为示范生态农业的生态背景。第三块是生态农业生产示范. 以"有机栽培+生物防治"作为生态农业生产的核心技术,开发生态化的生物产业。第四块是可再生资源的循环利用和自然富余资源的开发利用示范,包括沼气、太阳能和风能的利用示范。第五块为环境监测设施及其功能建设。第六块为生态科研、教育及生态旅游设施及其功能建设(黄寿山等,1997)。以上两种特殊类型的生态村模式是生态农村某方面功能的强化,虽然没有涵盖村庄建设、居民文化与生活的内容,但为生态农村

的发展模式设计提供了参考与借鉴。

(4)生态农村。在生态农业村、生态村建设发展的过程中,有人提出了“生态农村”的概念。范涡河等(1987)在总结安徽淮北平原三个村生态农业建设经验时,提出了以生态农业建设为基础建设生态农村的设想,指出生态农村是指在一定的空间、范围内把农林牧副渔、农产品加工、商品经营、村镇建设、运输等作为一个完整的生态系统,实现因子间相互关系的良性循环,减少障碍因子的作用。并对生态农村的系统结构作了定性描述,包括大农业区划、土地资源利用、地力保持、水利、林业建设、生物保护、农村能源、村镇建设、计划生育等十一项内容。翁伯奇等(2000)在“持续农业的新发展——生态农村的建设”一文中使用了“生态农村”的提法,从影响现今农业持续发展的因素出发,提出了建立高产优质高效生产体系、提高资源利用率的技术措施和优化物质循环转化环节等三项生态村建设的必备条件与对策,并详细介绍了城郊型生态村、山区型生态村和庭院型生态村三种模式。进入新世纪以来,三农问题成为社会关注热点,对农村发展问题的研究也更具综合性。由于农村是一个社会—经济—自然复合生态系统,农业、农村、农民问题交织在一起,从这个角度出发,孙新章等(2004)明确提出了“生态农村”的概念,并构建了以农业生态工程、农业产业化工程、农村基建工程、农村集体经济工程、农民组织化工程和农民就业工程为建设内容的生态农村工程,以实现农业高效、农民增收、农村发展的目标,认为这是实现全面小康社会的必由之路。2004 年北京市启动的“生态文明村”创建工程,较全面地提出了生态农村的建设内容,可以说是生态农村发展模式的开端。“生态文明村”要求通过村容镇貌的整治、环保基础设施建设、产业结构调整、面源污染控制、循环经济示范、太阳能和生物能利用、矿山恢复、植树造林等生态环境工程项目建设,提升村、镇生态环境建设水平,提高农民生态文明和环境意识,实现郊区村镇生产发展、生活富裕、生态良好的可持续发展良性循环系统,并从村庄建设、合理利用和保护资源、农产品安全三个方面提出了 15 项具体标准,包括村域建设规划、村容村貌、产业结构、饮用水源、污水处理、垃圾处理、林木覆盖率、耕地保护、矿产资源、水资源、旅游资源、可再生资源、畜禽养殖、合理施肥、安全农产品等方面。

生态农村作为一个社会—经济—自然复合生态系统,虽然人口、地域小,但同样非常复杂,内容涉及面宽泛,包括民居、村庄生态规划、生态农业及其他生态产业、文化、生态环境、教育、村庄组织管理等,就进行建设的内容可概括为以下几个方面。

(1)生态系统分析

主要探讨农村生态系统的结构、功能、物质流、能量流等。如对留民营生态农业系统的研究(卞有生,1988),对小甸头村农业生态系统结构的灰色关联分析

(祖艳群和李元,1999),对浙江省3个“全球500佳”生态村产业结构的研究(刘健,1998),对农村复合生态系统可持续发展的研究(卢兵友,2001),对典型农业生态工程运行机制的分析研究(卢兵友,2001),以及对京郊养猪专业村的系统分析(朱珍华,2002)等。

(2)生态农村模式

我国地域广阔,不同的自然资源条件、社会经济条件、地理区位,创造了许多类型的生态村发展模式。翁伯奇(2000)按照地理区位将生态村分为:城郊型生态村,远郊型生态村;按照地形特点分为:山区型生态村,平原型生态村;按照建设模式分为:全村总体型,庭院生态型模式。李来定(2002)按照农业内部不同产业的结合形式将生态村分为:以种植为主、种养结合、废物循环利用的生态村模式;以水面综合开发、立体利用、种养结合的生态村模式;大水面立体开发、生态养殖的生态村模式;林农结合、拉长产业链的生态村模式等。汪泽艾(2003)将安徽省舒城县的生态村建设模式分为:以农业为主的生态村生产模式、以人工经济林形成的生态村结构模式、生态水产养殖生产结构模式。从生态村的功能、生态产业的角度,可将生态村的模式分为以下几种:生态农业主导型、生态文化和旅游型(杨树喆,2002)、生态教育和休闲型、小流域综合治理和生态保护型(程广文,1996;许兆然,1996)以及综合型(黄寿山等,1997)等。周泽江等(2003)从村级生态农业发展转变的角度,将七个全球500佳生态村分为城郊综合型(北京留民营村)、全面拓展型(辽宁西安生态养殖场)、发达地区转产型(浙江滕头村)、淳朴型(安徽小张庄村、江苏河横村)、回归型(浙江山一村)等五种模式。粟驰(2004)对北京市怀柔区北宅村的生态旅游与观光农业生态村模式进行了研究。

(3)适用生态工程技术

生态技术和生态工程构成生态村建设的技术支撑体系。我国一向十分重视适用于生态村的生态技术和生态工程研究和开发,并且取得了许多重要进展,如生态种植技术与工程、生态养殖技术与工程、物质能量合理循环技术与工程、太阳能、生物能综合利用技术、农业面源污染控制技术、畜禽粪便与作物秸秆处理与资源化利用技术、水土保持技术等。在农业部制定的《全国生态家园富民工程规划》总结出了几种特别适合生态村建设的技术模式,如西北地区“四位一体”温室生态模式、黄土高原干旱地区的“五配套”模式、西南地区的“猪沼果(菜、菌、药、花)”模式等(农业部科教司可再生能源处,2001)。在农村生态建筑工程方面,我国也开发了一些适合农村的现代生态住宅。如浙江永康县唐先镇全贩村的三层生态住宅,地下建有沼气池、过滤井和净水井,底层是鸡猪舍、水泵房和家庭工副业生产用房,二层是厨房、卧室、客厅和卫生间,三层为学习、娱乐和科研用房,屋顶覆土种植花卉、蔬菜、瓜果,屋顶墙体上方建槽,在槽内和住宅四周种植葡萄和

柑橘。另外,还有清华大学设计的设有玻璃暖房的新型窑洞住宅等。

(4)评价指标体系与标准

建立生态农村的评价指标体系与评价方法,对于促进生态农村建设的普及和推广也具有重要意义。目前的评价方法研究可以分为三个层次:一是对村级复合生态工程的评价,如浙江大学农业生态研究所对海南省一个生态村的热带胶—茶—鸡—农林复合生态工程所作的评价,采用层次分析法和权重法进行多因素综合评价,建立了一套评价指标体系(杨京平等,2001)。二是对生态农村生态经济系统的评价,该方法从系统的结构、功能和效益三方面出发,建立包括生态、经济、社会指标的综合评价指标体系和评价方法,李元等(1994)应用此方法对小甸头村进行了生态村评价,李来定等(2002)从社会—经济—自然复合生态系统的角度,也提出了生态、经济、社会三个方面的生态村建设评价标准。三是政府部门为推动地方生态村建设所作的评价指标,如安徽省目前已制定了省级的生态村建设标准——《安徽省生态村标准(试行)》,以规范生态村的建设。该评价标准分一级和二级指标,定性与定量相结合。一级指标的项目有:生态村总体建设规划,村落布局,产业结构及经济发展水平,土地、矿产等资源的合理利用保护水平,水资源利用保护,森林覆盖率,野生动植物保护,能源结构与利用,环境污染防治,精神文明建设等十个方面。

受国外生态村迅速发展的影响和我国经济的快速发展,我们已清醒地认识到传统粗放型发展方式已经制约了经济发展的可持续性,坚持经济与环境协调的生态发展方式成为我国未来社会经济发展的重要路径。我国在“十一五”期间通过实施生态富民计划,在500个县建立1000个资源良性循环的生态农村,并于2006年12月由国家环保总局印发了《国家级生态村创建标准(试行)》的通知,在全国范围内引导生态村的建设。党的十六届五中全会通过的《中共中央关于制定国民经济和社会发展第十一个五年规划的建议》,专题叙述了“建设社会主义新农村”的目标和任务,提出了“生产发展、生活宽裕、乡风文明、村容整洁、管理民主”的总体要求。这五句话二十个字描绘了社会主义新农村的美好蓝图,也提出了建设社会主义新农村的环境目标和任务,对于农村的生态环境建设具有重要的指导意义,为新时期生态农村建设提供了强有力的政策保障。

生态村是运用生态经济学原理和系统工程的方法,从当地自然环境和资源条件实际出发,按生态规律进行生态农业的总体设计,合理安排农林牧副渔及工、商等各业的比例,促进社会、经济、环境效益协调发展,建设和形成的一种具有高产、优质、低耗,结构合理,综合效益最佳的村级社会、经济和自然环境的复合生态系统或新型的农村居民点。生态农村是一个综合、整体的概念,蕴含着社会、经济、自然复合生态的内容,强调实现人、自然共同演进、和谐发展、共生共荣，是可持续发展的一种模式。这为我国农村实现传统农业向现代化农业转变，探索了一条具有中国特色的生态农业道路，通过开展生态农村的规划和建设研究，使农村逐步形成一种种、养、加工一体化的高效循环的生态模式，为我国农村发展成为一个生机蓬勃、综合效益显著的生态村提供了良好的机遇。

在可持续发展的生态农村中，包含三个子系统，分别为：(1)经济子系统。表现为采用可持续的生产、消费、交通和住区发展模式，实现清洁生产和文明消费，不仅重视经济增长数量，更追求质量的提高，提高资源的再生和综合利用水平。经济子系统是实现可持续发展生态农村的物质基础和必要条件。(2)社会子系统。表现为人们有自觉的生态意识、生态伦理和环境价值观，提倡节约资源和能源的可持续消费方式。(3)自然环境子系统。表现为发展以保护自然为基础，与环境的承载能力相协调，自然环境及其演进过程得到最大限度的保护，合理利用一切自然资源和保护生命支持系统，开发建设始终保持在环境承载能力之内。

(二)生态农村评价的原则及内容

1. 生态农村建设评价原则

建立可持续发展生态农村评价指标体系，是评价生态农村建设的核心和关键环节。指标体系涵盖得是否全面、层次结构是否清晰合理，直接关系到评估质量的好坏和生态农村建设的优劣。为了构建合理有效的评价指标体系必须遵循以下原则：

(1)客观性。生态农村评价指标体系必须能客观地反映生态农村的涵盖内容和基本特征，应尽量减少或避免需要人为主观判断的评价指标。

(2)系统性。生态农村评价指标体系应从生态农村的整体出发，从当地生态农村发展的实际出发，在单项指标的基础上，构建能全面、科学、准确地反映玉门生态农村建设目标的综合指标。

(3)代表性。力争在指标选取的过程中能够反映城乡一体化建设过程中新农村建设的本质特征，能够反映生态农村的主要特征，并结合玉门生态农村建设的实际，选取有代表性和针对性的指标。

(4)层次性。在指标的选择上，根据生态农村评价内容的需要和详尽程度，设立不同层次的指标体系，尽量避免同样指标在其他层次中重复出现。

(5)可比性。从实际出发，既要考虑农村发展的阶段性和生态问题的演变，又要突显新农村建设是一个世界性和历史性的过程，使确定的指标符合玉门农村发展的阶段性要求，同时又要考虑指标的相对稳定性和省际、国际间的可比性。

(6)动态性。生态农村发展是一个动态的过程，是一个区域在一定的时段内，社会经济和资源环境在相互影响中不断变化的过程，对于同一个区域，不同

的时期预示着不同的发展阶段,而不同的发展阶段,区域发展的目标、发展模式、为达到目标而采取的手段各不相同,因此在构建评价指标的过程中侧重点也不同,以致处在不同时期的区域,受发展阶段不同的影响,在可持续能力的建设上,采取的方式方法更是千差万别。作为评价玉门生态农村可持续发展的指标体系,必然也会有很大的不同。这就要求用于反映生态农村内涵、发展水平程度的指标体系,不仅能够客观地描述玉门生态农村发展的现状,而且指标体系本身具有一定的弹性,能够识别不同发展阶段并适应不同时期农村发展的特点,在动态过程中较为灵活地反映玉门农村发展是否可持续及可持续的程度。

(7)可操作性。所选择的指标应概念完整、意义明确,相关数据有案可查,在较长时间和较大范围内都能适用,并能为农村发展和生态建设提供依据。通过遵循这样的原则构建的指标体系可以比较出生态农村的自然、经济、社会三个子系统的发展状况,找出玉门农村发展的优势和劣势,以便今后在生态农村建设方面有所侧重。随着对生态农村研究的发展和日益深入,以及统计资料的不断完备,对指标还可以不断修改和补充。另外,考虑到可持续发展的生态农村的阶段性影响,随着农村建设时段的不同,指标也应该作相应的调整。

2. 生态农村创建的基本内容

一是村容村貌整洁优美,生态环境得到改善。连接公路主村道和村内主干道硬化;推广使用沼气、垃圾定点存放、改水改厕、禽畜圈养,无柴草乱垛、粪土乱堆、垃圾乱倒、污水乱泼、禽畜乱跑;农户房前院内种有树木、村内道路两旁植有行道树、村庄周围有绿化林带;科学使用化肥、农药,工业企业污染物达标排放,环境质量达到国家标准。

二是思想道德风尚良好,文教卫体设施健全。公民基本道德规范家喻户晓、人人皆知;制定由村民民主讨论形成的《村规民约》;创建“最佳生态文明”农户的各项机制落实;红白事理事会、道德评议会、禁赌会等群众村治组织健全,婚事新办、丧事简办、无封建迷信活动;建有文化活动室和体育健身场所,形势政策教育、科学普及和健康向上的文体活动坚持经常举行;义务教育入学率、巩固率达标;合作医疗制度健全,设有卫生室,群众健康教育、疾病预防、妇幼保健、常见病治疗有保障。

三是基层民主制度健全,社会治安秩序良好。村民大会和村民代表大会制度落实,村民委员会民主选举产生,村干部依法行政,村务公开,重大事项实行民主决策,农民的民主权利得到保障;社会治安综合治理措施落实,治安防范体系健全,无重大刑事案件、严重经济案件和重大治安案件,无重大责任事故。

四是农村经济发展壮大,农民生活更加殷实。产业结构合理,绿色产业、高效农业和庭院经济健康发展;集体经济实力壮大,农民专业合作组织健全;农民收入逐年增加,减轻农民负担的各项措施落实到位,就业制度逐步完善,病残孤寡农民的生产生活困难得到妥善解决。

五是领导班子坚强有力，干群关系和谐融洽。村党支部、村民委员会认真实践"三个代表"重要思想，坚定执行党在农村的各项方针政策；落实"领导班子好、党员队伍好、工作机制好、小康业绩好、农民群众反映好"的目标，协调推进物质文明、政治文明、精神文明建设，受到群众的拥护和信赖。

3. 玉门市生态农村评价指标体系

(1)基本条件：

一是制定了符合区域环境规划总体要求的生态农村建设规划，规划科学、布局合理、村容整洁，宅边路旁绿化，水清气洁。

二是村民能自觉遵守环保法律法规，具有自觉保护环境的意识，近三年内没有发生环境污染事故和生态破坏事件。

三是经济发展符合国家的产业政策和环保政策。

四是有村规民约和环保宣传设施，倡导生态文明。

(2)具体评价考核指标体系(见下表)

玉门市生态农村评价指标体系

类别	序号	指标名称	指标要求	权重
经济指标	1	农民人均纯收入(元/人/年)	≥8000	25
	2	低收入人口的比重(%)	<10	20
	3	农村劳动力培训转移率(%)	≥80	15
	4	新能源与环保产业产值比重(%)	≥20	25
	5	旅游产业增加值占第三产业的比重(%)	≥25	15
小计				100
生态环境建设指标	6	主要道路绿化普及率(%)	≥95	10
	7	空气环境质量达标率(%)	≥90	10
	8	生活垃圾无害化处理率(%)	≥96	10
	9	主要农产品中有机、绿色及无公害产品种植(养殖)面积的比重(%)	≥85	10
	10	规模化畜禽养殖场粪便综合利用率(%)	≥90	8
	11	非规模化畜禽养殖散户粪便收集、综合利用率(%)	≥60	8
	12	农作物秸秆综合利用率(%)	≥90	10
	13	农膜回收率(%)	≥90	10
	14	农用化肥施用强度(折纯，公斤/公顷/年)	<280	8
	15	农药施用强度(折纯，公斤/公顷/年)	<3.5	8
	16	建成区使用清洁能源的居民户数比例(%)	≥75	8
小计				100

续表

类别	序号	指标名称	指标要求	权重
人居环境改善指标	17	村内道路硬化率(%)	≥95	15
	18	农村饮用水卫生合格率(%)	≥95	15
	19	农村卫生厕所普及率(%)	≥85	15
	20	生活污水处理率(%)	≥80	15
	21	农村环境综合整治率	≥95	10
	22	开展生活垃圾资源化利用的行政村比例(%)	≥70	10
	23	公众对生态环境的满意率	≥85	20
小计				100
公共服务体系建设指标	24	义务教育普及率和幼儿入园率(%)	100	20
	25	公共医疗卫生服务达标率(%)	≥75	20
	26	文化体育设施建设率(%)	≥70	20
	27	农村养老保险普及率(%)	≥95	10
	28	农民参加新型农村合作医疗率(%)	=100	10
	29	社会安全指数(%)	≥95	20
小计				100

(三)指标解释

1. 基本条件说明

第一,制定了符合区域环境规划总体要求的生态农村建设规划,规划科学,布局合理、村容整洁,宅边路旁绿化,水清气洁。

指标解释:(1)制定了符合区域环境保护总体要求的生态农村建设规划;(2)村域有合理的功能分区布局,生产区(包括工业和畜禽养殖区)与生活区分离;(3)村庄建设与当地自然景观、历史文化协调,有古树、古迹的村庄,无破坏林地、古树名木、自然景观和古迹的事件;(4)村容整洁,村域范围无乱搭乱建及随地乱扔垃圾现象,管理有序;(5)村域内地表水体满足环境功能要求,无异味、臭味(包括排灌沟、渠,河、湖、水塘等。不含非本村管辖的专门用于排污的过境河道、排污沟等);(6)村内宅边、路旁等适宜树木生长的地方应当植树;(7)空气质量好,无违法焚烧秸秆、垃圾等现象。

第二,村民能自觉遵守环保法律法规,具有自觉保护环境的意识,近三年内没有发生环境污染事故和生态破坏事件。

指标解释:(1)村内企业认真履行国家和地方环保法律法规制度,近三年内没有受到环保部门的行政处罚;(2)村内没有大于25度坡地开垦,任意砍伐山林、破坏草原、开山采矿、乱挖中草药及捕杀、贩卖、食用受国家保护野生动植物现象;(3)近三年没有发生环境污染事故。

第三,经济发展符合国家的产业政策和环保政策

指标解释:(1)无不符合国家环保产业政策的企业;(2)布局合理,工业企业群相对集中,实现园区管理;(3)主要企业实行了清洁生产。

第四,有村规民约和环保宣传设施,倡导生态文明。

指标解释:(1)制定了包括保护环境在内的村规民约,家喻户晓;(2)有固定的环保宣传设施,内容经常更新;(3)群众有良好的卫生习惯与环境意识,有正常的反映保护环境的意见和建议的渠道。

2. 具体指标考核说明

指标1:农民人均纯收入(元/人/年)。按照农村人口平均的农村居民所得。指标达到8000元以上的,得25分,达不到的,每减少100元扣1分,直到不得分。

指标2:低收入人口的比重(%)。指家庭人均纯收入低于2300元的人口占本村户籍人口的比重。指标值<10%的,得20分,每超过一个百分点扣2分,直到不得分。

指标3:农村劳动力培训转移率(%)。指农村劳动力通过培训后转移到二、三产业的比重。指标值≥80%,得15分,每降低5个百分点,扣2分,直到不得分。

指标4:新能源与环保产业产值比重(%)。指新能源与环保产业产值占总产值的比重。指标值≥20,得25分,每低于一个百分点,扣1分,直到不得分。

指标5:旅游产业增加值占第三产业比重(%)。指旅游产业增加值占第三产业的比重。指标值25,得15分,每降低1个百分点扣3分,直至不得分。

指标6:主要道路绿化普及率(%)。指乡镇建成区(中心村)主要街道两旁栽种行道树(包括灌木)的长度与主要街道总长度之比。指标值≥95,得10分,每降低一个百分点,扣0.5分,直到不得分。

指标7:空气环境质量达标率(%)。空气环境质量达到环境功能区或环境规划要求,是指乡镇建成区内大气的认证点位监测结果,在已经划定环境功能区的乡镇,要达到环境功能区要求;在未划定环境功能区的乡镇,要达到乡镇环境规划以及流域和区域环境规划对大气环境质量的要求。指标值≥90,得10分,每降低一个百分点,扣1分,直至不得分。

指标8:生活垃圾无害化处理率(%)。生活垃圾无害化处理率是指乡镇经无害化处理的生活垃圾数量占生活垃圾产生总量的百分比。生活垃圾无害化处理指卫生填埋、焚烧、制造沼气和堆肥。卫生填埋场应达到有关环境影响评价的要求

(包括地点及其他要求)。执行《生活垃圾填埋场污染控制标准》(GB16889—2008)和《生活垃圾焚烧污染控制标准》(GB18485—2001)等垃圾无害化处理的有关标准。指标值≥96,得10分,每降低5个百分点,扣1.5分,直到不得分。

指标9:主要农产品中有机、绿色及无公害产品种植(养殖)面积的比重(%)。指乡镇辖区内,主要农(林)产品、水(海)产品中,认证为有机、绿色及无公害农产品的种植(养殖)面积占总种植(养殖)面积的比例。其中,有机农、水产品种植(养殖)面积按实际面积两倍统计,总种植(养殖)面积不变。有机、绿色和无公害农、水产品种植(养殖)面积不能重复统计。指标值≥85,得10分,每降低1个百分点,扣1分,直到不得分。

指标10:规模化畜禽养殖场粪便综合利用率(%)。指乡镇辖区内畜禽养殖场综合利用的畜禽养殖粪便与产生总量的比例。按照《畜禽养殖污染防治管理办法》(国家环境保护总局令第9号),规模化畜禽养殖场,是指常年存栏量为500头以上的猪、3万羽以上的家禽和100头以上的牛的畜禽养殖场,以及达到规定规模标准的其他类型的畜禽养殖场。畜禽养殖粪便综合利用主要包括用作肥料、培养料、生产回收能源(包括沼气)等。规模化畜禽养殖场应执行《畜禽养殖业污染物排放标准》(GB18596—2001)的相关规定,经过处理后综合利用。指标值≥90,得8分,每降低一个百分点,扣1分,直到不得分。

指标11:非规模化畜禽养殖散户粪便收集、综合利用率(%)。指没有形成规模化养殖的散户,其家禽粪便收集、综合利用的数量占总数的比例。指标值≥60,得8分,每降低一个百分点,扣1分,直到不得分。

指标12:农作物秸秆综合利用率(%)。指乡镇辖区内综合利用的农作物秸秆数量占农作物秸秆产生总量的百分比。秸秆综合利用主要包括粉碎还田、过腹还田、用作燃料、秸杆气化、建材加工、食用菌生产、编织等。镇域内禁烧区无农作物秸秆露天焚烧、抛河现象。指标值≥90,得10分,每降低一个百分点,扣1分,直到不得分。

指标13:农膜回收率(%)。指回收薄膜量占使用薄膜量的百分比。农膜回收率=回收薄膜量/使用薄膜量×100。指标值≥90,得10分,每降低一个百分点,扣2分,直到不得分。

指标14:农用化肥施用强度(折纯,公斤/公顷)。农用化肥施用强度指乡镇辖区内实际用于农业生产的化肥施用量(包括氮肥、磷肥、钾肥和复合肥)与播种总面积之比,化肥施用量要求按折纯量计算。指标值<280,得8分,每降低一个百分点,扣0.5分,直到不得分。

指标15:农药施用强度(折纯,公斤/公顷)。农药施用强度指实际用于农业生产的农药施用量与播种总面积之比。指标值<3.5,得8分,每降低0.1个百

分点，扣 1 分，直到不得分。

指标 16：建成区使用清洁能源的居民户数比例（%）指标解释。指建成区内使用清洁能源的居民户数占居民总户数的百分比。清洁能源指消耗后不产生或很少产生污染物的可再生能源（包括水能、太阳能、沼气等生物质能、风能、核电、地热能、海洋能）、低污染的化石能源（如天然气），以及采用清洁能源技术处理后的化石能源（如清洁煤、清洁油）。指标值≥75，得 8 分，每降低一个百分点，0.5 分。

指标 17：村内道路硬化率（%）。指村内道路路面中已硬化面积与总面积之比。硬化路面就是在已经形成的道路路面上面覆盖硬化层，如沥青、混凝土等。指标值≥95，得 15 分，每降低一个百分点，扣 1 分，直到不得分。

指标 18：农村饮用水卫生合格率（%）。农村饮用水质符合国家《农村实施〈生活饮用水卫生标准〉准则》。计算公式：饮用水卫生合格率＝村内符合国家《农村实施〈生活饮用水卫生标准〉准则》的户数/全村总户数×100%；全村总户数包括外来居住或临时居住的户数。指标值≥95，得 15 分，每降低一个百分点，扣 1 分，直到不得分。

指标 19：农村卫生厕所普及率（%）。指拥有农村卫生户厕的农户占总户数的百分比。其中生态户厕率应达到 50%以上。生态型户厕率指村内使用生态型户厕（即将粪便经沼气化或其他处理方法处理后产生能源和肥料并全部得到利用的户厕）的户数（也包括以资源化为目的粪便集中处理设施范围内的户数）与村内总户数的百分比。农村卫生厕所按要求与“一池三改”工程结合，布局合理，运行正常。指标值≥85，得 15 分，每降低一个百分点，扣 1 分，直到不得分。

指标 20：生活污水处理率（%）。建成区生活污水处理率指乡镇建成区（中心村）经过集中式生活污水处理厂或其他处理设施处理的生活污水量占生活污水排放总量的百分比。集中式生活污水处理厂是指采用规范的生活污水处理工艺进行污水处理的城镇污水处理厂，其他处理设施包括湿地处理工程、净化沼气池等。离城市较近乡镇生活污水要纳入城市污水收集管网，其他地区根据经济发展水平、人口规模和分布情况等，因地制宜选择建设集中或分散污水处理设施。污水处理厂污泥应做到安全处置。指标值≥80，得 15 分，每降低一个百分点，扣 1 分，直到不得分。

指标 21：农村环境综合整治率（%）。指通过农村生态环境综合整治达到村容村貌整洁的乡镇（中心村）占全部乡镇（中心村）的比重。指标值≥95，得 10 分，每降低一个百分点，扣 1 分，直到不得分。

指标 22：开展生活垃圾资源化利用的行政村比例（%）。指乡镇非建成区开展生活垃圾资源化利用的行政村占非建成区行政村总数的比例。生活垃圾资源

化利用是指，在开展垃圾“户分类”的基础上，对不能利用的垃圾定期清运并进行无害化处理，对其他垃圾通过制造沼气、堆肥或资源回收等方式，按照“减量化、无害化”的原则实现生活垃圾资源化利用。指标值≥70，得 10 分，每降低一个百分点，扣 1 分，直到不得分。

指标 23：公众对生态环境的满意率(%)。是指公众对生态环境满意的人数与总人数的比率。一般情况下，通过问卷调查的形式，统计调查结果，算出公众对生态环境的满意率。指标值≥85，得 20 分，每降低一个百分点，扣 2 分，直到不得分。

指标 24：义务教育普及率和幼儿入园率(%)。义务教育普及率是指普及义务教育的人口覆盖率，具体计算公式为：义务教育普及率＝(普及九年义务教育的人口总数/总人口数)×100%。幼儿入园率指行政村户籍 3～5 岁儿童在园人数与行政村户籍 3～5 岁儿童总人数的比率。指标值都达到 100，得 20 分，有一项降低一个百分点，扣 2 分，直到不得分。

指标 25：公共卫生服务达标率(%)。指村域内包括公共卫生管理、疾病防控、妇幼保健、卫生监督、健康体检等公共卫生服务落实情况。指标值≥75，得 20 分，每降低一个百分点，扣 1 分，村域内发生重大公共卫生事件报告不及时或为配合处理的该项要酌情扣分。大力开展食品药品安全的宣传教育和培训，落实应急预案机制，发生重大事故及时报告并正确处置事故的，可以加 2 分。

指标 26：文化体育设施建设率(%)。指公共文化设施水平和服务能力以及全民体育运动健身场地和设施建设完成情况。具体包括文化“三馆”(文化馆、图书馆、博物馆)和乡镇(街道)综合文化站、村(社区)文化图书室、组文化活动室等文化基础设施建设和乡镇、街道、行政村、社区及学校公共体育基础设施建设。形成覆盖城乡、内容充实、功能齐全的公共文化体育设施网络体系。指标值≥70，得 20 分，每降低一个百分点，扣 2 分，直到不得分。

指标 27：农村养老保险普及率(%)。指行政村户籍参加养老保险的农民占行政村户籍农业人口的比率。指标值≥95，得 10 分，每降低一个百分点，扣 1 分，直到不得分。

指标 28：农民参加新型农村合作医疗率(%)。指村域内参加新型农村合作医疗的农民占上年度实际农业人口数的比率。指标值达到 100，得 10 分，每降低一个百分点，扣 1 分，直到不得分。

指标 29：社会安全指数定义。社会安全指数是衡量一个国家或地区构成社会安全四个基本方面的综合性指数。包括社会治安(用每万人刑事犯罪率衡量)、交通安全(用每百万人交通事故死亡率衡量)、生活安全(用每百万人火灾事故死亡率衡量)和生产安全(用每百万人工伤事故死亡率衡量)。该指标是评价一个国家或地区社会安全状况总体变化程度的重要指标。计算公式：社会安全指数=(基期每万人刑事犯罪率/报告期每万人刑事犯罪率)×40+(基期每百万人交通事故死亡率/报告期每百万人交通事故死亡率)×20+(基期每百万人火灾事故死亡率/报告期每百万人火灾事故死亡率)×20+(基期每百万人工伤事故死亡率/报告期每百万人工伤事故死亡率)×20。指标值≥95，得20分，每降低一个百分点，扣1分，直到不得分。

二、生态农村建设行动考核细则

为加强"生态农村"各项创建指标考核的科学性、公正性、合理性和可操作性，根据"生态农村"创建指标解释及计分办法，玉门市制定了比较详尽的生态农村建设行动考核细则。

(一)考核对象

全市"生态农村"创建村。

(二)考核细则

——经济指标(100分)

1. 农民人均纯收入(25分)

(1)考核范围：户口在本村的所有农业户口村民。

(2)考核标准：创建村的农民人均纯收入达到8000元以上的，得20分，每减少100元扣1分，直到不得分。

(3)考核方式：创建村按照考核标准，提供村2011年年报。考核组对创建村的数据和材料的真实性进行抽查，按照随机抽取2%～5%的农户样本进行验收核实，核实方法采取和农户面对面的实地调查，或通过电话咨询等方式进行。创建村的农民人均纯收入以抽取样本核实准确的数据推算为准(将样本户人均纯收入作为该村农民人均纯收入)。

(4)考核部门：由农业局负责本项指标考核。

2. 低收入人口的比重(20分)

(1)考核范围：家庭人均纯收入低于2300元，户籍在本村的农业户口村。

(2)考核标准：家庭人均纯收入低于2300元的人口总数/本村人口总数×100%=比重值。低收入人口比重指标值<10，得20分，每增加1%，扣2分，直到不得分。

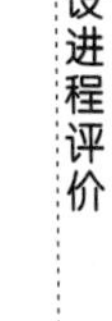

(3)考核方式:创建村列出家庭人均纯收入低于2300元及2300～3000元的农户名单。考核组对家庭人均收入在2300～3000元的农户,随机抽取10%进行验收核实,核实方法采取和农户面对面的实地调查,或通过电话咨询等方式进行,根据抽取样本核实准确的数据推算家庭人均纯收入在2300～3000元的农户中实际人均纯收入低于2300元的农户人数,加上家庭人均纯收入在2300元以下的农户,再计算比重值。

(4)考核部门:由农办牵头,农业局、统计局配合进行考核,考核结果由农办负责汇总。

3. 农村劳动力培训转移率(15分)

(1)考核范围:本村农户中接受过技术培训并成功转移在二、三产业从事工作的劳动力。

(2)考核标准:本村劳动力中接受过技术培训后从事二、三产业的人数/本村劳动力中接受过技术培训的人数×100%＝转移率。农村劳动力培训转移率指标值≥80,得15分,每降低5%,扣2分,直到不得分。

(3)考核方式:创建村提供接受技术培训后在二、三产业从事工作的劳动力的名单,培训部门提供培训的劳动力总数。考核组根据清单到相关部门进行核对,测算培训转移率。

(4)考核部门:由农办牵头,人劳社保局进行配合,考核结果由农办负责汇总。

4. 新能源与环保产业产值比重(25分)

(1)考核范围:本村从事新能源与环保产业的企业的名单及2011年各企业的生产总值。

(2)考核标准:本村从事新能源和环保产业的企业的生产总值/本村生产总值×100%。新能源与环保产业产值比重指标值≥20得25分,每降低1%,扣1分,直到不得分。

(3)考核方式:根据户籍在本村的所有工商企业业主的工商注册登记营业执照复印件,以及统计部门的统计数据为准。考核组对全村所有企业进行全部考核。现场考核必须有情况记录,并有验收核查人员签名。按照验收核查准确的新能源与环保产业的总产值,测算比重。

(4)考核部门:由农办牵头,工商局、环保局等配合进行考核,考核结果由农办负责汇总。

5. 旅游产业总产值占第三产业比重(15分)。

(1)考核范围:本村的旅游景区、农家乐等旅游产业的总产值。

(2)考核标准:本村旅游景区、农家乐等的总产值/本村的第三产业的总产值×

100%。旅游产业总产值占第三产业比重指标值≥25，得 15 分，每减少 1%，扣 3 分，直到不得分。

(3)考核方式：根据旅游局和统计局提供的统计数据为准。考核组对创建村的旅游景点及农家乐进行实地的面对面的询问，或者采取电话咨询的方式进行考核，以考核数据为准，测算比重。

(4)考核部门：由农办牵头，旅游局、统计局等配合进行考核，考核结果由农办负责汇总。

——生态环境建设指标(100 分)

6. 主要道路绿化普及率(10 分)

(1)考核范围：创建村主要街道两旁栽种行道树(包括灌木)的长度。

(2)考核标准：创建村主要街道两旁栽种行道树(包括灌木)的长度/创建村主要街道总长度×100%。主要道路绿化普及率指标值≥95，得 10 分，每减少 1%，扣 0.5 分，直到不得分。

(3)考核方式：根据创建村主要街道的总长度和主要街道两旁栽种行道树的长度数据以及相关交通、林业部门的证明材料。考核组通过实地考核以及到相关部门核实数据，以考核数据为准，测算指标值。

(4)考核部门：由农办牵头，交通部门、林业部门等配合进行考核，考核结果由农办负责汇总。

7. 空气环境质量达标率(10 分)

(1)考核范围：创建村的空气环境质量达标情况。

(2)考核标准：在建成区内大气的认证点位监测结果达到环境功能区的要求，未规划环境功能区的乡村，达到本村环境规划及流域和区域环境对大气环境质量的要求。空气环境质量达标率指标值≥90，得 10 分，每减少 1%，扣 1 分，直至不得分。

(3)考核方式：考核部门通过认证点的监测结果和环保局提供的相关数据，以及近一年内的空气环境质量达标数据，测算达标率。

(4)考核部门：由农办牵头，环保局等配合进行考核，考核结果由农办负责汇总。

8. 生活垃圾无害化处理率(10 分)

(1)考核范围：创建村的生活垃圾无害化处理情况。

(2)考核标准：创建村无害化处理的垃圾量/创建村总处理垃圾量×100%。生活垃圾无害化处理率指标值≥96，得 10 分，每降低 5%，扣 1.5 分，直到不得分。

(3)考核方式：考核部门根据查阅垃圾处理厂的证明材料，垃圾管理的规章

制度与日常保洁人员的工资发放情况和实地考察情况，测算结果。

(4)考核部门：由农办牵头，环保局、垃圾处理厂等配合进行考核，考核结果由农办负责汇总。

9. 主要农产品中有机、绿色及无公害产品种植、养殖面积的比重(10分)

(1)考核范围：主要农产品中有机、绿色及无公害产品种植、养殖面积。

(2)考核标准：创建村的主要农产品中认证为有机、绿色及无公害农产品的种植(养殖)面积/总种植(养殖)面积×100%。主要农产品中有机、绿色及无公害产品种植(养殖)面积的比重指标值≥85，得10分，每降1%，扣1分，直到不得分。

(3)考核方式：有使用生物、物理方式防止农虫害的措施，有相关部门认证的绿色、有机农产品认证基地，或者有经有关部门认证的有机农产品。考核组查阅相关资料，有关认证，现场走访，察看后进行考核，测算结果。

(4)考核部门：由农办牵头，绿色、有机及无公害产品认证机构等配合进行考核，考核结果由农办负责汇总。

10. 规模化畜禽养殖场粪便综合利用率(8分)

(1)考核范围：创建村内常年存栏量为500头以上的猪、3万羽以上的家禽和100头以上的牛的畜禽养殖场，以及达到规定规模标准的其他类型的畜禽养殖场。

(2)考核标准：按照《畜禽养殖污染防治管理办法》(国家环境保护总局令第9号)规模化畜禽养殖场畜禽养殖粪便综合利用主要包括用作肥料、培养料、生产回收能源(包括沼气)等。规模化畜禽养殖场应执行《畜禽养殖业污染物排放标准》(GBl8596—2001)的相关规定，经过处理后综合利用。综合利用指标值≥90，得8分，每降低1%，扣1分，直到不得分。

(3)考核方式：根据创建村提供的本村规模化养殖场的数量和粪便综合利用情况以及农牧厅的相关证明材料，考核组对资料进行核实，同时随机选取1～2家规模化养殖场进行实地考察，最终以考核组的数据为准，测算结果。

(4)考核部门：由环保局牵头，农牧厅、农办等进行配合考核，考核结果由环保局负责汇总。

11. 非规模化畜禽养殖散户粪便收集、综合利用率(8分)

(1)考核范围：行政村没有形成规模化养殖的散户禽粪便收集、综合利用情况。

(2)考核标准：对没有形成规模化养殖的散户，其家禽粪便收集、综合利用的数量/所有散户总数＝利用比例。指标值≥60，得8分，每降低1%，扣1分，直到不得分。

(3)考核方式:考核组通过随机抽查的方式,在行政村选取10%的非规模化畜禽养殖散户,进行面对面的询问和实地考察,测量结果。

(4)考核部门:由环保局牵头,农牧厅、农办等进行配合考核,考核结果由环保局负责汇总。

12. 农作物秸秆综合利用率(10分)

(1)考核范围:创建村的所有农作物秸秆综合利用情况。

(2)考核标准:秸秆综合利用包括合理还田、作为生物质能源、其他方式的综合利用等,不包括野外焚烧、废弃等。具体的农作物秸秆综合利用率=农作物秸秆综合利用的数量/农作物秸秆的总产量×100%。指标值≥90,得10分,每降低1%,扣1分,直到不得分。

(3)考核方式:考核组通过农作物秸秆综合利用台账,同时采取现场随机抽取农作物秸秆禁烧、综合利用情况,测算指标。

(4)考核部门:由农办对考核数据负责汇总。

13. 农膜回收率(8分)

(1)考核范围:创建村所使用的农膜。

(2)考核标准:农膜回收率=回收薄膜量/使用薄膜量×100。指标值≥90,得10分,每降低一个百分点,扣2分,直到不得分。

(3)考核方式:查阅农资使用的证明材料;现场察看农膜回收系统及其回收利用证明原件和原始记录单;抽样调查。

(4)考核部门:由农办对考核数据负责汇总。

14. 农用化肥施用强度(10分)

(1)考核范围:创建村的所有农用化肥使用农户。

(2)考核标准:农用化肥施用强度=本辖区内实际用于农业生产的化肥施用量(包括氮肥、磷肥、钾肥和复合肥)/本辖区播种总面积×100%,化肥施用量要求按折纯量计算。指标值<280,得8分,每降低1%,扣0.5分,直到不得分。

(3)考核方式:通过查阅资料和现场考核的方式,考核组查阅近三年的农用化肥使用情况,统计数据,同时到现场进行查看,询问当地的农户,测算强度指标。

(4)考核部门:由农办对考核数据进行汇总。

15. 农药施用强度(8分)

(1)考核范围:创建村的所有农药使用农户。

(2)考核标准:农药施用强度=本辖区内实际用于农业生产的农药施用量/本辖区播种总面积×100%。指标值<3.5,得10分,每降低0.1个百分点,扣1分,直到不得分。

(3)考核方式:通过查阅资料和现场考核的方式,考核组查阅近三年的农药使用情况,统计数据,同时到现场进行查看,询问当地的农户,测算强度指标。

(4)考核部门:由农办对考核数据负责汇总。

16. 建成区使用清洁能源的居民户数比例(8 分)

(1)考核范围:行政村使用清洁能源的农户

(2)考核标准:清洁能源指消耗后不产生或很少产生污染物的可再生能源(包括水能、太阳能、沼气等生物质能、风能、核电、地热能、海洋能)、低污染的化石能源(如天然气),以及采用清洁能源技术处理后的化石能源(如清洁煤、清洁油)。清洁能源的居民户数比例=本辖区使用清洁能源的居民户数/本辖区的居民总户数×100%。指标值≥75,得 8 分,每降低 1%点,扣 0.5 分。

(3)考核方式:行政村提供本村使用清洁能源的农户花名册,考核组根据提供的数据,实行随机抽查的方式,验收时选取 10%的农户进行考核,测算比例。

(4)考核部门:由农办对考核数据负责汇总。

——人居环境改善指标(100 分)

17. 村内道路硬化率(15 分)

(1)考核范围:创建村村内已经形成的道路路面覆盖硬化层情况。

(2)考核标准:中心自然村道路硬化类型可采取水泥混凝土、沥青、块石;中心自然村通其他村道路硬化类型可采取水泥混凝土、沥青、块石和沙石铺面。村内道路路面中已硬化面积/村内道路总面积×100%=村内道路硬化率。村内道路硬化率指标值≥95,得 15 分,每降低 1%,扣 1 分,直到不得分。

(3)考核方式:采取平时抽查和验收考核相结合的办法进行,验收考核时由考核组随机抽查 20%。

(4)考核部门:由交通局牵头,农办配合进行考核,考核结果由交通局进行汇总。

18. 农村饮用水卫生合格率(15 分)

(1)考核范围:整个行政村范围内的农户。

(2)考核标准:饮用水卫生合格率=村内符合国家《农村实施〈生活饮用水卫生标准〉准则》的户数/全村总户数×100%,指标值≥95,得 15 分,每降低 1%,扣 1 分,直到不得分。

(3)考核方式:考核组随机抽查创建村 3%~10%的农户。

(4)考核部门:由水利部负责本项指标考核。

19. 农村卫生厕所普及率(15 分)

(1)考核范围:创建村所有农户。

(2)考核标准:卫生厕所指室内有水冲式卫生间、室外有三隔化粪池的厕所。

卫生厕所的普及率指拥有农村卫生户厕的农户占总户数的百分比。创建村农户卫生厕所普及率指标值≥85，得15分，每降低1%，扣1分，直到不得分。

(3)考核方式：采取平时抽查与验收考核的方式，验收考核时由考核组随机抽查20%的农户。

(4)考核部门：由卫生局牵头，环保局、农办配合进行考核，考核结果由卫生局负责汇总。

20. 生活污水处理率(15分)

(1)考核范围：创建村所有农户。

(2)考核标准：生活污水处理可以采用纳管处理、集中处理和分散处理三种模式，也可采用几种模式相结合。采用集中处理模式的要采用规范的生活污水处理工艺进行污水处理，埋设污水收集管网，做到雨污分流，农户建有三隔式化粪池，所有污水接入污水收集管网，认定该农户排放生活污水经过处理；采用分散处理，农户建有三隔式化粪池和污水净化池等污水处理设施，所有生活污水接入污水净化池的，认定该农户排放生活污水经过处理。生活污水处理率指标值≥80，得15分，每降低1%，扣1分，直到不得分。

(3)考核方式：采取平时抽查与验收考核的方式，验收考核时由考核组随机抽查20%的农户。

(4)考核部门：由卫生局牵头，环保局、农办配合进行考核，考核结果由卫生局负责汇总。

21. 农村环境综合整治率(10分)

(1)考核范围：创建村生活环境综合整治情况。

(2)考核标准：

①强化制度建设。有《加强农村环境保护工作的实施意见》等规范性文件，并制定了实施方案，明确今后农村环保工作的主要任务。

②加大宣传引导。充分利用广播、电视、报纸等主流媒体，大力宣传实施“农村环境综合整治”的意义和任务，在试点村醒目地段设置“农村环境综合整治”标示牌。经过以上措施结合村容村貌改善的相关政策，农村环境综合整治率指标值≥95，得10分，每降低1%，扣1分，直到不得分。

(3)考核方式：通过问卷调查的形式和实地考察以及相关部门提供的数据，考核组随机抽取10%的农户进行面对面的访谈或者进行电话咨询，以考核结果为准，测量指标。

(4)考核部门：由环保局牵头，卫生局、农办进行配合考核，考核结果由环保局负责汇总。

22. 开展生活垃圾资源化利用率(10分)

(1)考核范围:创建村村域内生活垃圾资源化利用情况。

(2)考核标准:农村生活垃圾有专人收集,集中运送到固定的垃圾处理厂进行处理,达到生活垃圾收集、处理和利用的要求。开展生活垃圾资源化利用率,指标值≥70,得10分,每降低1%,扣1分,直到不得分。

(3)考核方式:采取平时抽查与验收考核的方式,验收考核时由考核组随机抽查1个自然村。

(4)考核部门:由卫生局牵头,农办、建设局配合进行考核,考核结果由卫生局负责汇总。

23. 公众对生态环境的满意率(20分)

(1)考核范围:创建村的村民。

(2)考核标准:通过问卷调查的形式,设定满意和不满意两个指标,算出问卷中满意的个数与总问卷的比例,就是村民对生态环境的满意率。公众对生态环境的满意率指标值≥85,得20分,每降低1%,扣2分,直到不得分。

(3)考核方式:根据创建村提供的问卷调查结果,随机抽查10%的问卷,同时采取和村民面对面交谈和电话咨询等方式,进行考核,最终以考核数据为准,测算结果。

(4)考核部门:由环保局牵头,农办等进行配合考核,考核结果由环保局负责汇总。

——公共服务建设指标(100分)

24. 义务教育普及率和幼儿入园率(20分)

(1)考核范围:创建村所有村民以及适龄儿童。

(2)考核标准:义务教育普及率=(普及九年义务教育的人口总数/总人口数)×100%。幼儿入园率=行政村户籍3~5岁儿童在园人数/行政村户籍3~5岁儿童总人数×100%。指标值都达到100得20分,有一项降低1%,扣2分,直到不得分。

(3)考核方式:考核组实地查看学生、幼儿档案及义务教育、学前教育适龄儿童少年的户籍档案。

(4)考核部门:由教育部负责本项指标考核。

25. 公共卫生服务达标率(20分)。

(1)考核范围:创建村村内各项公共卫生服务落实情况,包括组织管理、疾病防控、妇幼保健、卫生监督、健康体检等内容。

(2)考核标准:按照《玉门市村级公共卫生服务考核管理办法》的考核细则进行考核,指标值≥75,得20分,每降低1%,扣1分。村域内发生重大公共卫生服务事件报告不及时或为配合处理的该项要酌情扣分。大力开展食品药品安全的宣传教育和培训，落实应急预案机制，发生重大事故及时报告并正确处置事故的，可以加2分。

(3)考核方式：公共卫生服务台账资料和实地检查相结合。

(4)考核部门：由卫生局负责本项指标考核。

26. 文化体育设施建设率(20分)

(1)考核范围：创建村文化体育设施建设情况。

(2)考核标准：文化体育设施建设指公共文化设施水平和服务能力以及全民体育运动健身场地和设施建设完成情况。具体包括文化"三馆"(文化馆、图书馆、博物馆)和乡镇(街道)综合文化站、村(社区)文化图书室、组文化活动室等文化基础设施建设和乡镇、街道、行政村、社区及学校公共体育基础设施建设。形成覆盖城乡、内容充实、功能齐全的公共文化体育设施网络体系。指标值≥70，得20分，每降低1%，扣2分，直到不得分。

(3)考核方式：以设施建设现场查看和实际台账活动资料证明为准。

(4)考核部门：由体育局负责本项指标考核。

27. 农村养老保险普及率(10分)

(1)考核范围：创建村应参保人员。

(2)考核标准：农村养老保险普及率＝农村居民社会养老保险总参保人数/农村应参保人数×100%。普及率指标值≥95得10分，每降低1%，扣1分，直到不得分。

(3)考核方式：应参保人数由当年乡镇上报的应参保人数和公安机关提供的人数相结合来确定。

(4)考核部门：由人事劳动社会保障局负责本项指标的考核。

28. 农民参加新型农村合作医疗率(10分)

(1)考核范围：创建村村域内农村参与合作医疗的农民占上年度实际农业人口数的比率。

(2)考核标准：新型农村合作医疗参合率指标值达到100，得10分，每降低1%，扣1分，直到不得分。

(3)考核方式：以当年乡镇上报的参保人数为准。

(4)考核部门：由卫生局负责本项指标考核。

29. 社会安全指数(20分)

(1)考核范围：创建村所有村民。

(2)考核标准：社会安全指数是衡量一个国家或地区构成社会安全四个基本方面的综合性指数。包括社会治安(用每万人刑事犯罪率衡量)、交通安全(用每百万人交通事故死亡率衡量)、生活安全(用每百万人火灾事故死亡率衡量)和生

产安全(用每百万人工伤事故死亡率衡量)。该指标是评价一个国家或地区社会安全状况总体变化程度的重要指标。计算公式:社会安全指数=(基期每万人刑事犯罪率/报告期每万人刑事犯罪率)×40+(基期每百万人交通事故死亡率/报告期每百万人交通事故死亡率)×20+(基期每百万人火灾事故死亡率/报告期每百万人火灾事故死亡率)×20+(基期每百万人工伤事故死亡率/报告期每百万人工伤事故死亡率)×20。指标值≥95,得20分,每降低1%,扣1分,直到不得分。

(3)考核方式:查看公安局、交通局等部门的资料,以及现场选取5%~15%的村民进行问卷调查,统计结果,测算指标。

(4)考核部门:由公安局负责本项指标的考核。

(三)考核程序

年终由各乡镇、街道组织对创建村进行自查,并将自查合格村名单报送上级部门。上级部门将生态农村建设合格的名单提交各协调小组,由协调小组按照本考核细则,组织考核部门结合平时工作对相关创建指标考核并打分。考核部门将考核打分、考核结果、考核依据以及相关材料报送协调小组,由协调小组检查把关汇总后,报送上级主管部门。上级主管部门对协调小组报送的打分情况及考核材料汇总并组织考核组进行实地检查验收,拟出"生态农村"初步名单,经上级主管部门领导小组审核后,报市委常委会讨论通过"生态农村"名单,予以授牌表彰。

三、生态农村建设进程评价

玉门市以"生态农村"为载体的新农村建设,在经过一段时间的实践和发展后,已取得了阶段性的成果,有了一定的突破,具体表现在以下几个方面:

(一)现代生态农业发展与农民增收同步推进

近年来,玉门市以培育生态农业和优势特色产业为核心,积极探索玉门农业发展的新路子,农村经济结构得到新优化,产业化经营实现新突破,农村面貌发生新变化,扶贫开发取得新成效,有力促进了农业增效和农民增收。2012年1—6月份,农业增加值完成2亿元,同比增长10%;农民人均现金收入达到5733元,同比增长27.8%。预计2012年全年农业增加值可达到8亿元,较上年增加8%,农民人均纯收入可达到9270元,较上年增加1210元,增长15%。主要表现在:

一是现代农业发展条件有效改善。玉门市引导农民发展高效节水特色农业，相继实施了国家节水灌溉示范项目、农业节水灌溉项目、灌区续建与节水改造项目等，使灌区工程完好率和灌溉水的利用率不断提高。到2012年10月，玉门市新、改建各类渠道19条、370.91公里，渠系建筑物611座，建成万亩高效节水乡镇1个，千亩高效节水镇3个，完成渠道防渗衬砌130里，新发展高效节水灌溉面积达3.97万亩，落实滴灌0.97万亩、垄膜作沟灌11.85万亩，全市平均每年节水超过1.14亿立方米。同时借助国家、省市大力实施农村危旧房改造、农业综合开发、清洁能源利用、生态改善、基础设施建设等项目和资金，切实加大基础设施建设力度，有效改善了现代农业发展条件。截至2012年6月，玉门市80%的农户完成了农村危旧房改造和村容村貌综合整治。推广应用沼气6000户，农村清洁能源利用率达到了近40%。累计投入3亿多元，先后实施了农村饮水安全、水库除险加固、节水改造、小型农田水利建设等工程，年增加输水能力4000万立方，为农村5万人解决了安全饮水问题。近三年，投资4.4亿元，新改建县乡村公路69条400多公里，通村油路覆盖率达89.5%，通组油路覆盖率达46%，农村交通条件得到极大改善。累计完成植树造林面积11.8万亩，建成农田防护林3.5万亩，取得了良好的经济和生态效益。

二是特色产业基地不断壮大。全市按照“一乡一业”、“一乡一品”的发展模式，2012年千亩人参果基地、万亩温室韭菜基地、10万亩蔬菜基地、10万亩特色林果基地已全面建成、百万只养羊大县和10万亩啤酒原料基地进一步巩固提升，以温室种植、钢架拱棚和特色林果等为主的高效田种植模式全面推行，高效田面积达到35.3万亩，占到全市农作物耕种面积的67.2%。清泉人参果基地日光温室累计达到了860座、1050亩。赤金万亩温室韭菜基地累计建成日光温室6500多座、近万亩，温室面积占到全镇耕地面积的26%，实现了户均2座棚、主产区人均1座棚的发展目标，“一镇一业一品”产业格局全面形成。2012年蔬菜产业新建50亩以上温室连片小区18个，百亩以上拱棚连片点26个，落实大田蔬菜11.3万亩。2012年新增特色林果种植面积3.5万亩，累计达到10.5万亩。其中，枸杞达到9.3万亩，葡萄达到1.2万亩，建成万亩枸杞种植基地1个，千亩种植基地4个，葡萄千亩基地和百亩基地各1个。设施养殖业采取大场大户和千家万户发展相结合的模式，2012年新改扩建标准化养殖小区17个，累计建成养殖小区319个，发展规模养殖户5410户，2012年牛羊饲养量分别达到1.3万头、126万只，成为全省6个“养羊大县先进县”之一。

三是农业科技园区建设初见成效。玉门市结合当地实际和探索未来农业产业的突破口，按照效益优先、示范带动、资源整合的原则，以开发引进新品种、试验示范新技术、配套完善新设施为重点，整合政策、资金、技术等要素，集中扶持有特色、重科技、高效益的农业科技园区做强做大。2012年，千亩人参果、万亩

韭菜、千亩设施农业、千亩精品蔬菜4个酒泉市级园区及柳河万亩蔬菜、千亩啤酒花等6个县级园区各项基础设施配套工作稳步推进，核心区面积逐年扩张，累计引进种植“名、优、新、特”品种200多个，示范推广节水、增产、提效等关键技术100余项，带动效应日益增强，整体显示度明显提升。全市累计申报认定无公害食品10个、绿色食品6个、无公害农产品产地11个。玉门酒花获得全国地理标志产品认证，清泉“祁连清泉”人参果获得国家A级绿色食品；“沁馨”韭菜、“绿峰春柳”啤酒原料、“花海蜜”食用瓜获得无公害产品产地认证，红玉枸杞、顺兴精品蔬菜等优质农产品的品牌效应不断增强。制定修订了19项无公害产品标准化生产技术规程，农作物标准化程度达78%，建成农业标准化生产基地17万亩。

玉门市日光温室

四是农民专业合作社发展迅速。玉门市开展企业/公司＋农户，企业＋合作社＋农户以及农民专业合作社的形式来分散农业风险，提高农业效益。截至2012年年底，全市共发展农民专业合作社52个，注册资金6120万元，拥有社员6580人，带动农户9980户，带动生产基地近10万亩，2011年销售额达1.2亿元。农民专业合作社中涉及种植业的26个，养殖业的9个，农机服务2个，林业2个，农副产品购销13个。全市有4家合作社获省级无公害蔬菜产地认证，5家合作社在省工商局注册了商标，康源果蔬农民专业合作社、益农农民专业合作社等2家合作社产品获得中国农业博览会金奖；玉门市赤金镇冬韭王韭菜农民专业合作社、铁麦客联合收割机农民专业合作社、绿宝地啤酒花农民专业合作社、绿雪莲啤酒花农民专业合作社等4家农民专业合作社入选全国农民专业合作社示范社。

五是农民群众增收途径进一步拓宽。玉门市积极落实中央和省市各项惠农政策的同时，围绕全市农村主导产业发展，持续强化政策措施，采取整合资金、协调贷款、强化帮扶等措施，综合运用贷款贴息、信用担保、民办公助、以奖代补等手段，对重点产业和重点工作进行配套扶持，仅2012年一年市财政安排农业重点产业扶持资金达到500万元，用于农业农村重点工作的各类资金达到3000万元，担保发放小额妇女贷款5亿元，有力地推动了农村经济持续快速发展。不断健全土地流转服务体系，加快土地流转步伐，截至2012年年底全市农村土地流转面积达到7.8万亩，占总耕地面积的17%。坚持市场引导培训、培训促进就业的原则，积极整合培训资源，增强培训的实效性和针对性，集中开展农业科技技能化培训，努力提高外出务工人员技能水平，有效提高了农村劳动力的就业能力和科技应用能力，农业提质增效、农民创业增收渠道显著拓宽。截至2012年年底，全市累计培训农村劳动力4756人，输转农村劳动力2150人，劳务收入近2亿元。

玉门市技术培训示范基地

(二)农村公共服务和社会保障水平逐步提高

玉门市把提升扩大农村公共服务作为整体推动新农村建设的着力点加速推

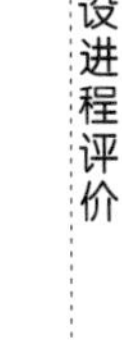

进。把与群众生产、生活息息相关的财税惠农、医保救助、农业科技等服务项目进行整合，着力保障和改善民生，为民承诺的45件惠民实事全部落实，每年用于改善民生和科教文卫方面的资金占到财政支出的60%以上。一是农村社区服务建设稳步推进。在乡镇积极推行了“便民服务大厅”，为群众提供“窗口式、一站式”服务，切实解决了群众办事难的问题，2012年68%的乡镇建成了便民服务大厅。二是公共医疗卫生服务体系逐步完善。城乡教育布局调整基本完成，人民满意的教育体系逐步形成。加快促进农村教育、卫生、社会保障等各项公共服务向农村覆盖，农村社会保障能力日益提高。全市70%的城乡中小学生实现寄宿就读，农村新农合参保率达到97.6%。三是社会保障水平明显加强。移民乡77.21%的困难群众纳入农村低保，农村现任198名村干部和1223名被征地农民全部纳入社会养老保险。连续五年提高城乡低保标准，筹资1.15亿元妥善解决了8600多名下岗失业人员的社会保障遗留问题。

(三)农村人居环境得到改善

各乡镇按照“市上指导、乡镇实施、部门联动、社会参与”的方法和“五清五改五化”要求，合理规划布局、先易后难、突出重点、综合治理，加大环境卫生整治力度，并结合“双联”(联村联户)行动开展，按照帮扶单位补助，乡镇扶持，农户自筹的办法，为农户提供资金物资，引导群众新建小康住宅、进行门面改造。同时，借助国家、省市基础设施建设的有关项目和资金，大力实施生态环境改善、“村村通”道路建设等基础设施建设工程，彻底改变了农村人居环境。一是基础设施条件明显改善。玉门扎实推进新农村建设，建成金玉路、玉布路等农村公路410公里，85%的行政村通上油路，60%以上的农户完成住房改建，同时配套沼气入户工程，使乡村面貌彻底得到改善。“养猪—沼气—制种”生态循环经济模式，更是打响了玉门市下西号乡川北镇村蔬菜、花卉制种的品牌。二是村镇建设卓有成效。以玉门市花海镇创新思路加快集镇建设和农村生产生活条件改善，创造出了酒泉市小康住宅建设“花海模式”的奇迹。花海镇将农村住宅建设和提升村镇面貌结合起来，使这项工程真正成为改变乡村面貌、改善居住环境、方便生产生活的一项德政工程。2012年，全市共落实城郊村庄建设与环境整治区建设任务4个，百户以上的楼聚式中心村新续建任务5个，30户以上连片改造提升示范点104个。以生态和环保理念建设新农村和发展小城镇，加速了玉门城乡一体化进程。三是农村环境综合整治稳步推行。通过“五清五改五化”工程和村庄、道路绿化工程，使得玉门的农村现在是进村有路、入户有道、路旁有灯、道旁有花，房子宽敞明亮，房前屋后是花草果木。2012年完成义务植树77.1万株，新建千米农田防护林73条、427亩，建设绿色通道66公里、306亩，铺筑“村村通”油路

120公里，农村面貌焕然一新。同时涌现出了下西号乡“十里新村”、花海镇南渠村等一批在全省全市起到示范带动作用的新农村示范点。

（四）社会文化事业和农民素质提升同步进行

为整体推进生态农村建设工程，玉门市制定了《小康文化建设规划》，把文化建设作为推动全市农村精神文明的大事来抓。玉门市从加强文化基础设施、丰富群众文化生活入手，加大农村文化的宣传和投入，被央视等省内外主流媒体频繁报道。玉门市先后投资3000多万元，在全市13个乡镇，57个村建起了文化中心（站），部分建起了标准的“农家书屋”，247个组建起了文化室，乡乡都开通了有线电视和程控电话。为了丰富农民的业余生活，市上每年举办“农民艺术节”、“农民歌手大奖赛”，开展“五星文明户”、“讲文明、树新风”、“养德塑形，敬业奉献”、“孝老爱亲，互助关爱”等主题鲜明、贴近基层、扎实有效的道德教育实践活动，有效提高了农民的思想道德素质。目前，玉门市各乡村活跃着20余支业余文艺演出队，他们不分季节在全市各乡村演出农村题材的小品、小快板、小歌舞等节目每年100余场次，观看群众达4万多人次。由于文化网络健全，一个学技术、学科技、反对迷信，争当文明农户、五好家庭的良好风气正在玉门农村掀起。玉门还成功举办第六届广场文化艺术节，群众文化活动和全民健身运动丰富多彩。成功创建“全国科技进步先进市”，“省级双拥模范城”也顺利通过验收。

玉门市看到未来的农业对农民提出了更高的要求，要求农民有更高的社会责任感和道德上的可靠性，要求农民真正处于对现代农业技术的支配地位，成为有高度的智慧、高尚的道德和健康情操的全面发展的“创造着的人”。因此玉门市大力实施劳动力技能培训工程，一大批懂技术、会经营、善赚钱的高素质的新型农民成为了农村经济发展的生力军。每年举办旅游文化艺术节、文化庙会，开展文艺表演、体育比赛等活动，促进乡风文明和社会和谐，提高农民素质。如今，在农闲季节当你走进玉门各乡镇，无论是在集镇上还是农家庭院中，不时会传来一阵阵歌舞声或秦腔声，这是玉门市依靠社会力量办文化，有效促进农村精神文明建设取得的丰硕成果。

农民运动会翻轮胎比赛

花海镇第十三届农民运动会

四、生态农村建设成效评价

社会主义新农村建设，是确保我国现代化建设顺利推进的必然要求，是全面建设小康社会的重点任务，是保持国民经济平稳较快发展的持久动力，是构建社会主义和谐社会的重要基础。为进一步提高和改进新农村建设水平，在学习和调研的基础上，玉门市2009年提出并启动实施了“玉门生态农村”重大举措。

(一)主要成效

2009年以来，玉门市把“生态农村”建设作为党委政府的中心工作，高度重视，积极组织，全力推进，成效显著，这为“十二五”时期的“玉门生态农村”建设奠定了良好的基础。

1. 工作体系比较完善

通过调研和实践，已构建了一个比较完善的推进“玉门生态农村”建设工作体系。形成了包括行动纲要、实施意见、创建指标、考核细则等内容在内的一套完整的工作方案；组建了领导小组、技术指导组、实施小组等一个完整工作网络；出台了《玉门市水利建设基金筹集和使用管理实施办法》，以及扶持啤酒花、日光温室、设施养殖业、特色林果、高新节水设施、新农村示范点等产业发展的若干优惠政策等配套措施。

2. 共建氛围不断浓厚

“玉门生态农村”建设已经深入人心，形成了全市上下联动、共同推进的良好势头。以激发农民主体作用为出发点，注重全面发动、持续宣传、积极引导，农民群众的主体意识不断加强，参与建设的热情得到激发；各行政村也把“玉门生态农村”建设作为强村富民的难得机遇，争相申报，全力建设；各部门单位、乡镇街道领导高度重视，与本单位的职能职责紧密结合，整合相关项目和资金，把农村建设成基础设施较完善、用地布局合理、农业基本现代化、人民生活现代的绿色生态文明小康示范村。不断完善村庄体系，增强村庄自我发展能力和辐射带动作用，合理推进“玉门生态农村”建设。

3. 建设成效日益显著

以“玉门生态农村”建设为载体，大力实施生态农业和特色产业增收、公共服务、农民素质提升、村容村貌综合整治等工程，玉门市新农村建设的水平得到了大幅度提升，以林业增效、农民增收为重点，扎实工作，求真务实，加大力度推动

市(县)、乡(镇)、村三级的绿化、美化、亮化工作。不断加快发展建设社会主义新农村、发展农村社会事业、构建和谐社会新农村,加快步伐缩小城乡差距,全面建设小康社会。初步实现了农业增效、农民增收,村庄变美、环境变好,乡风文明、社会和谐的建设成果。"玉门生态农村"建设成果还带动了玉门乡村休闲旅游业的蓬勃发展,"玉门生态旅游"正成为带动农民增收致富的又一新经济增长点。

(二)存在的问题

虽然"玉门生态农村"建设的推进机制基本建立,成效初步显现,但总体来说还存在一些问题,主要有:

1. 整体规划比较完善,但是相关的配套机制和措施不够完善

规划是龙头,"玉门生态农村"建设虽然有一套较为系统的创建内容和评价指标体系,并且在建设前有编制科学的"玉门生态农村"整体创建规划,但是在具体执行的过程中,各村的经济基础不同,实际情况有很大差别,因此在创建过程中,往往随意性较大,造成"玉门生态农村"建设步伐缓慢,成效和预期还有很大差距。

2. 建设资金依然短缺

"玉门生态农村"建设是一个系统工程,创建内容多,标准高,投入大。虽然通过加大财政投入扶持、整合项目资源、推动社会帮扶、鼓励群众参与等措施,部分解决了"玉门生态农村"建设资金投入,但与庞大的资金需求相比,绝大部分村由于基础条件差带来的建设资金短缺问题依然非常严重,一定程度上制约了"玉门生态农村"建设的推进速度和建设品位。

3. 农村工作体制机制还不完善

现行的农村土地流转、宅基地流转制度不完善,城乡一体化发展的体制机制尚未建立,农村社会事业发展落后,农业社会化服务体系不够健全,极大地制约了玉门"生态农村"的发展和壮大。

(三)机遇和挑战

1. 面临的机遇

从宏观背景看,从党的十六届五中全会提出建设社会主义新农村的重大历史任务,到"十七大"对统筹城乡发展、推进社会主义新农村建设作出全面部署,再到党的十七届三中全会提出全面加快农村改革发展和党的十七届五中全会继续把推进农业现代化、加快社会主义新农村建设作为当前及今后一个时期的重要工作任务之一,"十八大"报告更是对农业现代化和生态文明建设着重强调。

中央对社会主义新农村建设政策的延续和深化，为玉门市推进“生态农村”建设提供了强有力的政策支持，也为玉门市的“生态农村”建设指明了新的方向。

从外部环境看，甘肃省第十届人大四次会议上提出加快农业产业化进程，积极鼓励和引导农村富余劳动力向非农产业和城镇有序转移，实现劳务经济的超常规发展，改善农村生产生活条件，以乡村道路建设为重点组织实施生态家园富民行动，新建、改造通乡公路和农村人口的饮水安全问题，同时甘肃省委省政府办公厅转发《甘肃省农村生态文明小康村建设指导意见(试行)》，对甘肃省建设生态文明小康村提出标准，这为“玉门生态农村”建设营造了良好的外部条件。

从内部基础看，近年来玉门市经济社会实现快速健康发展，2011 年，全市地方生产总值达 125.4 亿元，按可比价较上年增长 15.34%；实现财政收入 55539 万元，其中地方财政收入 23257 万元。城镇居民人均可支配收入 17002 元，农民人均纯收入 8060 元。经济健康持续发展，财政实力不断增强，城乡居民收入快速增长，为推进“玉门生态农村建设”奠定了扎实的物质基础。

2. 面临的挑战

创建村的基础条件逐年趋差。“玉门生态农村”建设前两年为抓点示范阶段，按照由易到难的原则，一批基础条件好的村开展了创建工作。创建难度更大的村都留在了后面，“十二五”期间，创建村的农业经济、现有基础设施、基础组织建设等各项基础条件，都明显差于前两年的创建村，创建难度更大。

农民持续增收难度不断加大。农业作为一种弱势产业受市场和自然双重因素制约等影响，农民持续增收的难度加大，必然导致“玉门生态农村”建设中农民主体参与性难以得到有效发挥。同时农村经济社会发展与生态环境保护之间存在矛盾。尽管玉门市整体的资源环境承载力较大，但是环境污染和生态破坏问题仍较突出，长期大规模发展和建设的水资源约束仍然存在。进一步发展农村经济一定程度上可能会增加对生态环境和水资源的合理开发、利用的压力。因此，如何在经济社会发展过程中处理好农村经济发展与生态环境之间的关系，构建环境友好型社会，实现人与自然的和谐共生，走出一条可持续发展之路，是玉门需要面对的挑战。

第四章
玉门市新农村建设品牌特色

伴随着我国经济高速发展的黄金十年，玉门这座位于西北戈壁的石油之城也正在经历着翻天覆地的变化。如今的玉门已经成为了欧亚大陆桥这条新丝绸之路上一颗璀璨的明珠。喝着疏勒河水长大的玉门农民，沐浴着新农村建设的春风，正在大踏步赶超新时代。在这里所发生的一切令人振奋的变化，促使我们去探寻玉门市新农村建设的特点和亮点。

一、重视规划编制，为生态农村建设谱写新蓝图

玉门市的新农村建设工作一直以来都十分重视规划编制，所有的建设工作都是在一个合理有序的方案指引下有条不紊地进行着。玉门市政府结合当地的地域和气候特征，把全市 12 个乡镇按照区位布局划分为"一城两区一带"，并以此为依据制定全市的发展规划和实施方案，从而组团推进新农村建设。"一城"即以新市区为中

心的城市核心区；“两区”即以新市区周边四乡镇为主的城郊区和以花海镇周边一镇三乡为主的花海片区；“一带”即以冷凉灌区三乡镇为主的沿山沿路乡镇带。通过加快新市区的开发建设步伐，不断优化城市功能，全面提升城市规模、品位和实力，从而不断增强承载吸引和辐射带动能力，从城市核心区推动全市经济发展。城郊区则按照“城中村组全面改造融入城市核心区、近郊村组纳入城市规划逐步向城区集中、远郊乡镇改善面貌服务城市”的思路加快发展。花海片区按照中心小城镇带动经济发展的思路，稳步推进小城镇建设，带动周边移民乡发展。以冷凉灌区三乡镇为主的沿山沿路乡镇带则按照“两改变、三集中”的要求，不断提升农民生产生活水平，即通过改变村容村貌，改变农业基础条件，加快促进分散种植的土地向种植大户和合作社、龙头企业集中；引导种植、养殖大户住宅建设向中心村组或集镇集中；鼓励长期从事二、三产业和劳务产业的农户住房向新市区集中。截至 2012 年年底，全市 100％的乡镇完成了总体规划，村庄规划覆盖率达到 83.9％。

二、做精做强农业产业，为生态农村建设奠定经济基础

农业的良好发展是新农村建设的关键所在，当地政府把农业发展作为新农村建设的重中之重，从多方面着手推动农业发展，为生态农村的建设打下了良好的经济基础。

1. 调整农村经济结构，形成特色产业的规模化发展格局

玉门市将 12 个乡镇划分为城郊绿洲农业片区、花海盆地农业片区和沿山冷凉农业片区，按照“一乡一业”、“一乡一品”的发展模式，全力打造 1000 亩人参果、1 万亩温棚韭菜、10 万亩啤酒原料、10 万亩蔬菜、10 万亩特色林果、100 万只羊的“六个一”特色产业基地。通过政策、宣传等多种措施有力地促进了传统产业向设施农业转变，优势产业向优势产区集中。蔬菜、特色林果、设施养殖等高效特色产业初步形成了专业化、集约化、规模化的发展格局。目前，千亩人参果基地、万亩温室韭菜基地、10 万亩蔬菜基地、10 万亩特色林果基地已全面建成，百万只养羊大县和 10 万亩啤酒原料基地进一步巩固提升，以温室种植、钢架拱棚和特色林果等为主的高效田种植模式全面推行，高效田面积达到 35.3 万亩，占到全市农作物耕种面积的 67.2％。清泉人参果基地 2012 年新增日光温室 300 座，420 亩，规模累计达到了 860 座，1050 亩。赤金万亩温室韭菜基地 2012 年新增日光温室 1060 座，1540 亩，累计建成日光温室 6500 多座近万亩，温室面积占到全镇耕地面积的 26％，实现了户均 2 座棚，主产区人均 1 座棚的发展目

标,“一镇一业一品”产业格局全面形成。蔬菜产业新建钢架拱棚 4200 亩,新建 50 亩以上温室连片小区 18 个,百亩以上拱棚连片点 26 个,落实大田蔬菜 11.3 万亩。特色林果种植面积累计达到 10.5 万亩。其中,枸杞达到 9.3 万亩,葡萄达到 1.2 万亩,建成万亩枸杞种植基地 1 个,千亩种植基地 4 个,葡萄千亩基地和百亩基地各 1 个。设施养殖业采取大场大户和千家万户发展相结合的模式,累计建成养殖小区 319 个,发展规模养殖户 5410 户,2012 年牛羊饲养量可分别达到 1.3 万头、126 万只,已实现了养羊大县建设目标,正在向养羊强县目标迈进。

2. 打造农业科技示范园区,推进农业标准化

玉门市以开发引进新品种、试验示范新技术、配套完善新设施为重点,整合政策、资金、技术等要素,集中扶持有特色、重科技、高效益的农业科技园区做强做大。目前,千亩人参果、万亩韭菜、千亩设施农业、千亩精品蔬菜 4 个酒泉市级园区及柳河万亩蔬菜、千亩啤酒花等 6 个县级园区各项基础设施配套工作稳步推进,核心区面积逐年扩张,累计引进种植“名、优、新、特”品种 200 多个,示范推广节水、增产、提效等关键技术 100 余项,带动效应日益增强,整体显示度明显提升。同时,依托农业科技示范园区建设,大力推广高效节水技术和农业标准化生产技术。膜下滴灌、垄膜沟灌、全膜覆盖等节水技术已被广泛应用于农业灌溉、园林绿化、植被保护和生态治理等多个领域,目前,全市高效节水和常规节水滴灌面积达到 13 万亩。全市累计申报认定无公害食品 10 个、绿色食品 6 个、无公害农产品产地 11 个。玉门酒花获得全国地理标志产品认证,清泉“祁连清泉”人参果获得国家 A 级绿色食品;“沁馨”韭菜、“绿峰春柳”啤酒原料、“花海蜜”食用瓜获得无公害产品产地认证,红玉枸杞、顺兴精品蔬菜等优质农产品的品牌效应不断增强。制定修订了 19 项无公害产品标准化生产技术规程,农作物标准化程度达 78%,建成农业标准化生产基地 17 万亩。

3. 推动农业产业化发展,提升农业综合生产效益

玉门市围绕优势主导产业就近转化增值,不断加大招商引资力度,多渠道筹措资金,新建改扩建农产品龙头加工企业,集中打造农产品品牌,强化龙头企业与基地、农户之间的利益联结机制,有效提高了农业产业化龙头企业的带动能力。2012 年实施了玉门绿地生物制品公司二期工程、拓璞科技 3×1500 升浸膏萃取生产线项目、5 万吨枸杞系列产品加工项目、新市区农副产品批发市场建设项目和花海 3000 立方米的葡萄恒温库项目等五大重点农业龙头项目。全市粮食、饲草、啤酒原料、蔬菜、棉花、油料、特色林果等主要农产品都建立了对应的加工企业,使龙头加工企业累计达到 40 家,带动形成产业基地 45 万亩,65%以上

的农产品实现了就地转化增值，90%以上的农作物实现了订单保障。同时立足主导产业，按照农民的合作意愿和市场的发展需要，积极探索建立多渠道、多区域、多层次的专业合作组织，建立起了适应市场农业的龙头企业+专业合作组织+农户的利益共同体，有效地促进了玉门市农业集约化生产、一体化经营机制的发育和形成。2012年新建农民专业合作示范社9个，其中省级3个、酒泉市级6个，农民专业合作社累计达到52个，其中创建国家级4个，省级6个，酒泉市级13个，全市农民专业合作社逐渐向高层次、规范化方向发展。

4. 培育开发优势支柱产业，加快移民脱贫致富步伐

2008年，玉门市3个疏勒河项目移民乡被列入全省扶贫扶持范围，按照户均3000元的标准予以扶持，配套实施了危房改造、盐碱地改良、生态环境改善等一批重大基础性工程，使移民乡农田水利、乡村道路、人畜饮水、供电入户等大批基础建设项目驶上快车道，移民群众生产生活条件发生了显著变化；当地政府在多年移民工作实践中，探索建立了"领导挂点、部门包村、干部帮建、乡村干部包户"四位一体移民工作机制，全市70多个帮建单位共落实帮扶物资和资金2300多万元，使一批涉及稳定、民生的重大项目得以实施。市、县、乡三级上下联动、协同推进，与四个移民乡群众实现一对一全覆盖帮扶，有力推动了全市移民扶贫工作，有力地支持了农村重点产业发展和重点工作开展。同时，结合玉门移民工作的实际，当地政府创造性地提出了移民群众脱贫致富"人均一亩高效田，户均一座增收棚，户均一人搞劳务"的"三个一"发展目标，以设施养殖、特色种植、劳务输转为主攻方向，带动移民群众增收。目前，四个移民乡已全面实现了脱贫致富"三个一"目标，正在向"户均羊饲养量达到30只，人均培育2亩高效田，户均1人搞劳务"的"321"目标奋进，设施养殖、枸杞、葡萄等增收支柱产业正在培育形成。2012年，各移民乡种植枸杞7550亩、葡萄1830亩，搭建日光温室23座，建成暖棚圈舍400座，调引种羊8000只。枸杞、葡萄累计种植面积达到2万亩、4000亩，发展各类养殖户4900户，牛羊饲养量12.8万头(只)。

5. 强化扶持政策措施，拓宽农民增收致富途径

玉门市围绕全市农村主导产业发展，持续强化政策措施，采取整合资金、协调贷款、强化帮扶等措施，综合运用贷款贴息、信用担保、民办公助、以奖代补等手段，对重点产业和重点工作进行配套扶持，仅2012年一年市财政安排农业重点产业扶持资金达到500万元，用于农业农村重点工作的各类资金达到3000万元，担保发放小额妇女贷款5亿元，有力地推动了农村经济持续快速发展。不断健全地流转服务体系，加快土地流转步伐，全市农村土地流转的组织化和规模化程度明显提高，流转规模趋于扩大，流转进程不断加快。全市农村土地流转面积

已经达到 7.8 万亩，占总耕地面积的 17%。坚持市场引导培训、培训促进就业的原则，积极整合培训资源，增强培训的实效性和针对性，集中开展农业科技技能化培训，努力提高外出务工人员技能水平，有效提高了农村劳动力的就业能力和科技应用能力，农业提质增效、农民创业增收渠道显著拓宽。2012 年，全市累计培训农村劳动力 4756 人，输转农村劳动力 2150 人，劳务收入达到近 2 亿元。

三、大力改善人居环境，戈壁农村换新颜

村容村貌和农村环境综合整治一直是新农村建设的一项重要工作，玉门市也把该项工作作为最大的民生工程紧抓不放。坚持政府引导、农民推进的原则，因地制宜，科学规划，以点带面，整体推进，新农村建设呈现出群众参与大整治、示范带动大见效、村容环境大变样的良好发展势头。具体来说，市政府主要从以下几个方面着手引导农民群众做好村容村貌的整治工作。

1. 统筹协调，创新管理，形成合力推动新机制

一是形成了上下联动的领导机制。在新农村建设中，市委、市政府主要领导亲自动员、宏观部署，分管领导一线督战、狠抓落实，市委农办统筹协调、周密安排，各乡镇具体实施、全力推进，形成了层层抓落实的工作合力。二是形成了责任明确的工作机制。围绕两年内完成农村危旧房改造任务的目标，市乡村逐级召开会议，签订责任书，将新农村建设各项任务层层分解落实。三是形成了多元投入的资金使用机制。整合基础设施、生态环境及文化、卫生、一事一议等多方面的建设资金，捆绑使用，统一实施，统筹推进工程进度，充分发挥资金的聚集效应，有效解决新农村建设资金严重不足的矛盾。

2. 因地制宜，科学规划，绘就农村建设新蓝图

2011 年年初，当地市政府提出的把玉门农村建成家家户户门面一新、花坛街面整齐美观、房前屋后绿树成荫、村组油路通达顺畅、文体设施配套完善、村容村貌整洁美化、百姓生活和谐幸福的新农村，打造酒泉市乃至全省的新农村建设样板的目标，市委、市政府分管领导多次召开会议，进一步修订和完善了“一城两区一带”的新农村建设发展规划和实施方案。同时，按照相对集中、节约成本、因地制宜、结合实际的原则，高标准编制完成了全市农村集镇村庄建设规划，合理规划居住区、种植区、养殖区、公共服务区、休闲娱乐区等功能区。制定了环境整治区村容村貌整治实施方案，并严格按照方案有序推进城郊村庄建设和环境整治区面貌改造提升。

3. 全面发动，解放思想，树立环境整治新理念

玉门市通过制作新旧面貌照片对比展板、摄制播放新农村建设电视宣传片、树立典型带动引领等有效措施，在全市上下大力营造新农村建设的良好氛围。各乡镇采取以会代宣的形式，组织村“两委”干部、全体党员、群众代表，层层召开座谈会，使他们深入了解新农村建设的目的和意义。同时，采取走出去的办法，分期、分批组织乡村干部、党员代表、群众代表近 1000 多人次到金昌、张掖和酒泉市的新农村建设示范点实地观摩典型乡村的新农村建设情况，通过考察学习，广大干群进一步开阔了视野，解放了思想，更新了观念，理清了思路，更加坚定了开展村容村貌整治和新农村建设的信心和决心。

4. 抓住关键，突出重点，实现强势推进新突破

玉门市新农村建设着眼于“局部带动”向“整体推进”转变，继续按照“抓点示范、串点连线、折线成面、整体推进”的思路和“五统一”的标准（统一选址规划、统一设计风格，统一建设标准、统一采购材料、统一质量要求），大力实施农村危旧房改造。按照“五清五改五化”的要求，深入开展村容村貌整治活动，并充分利用“一事一议”财政奖补项目，完成新农村示范点硬化、绿化、亮化和文化体育等基础设施建设。截至 2011 年年底，全市 60％以上的村组完成门面改造、后院整治和门前道路硬化绿化，89％的村和 70％的组实现通油路目标，77％的村配套文体设施，全面解决农村安全饮水问题。2012 年落实农村危旧房改造 5700 户，目前 95％的农宅已开工建设。

四、培养新型农民，生态农村建设有了优秀的掌舵手

让农民更好地融入全市经济社会发展，是玉门市以“市民化标准”来提升农民素质的工作重点。市政府提出了“德义民风美”和“书香文化美”的总要求，重点培养新农民，倡导新风尚，这一举措受到了农民群众普遍欢迎。

面对就业困难、发展致富空间小的实际，玉门市一面着力引导农民转变致富和就业观念，拓展新的生存与发展空间，一面在农村广泛开展社会公德、职业道德、家庭美德和个人品德教育及“五星文明户”、“十佳文明村组”、“十佳致富能手”等评选活动，使讲文明、树新风、促和谐、求发展成为农村社会主流。近几年来，玉门有 4 万农村人口通过一技之长“洗脚上岸”，成为城市居民。同时，在乡村、社区培育发展社区文化，不断提升农民的文化品位。赤金镇光明村农民自己组成了“铁人家乡文艺演出队”，一有闲暇时间就聚集在一起演节目；柳河乡蘑菇

滩村群众自发组织了“柳河秦剧团”，每到节庆期间，他们走村串乡，为群众带去丰富的精神食粮，不但活跃了群众精神文化生活，又以主题性的演出教育了农民群众。截至2012年年底，全市各乡镇农民自发组织的自乐班达到了9个。

玉门市通过制定《小康文化建设规划》，把文化建设作为推动全市农村精神文明的大事来抓。市上从加强文化基础设施，丰富群众文化生活入手，加大农村文化的投入，各乡镇积极响应党的十七届六中全会提出的“促进社会主义文化事业大发展、大繁荣”要求，大力加强乡镇文化基础设施建设，着力提升全市文化软实力，截至目前已累计投资达1100余万元，建成了老市区解放门文化广场、赤金镇“铁人”文化广场以及花海镇、下西号乡、清泉乡等乡级文化广场，个别乡镇还配有健身器材，为改善社区居民及乡村群众的健身、娱乐环境，大力推动全市社会主义新农村建设进程发挥了积极作用。同时，各乡镇投资24.24万元，修建了5个占地总面积达3310平方米的乡村篮球场；投资241.18万元，新建了9个村(组)文化活动室，总占地面积2861平方米；扶持发展了“柳河乡蘑菇滩农民文化大院”和下西号乡农民文化大院。与此同时，全市已累计建成农家书屋86家(含农村社区2家)，总投资近258万元，形成了村村都有农家书屋的良好局面。每年还举办“农民艺术节”、“农民歌手大奖赛”，吸引了上万群众观看演出，深受农民的好评。

五、倡导低碳新生活，让生态农村建设落到实处

实现“洁净村容美”和“生态环境美”，是玉门市生态农村建设的主要内容。全市全力加强农村环境卫生基础设施建设，全市12个乡镇均实行了农村生活垃圾清运保洁制度，实行专人管理，日产日清。并延伸到24个行政村，覆盖率达到47%。50%以上乡镇建立有生活垃圾简易填埋场，100%的乡镇配备了保洁员。各乡镇结合新农村建设工作，依据城乡环境卫生整洁行动实施方案要求，以创建市级卫生乡镇、卫生村为重点，组织开展了农村环境综合整治活动。对集镇实施了规范化管理，健全了集镇清扫保洁队伍，完善集镇各项管理制度，确保集镇垃圾日产日清。广泛动员广大群众积极参与治理“柴草乱垛，粪土乱堆、垃圾乱倒、污水乱泼、禽畜乱跑”五乱现象的爱国卫生活动。花海镇2011年被省爱卫办命名为省级卫生乡镇；黄闸湾乡、清泉乡分别于2010年、2011年创建为酒泉市级卫生乡镇；近三年全市已有7个乡镇的12个村创建为市级卫生村。

川北镇村是玉门市下西号乡一个偏僻小村庄，然而在这里，农村现代化建设文明程度之高让人难以置信。在家家户户别墅式院落里，里里外外都用水泥抹

了个光亮。厨房、厕所、浴室的墙上都贴上了洁白的瓷砖。沼气、畜圈、小菜园"三位一体"且都罩上了塑料薄膜。厨房里做饭不再是烟熏火燎,而是用上了比城里人的煤气更实惠的沼气。太阳能烧水罩、太阳能热水袋更是让人闻所未闻。川北镇村是玉门市农村能源建设的试点村,更是玉门市在农村实施农村能源工程的一个缩影。

自国家提出实施生态家园富民计划以来,玉门市立足市情提出了"先试点后推广、建管并重、综合利用"的农村能源建设思路,把农村能源建设列为"十项市长工程"之一,从2005年开始首先在下西号乡川北镇村进行沼气入户利民工程试点,工程主要让农户通过"一池三改"(一池即沼气池,三改即改灶、改圈、改厕)实现沼气入户。截至2012年年底,全市已累计建成农村户用沼气"一池三改"9180户,推广建成新型节柴省煤灶9800余座、太阳能灶、热水器1000多家,广大农民的生产生活方式得到很大改观,生活水平有了前所未有的提高。

生产生活方式的改变,不只停留在简单的沼气入户,也为农民增收开拓了新的路子。沼气迅速催生出以沼气为纽带的"猪—沼—粮、猪—沼—果、猪—沼—菜"等多种综合生态模式,使沼气池真正成为农民群众脱贫致富的"小康池"。川北村的李建荣介绍,"养猪—沼气—制种"生态经济模式,打响了川北镇村蔬菜、花卉制种的品牌。目前川北镇的蔬菜、花卉制种,已远近闻名,每年仅制种一项,就带给每户农民1万元左右的收入。"沼气烧火、沼渣施肥,没想到粪便能变成宝贝。"同村村民李宏成说,有了沼气池,2亩制种西红柿一年能省1000多元的肥料,施沼肥后,产量高,病虫害少。目前,一个以沼气建设为主体、带动其他相关产业协调发展、相互促进的环保型产业链条正在玉门农村蓬勃兴起。农村能源建设的推进,彻底改善了农村卫生条件,使乡村变得更加美丽,农民的生活日趋文明,促进了农村物质文明和精神文明的同步发展。

六、提升公共服务功能,为生态农村建设提供坚强后盾

玉门市把农村公共服务的提质扩面作为整体推动新农村建设的着力点加速推进。把与群众生产、生活息息相关的财税惠农、医保救助、农业科技等服务项目进行整合,在乡镇积极推行了"便民服务大厅",为群众提供"窗口式、一站式"服务,切实解决了群众办事难的问题。截至2012年年底,68%的乡镇建成了便民服务大厅。我们加快促进农村教育、卫生、社会保障等各项公共服务向农村覆盖,农村社会保障能力日益提高。全市70%的城乡中小学生实现寄宿就读,农村新农合参保率达到97.6%,移民乡77.21%的困难群众纳入农村低保,农村现

任 198 名村干部和 1223 名被征地农民全部纳入社会养老保险。持续加强农村精神文明建设，全市 90%以上的村通过各种形式开展文明村镇、和谐家庭等形式多样的创建活动，引导农民崇尚科学，破除陋习，民风持续改善。积极组织开展多种形式的群众喜闻乐见、寓教于乐的文体活动，“农家乐”、“自乐班”、农民运动会等文娱活动常年开展，极大地丰富了群众文化生活，营造了群众安居乐业、经济社会健康发展的和谐氛围。

此外，在本级财力有限的情况下，玉门市政府仍每年都拿出一定比例的财政资金扶持新农村建设，并将农村危房改造、“村村通”、“一池三改”、人畜饮水、文体设施、社会发展、异地搬迁、移民扶贫等项目资金全部整合用于新农村建设，有力地推动了全市农村各项事业的快速发展。“十一五”期间，全市本级财政支农资金达 1.3 亿元，带动了近 6.3 亿元的社会资金投入农村，用于农村基础设施和各项社会事业建设。而且，市级财政对新农村建设的投入逐年增加，2012 年全市财政投入资金达到 3500 万元，并通过注入基金方式协调发放农村妇女小额担保贷款 2.34 亿元，为历年之最。玉门市同时制定了新农村建设部门包挂和下派干部帮扶等制度，包村部门重点帮扶项目资金，下派干部驻点抓好工作落实，具体指导各示范点新农村建设。近年来全市各包村部门共落实帮扶资金 1890 万元，帮扶物资折合资金 857 万元，在新农村建设的实践中切实起到了带动发展的主导作用。

第五章
玉门市新农村建设典型案例

案例一：戈壁深处绽放的繁荣之花
——花海镇

一、花海镇概况

玉门市花海镇地处玉门市东部，是一个地形、气候相对独特的沙漠绿洲盆地，区域内有“三乡一镇”及五个大中型农场。花海镇是区域经济、文化、商贸、农产品流通、社会化服务的中心，现辖5个行政村，35个村民小组，1个社区居委会，总户数3350户，总人口13178人，非农业人口3360人，城镇化水平25.50％。该镇2003年被批准为甘肃省小城镇综合改革试点镇，2003年、2005年、2006年三次被甘肃省建设厅授予“全省村镇建设先进乡镇”称号，2006年被确定为全省首批发展改革试点镇，被酒泉市确定为新农村建设“十镇百村”示范点。2012年被国家发改委办公厅列为第三批全国发展改革试点城镇。

花海特殊的地理位置使其形成了相对独立的经济区域,已成为辐射带动周边乡镇、团场的经济、文化中心。境内有丰富的光热资源、土地资源、矿藏资源,独特的光热、气候、土地条件,适宜种植棉花、红花、孜然、啤酒花、紫花苜蓿、辣椒、鲜食葡萄、食用瓜、中药材等多种经济作物,特别是棉花、红花、孜然、啤酒花、葡萄、食用瓜已形成产业化基地,棉花种植面积占80%。此外,花海镇还拥有丰富的矿产资源,芒硝、石灰石、石英石、金矿储量丰富,其中芒硝储量居全国第三位。

花海镇农民新村规划图

二、新农村建设的新成就

走进花海镇,眼前呈现出一片欣欣向荣、朝气蓬勃的景象。农民居住条件有了很大改善,整洁有序的村庄街道点缀着各色植物,使这个戈壁上的小镇子意趣盎然。自来水、沼气池、燃气灶、卫生间几乎是大部分村民家里的标准配置,每村设立的文化室、阅览室成了农民闲暇时的好去处。文化室还经常组织传统手工艺的传授学习活动,比如西泉村文化室组织老手工艺人向年轻人传授刺绣技艺,年长的大婶们趁农闲时间在教一些年轻人刺绣,文化室挂满了各色绣好的工艺品,十分美丽。村主任介绍说,花海镇历来以刺绣工艺精良而闻名,很多人都慕名前来参观购买,镇政府便出资提供专门的场地向外界介绍花海的刺绣工艺,另一方面也教年轻人掌握这门技艺,在刺绣技艺得到传承的同时,村民们又多了一个新的增收渠道。村民说:“我们祖祖辈辈都生活在这里,现在生活条件好了,干啥都方便,在这里生活不比城里差。”

花海镇手工艺品展示

花海镇年轻的张书记讲述了花海镇近些年新农村建设所取得的巨大成就。

1. 优势产业不断壮大,百姓增收致富有了新路子

由于地处戈壁的特殊环境,花海镇的昼夜温差较大,当地政府和百姓充分利用其光热和土地资源发展葡萄、枸杞、食用瓜、棉花、孜然、红花等特色农产品种植,形成了葡萄、枸杞、食用瓜、棉花四大产业种植基地。全镇葡萄累计种植面积达到7732亩,建成市级高效红提葡萄示范园区206亩,全镇葡萄种植户达到1200余户,葡萄亩均收入超过5500元。2012年,花海镇按照酒泉市和玉门市做精第一产业的要求,积极发展精品、珍品农业,出台优惠扶持政策,鼓励有条件的种植大户建设恒温库9座,总库容2700立方米,解决了葡萄销售储藏环节的难题。同时,扶持种植大户牵头创办了花海葡萄农民专业合作社,实行“统一科技培训、统一收储销售、统一种植标准、统一包装品牌”的“四统一”管理模式,着力打造葡萄产业优势品牌,有效拓展了销售市场。预计,三年期葡萄亩均产量可达到3000斤,收入过万元。优势产业的不断发展壮大极大提高了农民的收入水平,2011年花海镇社会总产值达到7.2亿元,农民人均纯收入由2006年的4812元增加到8482元,年均增幅11.5%,固定资产投资从2006年的8485万元增加到2011年的4.7亿元,年均增幅51%。全镇居民储蓄额大幅度增加,为新农村建设奠定了良好的经济基础。

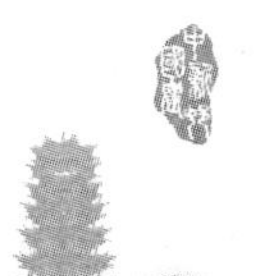

花海镇特色农产品展示

2. 城镇功能逐步完善，辐射、带动效应日益明显

目前，花海区域人口已达到5万人，且都聚居在以镇区为中心的15公里范围以内。结合这种区位优势，镇政府把建设区域中心城镇作为工作的重中之重，城镇建设力度逐年加大。目前已累计投入资金1.4亿元，先后完成地上建筑67项，道路、给排水、绿化、美化、亮化等基础设施工程相继建成，城镇功能正在逐步完善。城区面积由2000年的不足30公顷拓展到目前的80公顷，城镇常住人口由不足千人增加到目前的近3000人。市场年交易额达到2亿元，带动加工工业、运输业、流通业、信息产业、餐饮、娱乐等二、三产业迅速兴起。

3. 住房建设发展迅速，村镇面貌不断改善

花海镇抢抓各级扶持住房建设的有利时机，把农宅建设作为改善村容村貌的重点，五年共扶持建设小康住宅示范点6个、1155户，改建房屋1946套，建成房屋改建示范点19个，占到总户数的62.6%，在示范点配套建设道路、给排水、路灯等设施，实施美化、绿化、亮化、"一池三改"工程，增强示范点的带动作用，开展"文明新村"评比活动，宣传文明生活的新方式，增强老百姓的环保意识、责任意识与守纪意识，镇容村貌有了新变化。

花海镇新农村建设一景

4. 城镇人气不断提升,市场消费日益火爆

近两年,花海相当一部分经济条件较好的农民,具有一技之长的大中专毕业生,纷纷拥向城镇购房置业,城镇人口急剧扩张,城镇房价、地价迅速攀升,商业用房上涨到 3000 元/平方米,在开工前已全部预订,规范的房地产运作市场的雏形已基本形成。群众对城镇建设的认识和参与程度有了质的飞跃,城镇建设发展蕴含了巨大的潜力。第三产业发展上,已有近 1/3 的群众在城镇居住和经营,镇区内人流集中,商业网点经营火爆。据统计,2011 年全镇各类交易额已达到 1.6 亿元,其中有 80%在镇区内完成。加工业、运输业、流通产业、服务行业迅速兴起,农民来自一、二、三产业的收入各占 1/3。

5. 基础设施投入不断加大,带动社会各项事业协调发展

目前,花海镇中小学硬件设施完备,教育布局调整基本完成,寄宿制中学建成投入使用;镇中心卫生院创建为一级甲等卫生院,应对突发公共事件和医疗救助的能力进一步增强,新型农村合作医疗全面普及;镇上陆续建成了中心敬老院、中心卫生院,农村五保供养和卫生医疗条件得到有效改善;建立健全综治网络,信访、矛盾纠纷排查调处机制有序运转,成立了中心派出所,社区警务、联户联防制度长期坚持,从严打击了盗窃等犯罪行为,保持了社会稳定;通过培育"党员明星户"、"十星级文明农户",开展"婚育新风进万家"、"美德在农家"活动,开展社会主义荣辱观教育,破除陈规陋习,引导移风易俗取得明显成效,赌博、封建

迷信等不良现象得到根本遏制；广泛开展了群众性文化活动，通过举办节会、书画、文艺比赛，扶持自乐班，设立读书角等形式，丰富了群众的业余文化生活，形成了淳朴、健康、文明、向上的乡风民俗，文明新风逐步形成。

三、探寻花海镇的发展模式

1. 注重培育优势产业，壮大增收产业规模

新农村建设的首要任务是生产发展，近年来，花海镇充分立足地方特色，扩大产业规模，增加农产品附加价值，着力打造一批有影响力的品牌，有效提高了产业化经营水平。

一是实施了产业基地扩容工程。花海镇立足实际打造了食用瓜、特色林果（枸杞、葡萄种植基地）、棉花种植基地以及肉羊基地。突出食用瓜、新兴林果、特色养殖三大产业集群建设。截至 2011 年年底，该镇累计种植葡萄 4872 亩，通过园区示范带动、网上发布土地流转信息，吸引客商在该镇大畅河农业开发区租赁土地，大面积发展枸杞、蜜瓜等新兴产业，目前该镇新兴林果产业面积达到 3.53 万亩，占全镇耕地面积的 30.8%；食用瓜面积保持在 2 万亩以上，产品远销广州、上海、越南、韩国等地区和国家，年外销量 5 万吨左右。通过土地流转，加快了土地向规模业主高效聚集，有效提高了土地集约化经营水平和综合效益。

花海镇枸杞种植示范园区

二是实施了提档升级工程。集中人力、物力、财力对市级高效葡萄示范园区、万亩枸杞示范园区、标准收入化养殖场进行了改造升级，投资50万元完善园区基础设施，取得无公害农产品认证2项。从2011年开始，有近3000亩葡萄开始挂果，最高亩产量可达1000斤，亩收入5000元左右。枸杞种植最高亩产干果达200公斤，亩收入超过万元，创造了花海种植业亩均收入的新纪录。同时，枸杞种植还带动了2000多名本镇和周边农户通过劳务输转创收2000万元，本镇农民直接或通过务工收入间接来自林果产业的收入达到2000元以上，占农民年收入的25%左右。在特色产业中大力推广高新节水技术，全镇累计发展高新节水面积2.7万亩，在降低成本的同时提升了产业效益。

三是实施了产业品牌创建工程。对所有特色农产品，实行统一生产技术、统一产品品质、统一制作包装、统一商标品牌、统一对外销售的"五统一"生产营销模式，加大广告宣传力度；大力发展专业合作社，全镇注册专业合作社12家，依托专业合作社，对特色农产品全部注册了商标，设计和制作了产品的外包装，90%以上的农产品加工增值或直接订单外销。通过品牌认证，取得了市场"准入证"，提高了市场占有份额，农业逐步向高效、特色、品牌方向发展。

2. 明确以小城镇建设带动发展的方向

花海地处偏远地区，距离玉门老市区75公里，新市区60公里，但自身又相对集中。要在这样一个一不靠山、二不靠海、三不沿路、四不近城，区域内产业、人口相对集中的"盲肠"地带加快经济发展、建设小康社会，就必须建立一个有效的发展平台，促进人流、物流、资金流，带动区域经济社会快速、协调发展，小城镇建设发展正是实现这一目标的有效载体。基于这样的认识和定位，花海镇大力实施城镇带动战略的小城镇建设思路，把花海建成区域内经济、文化的中心。花海区域人口集中在以镇区为中心的15公里以内地区，外出交通相对不便。通过建设区域中心城镇，带动二、三产业发展，满足了区域内群众交流、购物、经营的需要，区域人口聚集促进了城镇发展。此外，花海地域广阔，资源丰富，盆地内耕地较多，棉花、草畜、食用瓜、红花等产业规模较大，便于就地招商引资建设企业园区。几年来，先后建成了省级乡镇企业示范区和小业主创业园区，新上了一批产业化龙头项目拉长了产业链条，大幅度提高了农民收入，为花海镇的发展提供了经济支撑。同时，随着农业机械化程度的提高，大批的农村富余劳动力进入城镇，为繁荣镇区，促进二、三产业发展提供了必要的人力和物力支持。近几年来，全镇上下都坚持以这样的定位来建设城镇，促进了区域中心城镇的快速发展。

案例二:推广高效设施农业惠农惠民的玉门镇

一、玉门镇概况

玉门镇位于玉门市政府驻地,平均海拔 1520 米,全镇总面积 1037.5 平方公里,耕地面积 20085 亩,共管辖南门、东渠、代家滩等 3 个行政村、19 个村民小组,乡镇总户数 8339 户,乡镇总人口 25675 人。嘉安高速公路、兰新铁路复线穿镇而过,以风电、水电为主的清洁电力能源广泛分布。

二、戈壁乡村的新风貌

室外寒意浓浓,室内春意盎然。这是位于玉门镇南门村一组的玉门设施农业园区的真实写照。该园区共有高标准日光温室 252 座、353 亩。走进温棚,反季节蔬菜水果挂满了棚架,青翠嫩绿,夺人眼球。园区里种植着以西甜瓜、西红柿为主的 6 种果蔬,置身其中,已然让人忘记了这里是一个深处西北戈壁的小镇。还在十年前,当地人都习惯用这样一首打油诗描述这里的恶劣环境:"一年一场风,从春刮到冬。风吹石头跑,遍地不长草。"如今,置身绿意盎然的设施农业园区,很难想象这里曾经是一片遍地不长草的戈壁荒滩。相反,广袤的戈壁反而成为了玉门镇发展设施农业的有利条件,就这样,说干就干的玉门人用了几年时间便在戈壁上建起了数百亩的高标准日光温室。目前,果蔬的生产经过当地政府和百姓的不断努力已经实现了规模化生产和品牌化经营。每逢节日,给亲朋好友送上一些玉门瓜果已成了当地人的习惯。

这里仅仅是玉门镇推广高效设施农业的普通一角。位于玉门镇代家滩三组的代家滩设施农业示范园区又被人们称为"戈壁园区",是玉门镇立足人均耕地不足 2 亩的实际情况,提出"向戈壁荒滩要效益,打造强镇富民新支点"的思路,当地百姓充分利用代家滩村三组的荒滩戈壁,大力发展以日光温室为主的"万元田"基地。截至 2011 年年底该园区累计投资 750 万元,建成半地下式高标准日光温室 80 座,并配套了水、电、路"三通"及园区绿化工程。走进园区,累累硕果竞相呈现出一派生机勃勃的景象。翠绿的黄瓜、辣椒、豆角挂满枝头。村党支部书记老刘说:"在戈壁滩上建温室不占用耕地,效益也很好,这样的好事,我们谁不愿意干?! 而且一个生产周期平均收入能达到 2 万元,年收入最高的达到 3.5 万元,收入高了大家自然高兴,都想着把这个大棚蔬菜种好呢。"

玉门镇日光温室建设园区

依托高效设施农业建设搭建的效益平台，当地政府把村组绿化、美化、亮化作为一项重要工作来抓，通过实施小康住宅建设、危旧房改造等工程，农村面貌发生了翻天覆地的变化。2012 年，玉门镇把村镇绿化作为新农村建设的一项重要内容，投资 52.5 万元，对全镇 3 个行政村 19 个村民小组进行了绿化建设，修建花坛 8264 平方米，完成植树 3816 株，将以往的杨树、沙枣、果树等乡土树种统一改造成了国槐、白蜡、松柏等优良风景树种，使新农村穿上了新的“绿色外衣”。其中，整体建设居民点绿色通道 14 条、10.4 公里。通过改造，全镇新农村绿化率达到了 100%。现如今，走进玉门镇各村组，充满诗情画意的新农村情景让人眼前一亮：整齐的小康住宅、干净的柏油马路、清澈见底的水渠、翠绿的风景树、鲜艳的门前花坛、小桥流水人家，路灯架设在村组道路两旁，每隔一段距离，就有一个绿色的垃圾桶竖立在路边。几个农妇就着渠沿的水泥石凳、水泥“搓衣板”在缓缓流淌的渠水中洗涤衣裳……该村书记张振忠说：以前，这里房屋破旧、道路坑坑洼洼，垃圾到处都是，现在经过大力整治，村庄是越来越美。

村民们收入增加了，居住环境更加优美了，一些有头脑的农民便希望通过学习新技能充实自己。各村都出了一大批“土专家”、“田秀才”，他们对作物品种选择、施肥等技术都十分熟悉，对新技术、新科技也十分敏感。精耕细作，科学种植的观念已经深入当地百姓的心里。全镇有 30% 的农民购买了电脑，通过网络搜集种植、养殖、劳务等信息。每村都设有党员远程教育终端接收站点和农家书屋，每天向群众开放 4 小时以上，致富能手逐渐在学习型的农民中产生。更令人鼓舞的是，多年来玉门镇积极鼓励、引导、扶持各类种养大户、返乡农民工走上创业之路，并在信贷、技术、土地、政策等方面给予支持和帮助。2012 年，扶持农民

新建日光温室140座。特色产业种植面积达1万亩，占全镇农业耕地面积的49%。在全镇3个村、5个组，通过土地流转发动农户参与的方式，落实双墙体钢架拱棚968亩，建成百亩连片点7个，有效地引领了农村经济的发展。

三、探寻戈壁新村的发展模式

1. 发展朝阳产业，惠农惠民

设施农业属于高投入高产出，资金、技术、劳动力密集型产业。它能够使传统农业逐步摆脱自然的束缚，是走向现代工厂化农业、环境安全型农业、生产无毒农业的必由之路，同时也是农产品打破传统农业的季节性，实现农产品的反季节上市，进一步满足多元化、多层次消费需求的有效方法。正是基于这样的认识，玉门镇政府充分结合当地情况发展设施农业，在戈壁滩上规模化发展温室种植，真正实现了玉门市“一乡一业，一村一品”的农业发展战略。

南门村一组的设施农业园区广泛采用有机质无土栽培技术，产出果蔬为无公害绿色食品，市场稀缺，供不应求，以反季节礼品西瓜为例，经包装后作为礼品售价可达每斤3～5元，是正常季节普通西瓜的几倍，棚均收入高达3万多元，是普通粮田产出的20多倍。此外，该园区还十分重视农业技术的推广和应用，多次邀请高校专家为农户讲解农作物病虫害的防御知识，并定期举办各种农技讲座。如今，园区内已成功推广了黄板诱虫技术、蓝板诱虫技术、沼渣沼液在温室蔬菜中的应用等6项新技术，果蔬产量逐年提高。在代家滩设施农业示范园区，农户引进种植了“紫阳”长茄、“陇椒系列”等13个优质蔬菜品种。示范园区大力推广施行育苗移栽、高垄覆膜栽培、温湿度控制、遮阴网等种植管理技术；防虫网、黄板诱杀、病虫害综合防治等技术；配方施肥、生物肥料等施肥技术；滴灌、膜下灌溉等节水技术。在优质品种和先进技术的有力支撑下，园区年均生产新鲜蔬菜238吨，棚均收入达到2.2万元。此外，该园区按照“优化品种、提高技术、增加产量、保证质量”的思路，率先引进试种了10棚美国红提葡萄，通过“走出去，请进来”的方式，先后组织干部群众赴临近市县考察学习，定期邀请葡萄种植专家开展实地技术指导。目前，种植技术已日趋成熟，引进的美国红提葡萄也已进入盛果期，棚均产量达3500斤/年，可实现收入4万元。

2. 突破瓶颈，地广天阔

玉门镇设施农业发展虽然取得了骄人的成绩，但是在发展过程中却不可避免地出现了发展瓶颈。在当地政府和农户共同努力下，终于克服重重困难，突破

玉门镇南门村红提园

发展瓶颈，使设施农业发展走出了一片更广阔的天地。

首先，突破资金瓶颈。玉门镇设施农业本着“高起点规划、高标准建设”的发展思路，效益十分可观，但前期却需要巨大的资金投入，不少农民看到设施农业效益可观，很想投资，但是手中没钱。虽然各级政府对农民投资设施农业有一定的补助，但仍属杯水车薪。

对此，当地政府通过积极探索，大胆创新，提出“政府引导、统一规划、公司建园、组团发展、农户参与、互利共赢”的发展思路，采取政府统一规划，龙头提供服务，农户自主建设的模式发展设施农业，突破农户资金不足的瓶颈，将设施农业发展推上了一个新的台阶。玉门顺兴生态循环现代农业示范园是玉门镇2011年引进玉门顺兴物流中心规划建设的集日光温室、设施养殖、沼气综合利用为一体的高标农业示范园区。该示范园由玉门顺兴物流公司建设，规划面积1280亩，计划投资8000万元，利用3年时间建设高标准半地下式二代日光温室500座、700亩，搭建小拱棚300座、150亩，新建年饲养量为5000头（只）的“人畜分离”高标准养殖小区一个，修建100立方米大容量沼气池1座。园区建设日光温室种植区、钢架拱棚种植区、设施养殖区等三个特色种养示范区，辐射带动恒温贮藏区、净菜包装区、集中展示区、休闲观光区等四大功能区。该示范园完全建成并发挥效益后，每年可为市场提供鲜食蔬菜3000吨、鲜肉200吨、花卉1万盆，年均收入可达到2000万元，可向社会提供就业岗位200多个。该园区始终坚持依靠农户、服务农户的宗旨，通过高起点规划、高标准建设，把园区建设、企业发展、科研开发、技术应用、示范带动紧密而有机地结合起来，将园区打造成为现代农业的示范基地、科技创新基地、新技术应用推广基地、农民增收致富基地。

园区已被列为玉门市非耕地设施蔬菜标准化示范基地，将成为玉门市乃至甘肃省现代设施农业的一个新起点。

其次，突破人才和技术瓶颈。设施农业是多学科技术综合支持的技术密集型产业，对从事设施农业生产和开发的工作人员提出了很高的要求。先进的设施和技术只有由掌握现代科学技术的高素质生产者运作，才能充分发挥先进性和巨大的增产增效潜力。目前玉门镇相当一部分农技人员知识结构老化、学历层次偏低、理念僵化，靠吃老本的经验主义种田，为既有的经验所束缚，为传统的模式所局限，已不适应发展技术密集型产业的需要。

对此，玉门镇经过深入调研，得出结论，发展设施农业必须防止“为指标而指标、为面积而面积”，设施上去了，管理者和农户的经验和技术跟不上，势必造成更大的损失和浪费。几年来，玉门镇注重对农民的技术培训和指导，专门安排8名有学历、有技术的农艺师到示范基地对农民进行技术指导，到棚间、到地头随时解决农民在生产中遇到的各类问题；注重先进科技成果的转化，积极引导农民种植科技含量高的新品种，并不断在基地示范、推广。使广大农民由种植“门外汉”成为种植“行家”、“高手”，充分发挥了技术服务体系作用。同时，组织农技人员赴外省进行观摩学习，并通过远程网络进行实时数据交换，在部分温室种植中实现了全数字化控制，提高了技术指导的时效性。

第三是突破了市场对接瓶颈。玉门镇设施农业规模不断扩大，在技术支撑下，产出率也不断提高，农副产品产量稳步增加，销售市场逐渐成为制约设施农业增效、农民增收的一大瓶颈。

面对这一难题，当地政府通过积极争取，建设了600平方米专业化农副产品批发市场一处，使全镇大量农副产品有一个大型的实物交易平台，建成一个规范、有序的“有形市场”。同时，通过网上信息发布平台、国内农副产品经销市场的信息平台、技术开发及转让信息平台，逐步开启完善销售农副产品的“无形市场”，大大降低设施农业产品的滞销风险，使设施农业更加强有力地推动全镇农民大幅度增收致富。

第四是突破了土地流转瓶颈。在发展设施农业初期，部分农民不愿意转让土地给投资者开发高效设施农业。一是因为流转费用达不到农民的心理预期，二是因为部分农户思想观念滞后，仍倾向于自给自足，不愿意放弃口粮地。

针对这一发展瓶颈，玉门镇政府按照“土地向致富能手集中、分散经营土地向规模经营土地转变”的思路，通过三项措施促进农村土地流转。一是成立了土地经营流转服务中心，不断优化土地流转政策、措施，提高农民流转土地的积极性；二是依托项目建设优势，大力发展劳动密集型产业，促进农村劳动力在企业就业，逐步改变依靠土地自给自足的观念；三是积极鼓励农户自主创业，发展三产服务业等非农产业。在这些措施的推动下，玉门镇年均土地流转面积达到1000亩，促进了农业生产的规模化经营，彻底打破了发展设施农业的土地流转瓶颈，为设施农业发展打下了坚实基础。

就这样，在当地政府和农户的共同努力下，设施农业的发展热火朝天，农民的收入增多了，腰包鼓了，生活居住条件也改善了，各项惠农政策让农民真正得到了好处，如今的玉门镇如同一个戈壁小江南，处处透着恬静又生机勃勃的气息。

案例三："先锋富民"惠民富民的下西号乡

一、下西号乡概况

下西号乡距玉门新市区5公里，312国道横贯全境，金玉、玉青公路纵横其间，县乡道路四通八达。境内面积709平方公里，全乡辖6个行政村，29个村民小组，2588户、11019万人，其中农业人口9905人。全乡土地资源丰富，耕地面积6万亩，为走廊平原地带，土地肥沃，光照充足，适宜多种作物生长发育，农产品产量高，品质优良，城郊优势明显，是玉门市重要的粮、油、蔬菜、瓜果和畜产品生产基地。

二、下西号乡新农村建设添新彩

走在下西号乡平坦宽阔的柏油马路上，汉唐风格的小康住宅沿街而建，到了夜间，路灯亮起，辉映着崭新的门面，一派崭新的气息。石河子村村民杨应修高兴地说："政府扶持我们进行住房改建，现如今柏油路直通家门口，晚上路灯亮了，我们的生活和城里人差不多了。"

看到下西号乡所展现的拥有独特风情的新农村风貌，人们不禁要去探究这些年这个美丽乡村所经历的种种变化。早在五年前，下西号乡就把实施"先锋富民"行动作为促农增收、破解"三农"问题的核心和关键，创造性地实施了以"领导包村挂项做推动发展的先锋"、"干部联组入户做服务群众的先锋"、"党员示范带头做创业致富的先锋"为主要内容的"先锋富民"行动，在多方带动下，农民的钱袋子鼓了，居住条件改善了，幸福感自然增加了。

"先锋富民"行动的实施使得全乡的发展思路不断优化，党员干部的执行力、带动力和党组织的凝聚力明显增强，党群干群关系更加密切，经济社会发展水平

下西号乡新农村建设

进一步提升，全乡90%的农户建立起了以啤酒花、设施蔬菜、规模养殖和劳务经济为支撑的增收模式，全乡产业布局更趋合理，啤酒花、蔬菜、制种等特色产业种植面积突破20000亩，高效“万元田”达到1483亩，全乡新发展日光温室200座，是近几年最多的；万元以上规模养殖户达242户，实现劳务收入682万元；全乡各项事业呈现出平稳较快的发展势头，新农村建设在科学发展观的引领下稳步推进。

1. 树立了先富快富敢富能富的新思想

思想资源是第一资源，思想观念上的领先是最大的领先。实施“一特四化”增收入户工程最明显的成效是激活了群众的思想，改变了落后观念。包村联组干部与群众算增收明细账，农户与农户之间比收入、比发展、比变化、比增收目标，出现了“两个不相信”，即“收入高的农户不相信低收入农户的收入有那么低”，“收入低的农户不相信高收入农户的收入有那么高”，使低收入农户有了增收紧迫感，产生快富的思想动力，高收入农户有了增收压力，激发新的发展活力。思想一“活”天地宽，全乡农户发家致富的劲头更足了，由“要我富”变为“我要富”，由“催着干”转向“主动干”。在制定增收计划的过程中，全乡1927户农户主动调高了发展目标，近5成农户当年选择了发展万元田，80%以上的农户家庭主业收入达5000元以上。

2. 推动了“一特四化”战略的全面落实

“一特四化”增收入户工程的实施，加快了下西号乡农业和农村经济的发展步伐。全乡以蔬菜、酒花、草畜为主导的专业化布局逐渐成形，节水高效特色农业规模迅速扩大，建成了塔尔湾村、下东号村郑家沙窝等3个千亩以上枸杞节水高效示范基地，并依托该基地成立了下西号乡昌盛枸杞农民专业合作社，带动全乡新增枸杞面积达到7412亩；累计建成酒花基地1852亩，建成200亩、100亩以上酒花连片示范区各1个；新发展优质蔬菜1.2万亩，蔬菜面积占到全乡耕地面积的23.7%；新发展日光温室108座、219.3亩，高效杂交制种762亩，全乡万元田从1090亩增加到1646亩，5000元田从3777亩增加到6952亩，1000元以下低效田从原来的22360亩减少到14208亩。通过丰汇制种公司、昌盛枸杞农民专业合作社等龙头企业及经济组织带动全乡种植面积13256亩，占全乡耕地总面积的25.5%，人均增收712元。建成千头肉牛育肥综合养殖场2个、人畜分离养殖小区3个、良种繁育示范点20个，全乡猪、牛、羊饲养量分别达到1.2万头、2097头和10.8万只。与此同时，乡上坚持“不求所有，但求所用”的原则，借助赤金韭菜品牌开展标准化生产，加强新品种、新技术、新设备的推广应用，全乡80%以上的农户掌握了2～3项农业技术，培育“土专家”、“田秀才”70多名，绿色农业、安全农业、品牌农业取得新进展。坚持以培训促输转，对1870名发展劳务经济的农民工开展了“菜单式”培训，全乡实现劳务收入974.3万元。

3. 解决了群众增收中的具体困难问题

实施“一特四化”增收入户工程以来，无论是包村联组联络员，还是村组干部，都以“知民情、解民忧、帮民富、暖民心”为主线，把“访农户、摸实情、重服务”作为基本职责，心里装着促农增收“一本账”，带着感情进农家，真心为民办实事。据了解，大到帮助群众制定增收计划、确定家庭主业、落实致富项目、解决产业发展的具体困难，小到化解邻里纠纷、提供劳务信息、技术咨询和各种协调服务，全乡干部共解决群众反映的具体问题200余件。下东号村七组的张伟东因品种问题准备放弃养猪时，包组干部秦会霞及时帮助他引进长白猪，并提供技术指导和防疫服务，使张伟东重振养猪信心，把养猪做成了家庭增收主业；包村干部裴国文得知一青年农民苦于无致富门路时，与其长谈了三个多小时，通过推心置腹的交谈，不仅为他理清了发展高效设施农业的增收思路，而且使他对发家致富有了更高的期望值。细微之处见真情，这样的事例在下西号乡实施“一特四化”增收入户工程的实践中数不胜数。“先锋富民”行动实施以来，党员与党员之间、农户与农户之间比收入、比发展、比变化、比增收已蔚然成风。沙地村二组农民张天明在包村干部和帮带党员的帮助下积极转变传统种植模式，种植拱棚8座，当年

便实现了家庭人均纯收入过万元的增收目标。全乡95%的农户当年实现了增收计划的目标,千亩枸杞和千亩酒花两个节水高效农业示范基地40%的面积由党员种植,新发展的万亩优质蔬菜基地60%的面积由党员经纪人与农户以订单形式组织种植,近1500亩万元田和5000多亩5000元田均有超过1/3是党员户种植的。通过广大党员"算给群众听,种给群众看,带着群众干",充分发挥创业能人和致富党员的示范带头作用,通过能人和致富党员领办新产业、闯出示范路、传播致富经、带动身边人,加快了农户增收步伐。全乡涌现出了曹玉桂、张天明、王天成等500多名带头能力强的致富能手,一批"十星先锋党员户"、"致富能人示范户"已逐步成为新农村建设的主力军。广大农户普遍认为"先锋富民"行动是促农增收的"总开关","一特四化"是和谐富裕新村的"加油站"。

4. 取得了"十里新村"建设的新进展

实施"一特四化"增收入户工程,不仅加快了农户的增收步伐,而且提高了群众的认知水平。"十里新村"是两级市委确定的新农村建设示范点,需要6村、16组、812户农户整体推进,建设标准高,改造数量大。但由于群众认识明确,扶持政策到位,干部工作细致,设计风格新颖,群众参与积极性很高。目前,812户农户已完成房屋立面改造,硬化门坛8.1万平方米,改造花坛765座,新建"一池三改"沼气用户202户,改建卫生厕所187座,铺筑油路10.8公里,栽植风景树木3200多株,配套架设路灯113盏,安装垃圾箱170个,新改建村委会3个,建成农家书屋6个、村级卫生所6个、便民商店16个,具有良好的示范带动效应。

5. 提高了党在群众中的向心力和凝聚力

随着"一特四化"增收入户工程的深入实施,全乡干部以往比较"浮"、"散"、"懒"、"慢"的作风没有了,取而代之的"勤"、"快"、"严"、"实"的新作风,群众反映现在干部工作节奏快、跑得勤、服务好,是真心为民办事的。据了解,入户工程实施以来,最忙的是干部,最高兴的是农民,干部几乎全天在农家"上班"。有的群众说:"现在我们的干部几天不见,有点'想'了,过去攒在心底不说的话现在都说了";有的群众说:"干部把我们老百姓增收的工作做得这么细,还真是头一回看到。现在你不好好致富,不好好过日子,还真没个理由。"从不想见到盼着来,从不愿说到亮家底,透露出"真心为民民相拥"的信号,折射出"群众利益无小事"的心态,只要你真正做到位了,群众是认可的、感激的。下西号乡通过实施"一特四化"增收入户工程,干部与群众面对面、心贴心、零距离地"对话",真正找到了农村工作的抓手,拉近了干部群众之间的距离,改变了群众对党和政府的看法,进一步密切了党群干群关系。

三、探寻下西号乡的发展模式

当地政府向我们介绍,下西号乡自确立“先锋富民”行动之后,从多方面开展工作,真正把思想落实到了行动上。

首先,转变观念,确立主业引领发展。下西号乡政府通过对乡情的重新认识和突出问题的梳理,认为要促进农村发展、农业增效和农民增收,必须解决好三个方面的突出问题:一是引导群众解决影响阻碍发展的思想观念问题。二是培育增收主业解决农户增收缓慢的问题。三是建立干群联系纽带,解决干群关系不密切的问题。为此,乡政府围绕干部群众思想观念的进一步转变,通过开办培训班、邀请专家辅导、党群互动研讨等形式,使广大党员干部首先认识到,发展“一特四化”农业对于农业增效、农民增收,既是发展战略,又是工作抓手,只有把“一特四化”这一战略落到实处,使农民在发展现代农业中尝到甜头、得到实惠,农业和农村经济发展才能向前迈进一大步。为使“一特四化”理念在广大农户中落地生根,乡政府组织百名干部深入农户家中摸底走访,本着缺什么补什么、用什么教什么的原则,把“一特四化”理念性的东西引入农户家中,帮助农户转变生产方式,破解收入分配难题,改变农户跟风走、种撞田的方式,摒弃小富即安守旧思想,挖掘增收主业潜力,干群思想在碰撞中得到统一,广大农户围绕“一特四化”加快增收的紧迫感不断增强。围绕农户增收主业的培育,通过走村入户引导农户理清发展方向,使广大农户瞄准了户均发展 1 个增收主业、培育 1 个万元项目、输转 1 名劳动力和农民人均纯收入达到 1 万元以上的主攻目标。围绕强化干群联系,乡领导班子成员每人联系一个村,包抓 2～3 个符合“一特四化”方向和有助于农民持续增收的项目,村组干部带领产业带头人、科技明白人、流通经纪人与农户实打实对接项目,从而进一步凝聚起了广大农户培育高效特色农业、发展设施养殖、开展劳务创收等思想共识,以“一特四化”为方向的“调整增收、项目兴业、产业富民”发展理念更加深入人心。

其次,干部入户带领,协助农户增收。

农民群众是发展节水高效特色农业的主体,而基层干部是推进“一特四化”战略的主体。在组织实施过程中,乡党委、政府充分吸纳各方面的意见建议,采取“六项”举措,积极引导农户把实施“一特四化”农业增收决策内化为自觉行动。一是宣传引导理思路。组织专门力量精心编印内容丰富、简明扼要、通俗易懂的《下西号乡“一特四化”促农增收宣讲材料》、《蔬菜种植实用技术手册》等乡土教材,利用冬闲春种前近五个月时间,组织乡、村、组干部进村宣讲产业规划,入组

宣讲产业效益，入户传授致富经验，引导农户转变了观念，理清了发展思路，全乡广大农户逐步形成了“跳出传统农业谋增收、发展设施农业求致富”的共识。二是入户摸底选项目。通过干部入户调查，在充分掌握家庭基本情况、收入状况、产业结构等情况后，引导农户算清传统农业与现代设施农业、常规农业与长效农业的收入账，找准了自身的优势与劣势，长项与短项，准确定位今后的发展方向，选准了主导增收项目。三是围绕项目定规划。农户选定增收主业后，综合考虑农户水利地力、劳动力等多种因素，农户通过召开家庭会议等形式，在联组干部的引导下，共同商讨今后的发展规划，分年度制定增收计划，坚定了农户的发展信心。四是上下联动定目标。每户的“计划表”经过组、村、乡分级汇总后，各级干部逐步明晰了本组、本村乃至全乡的产业结构分布及主导产业。乡上结合总体汇总情况拿出全乡产业发展规划，各村因势利导、整合资源，整体布局，推动主导产业稳步发展，逐渐形成“数村一品、一乡一业”的产业发展格局。五是帮带整推抓落实。以2012年全乡95%农户实现“四个一”的增收目标(每户确定1个增收主业，培育1个过万元的增收项目，输转1个劳动力，人均纯收入达到1万元)为重点，我们采取政策扶持、干部引导、党员帮带、园区带动、技能培训等帮带整推机制，保证“促农增收项目入户工程”户户计划能落实，年年增收有保障，四年翻番能达标。六是立档建卡抓管理。为每户农户建立增收档案，并设计了管理软件，所有农户资料全部录入微机，由联组干部具体负责管理，干部全年跟踪服务、发现问题及时调整，不断完善提高，确保计划不落空。通过以上六个环节的工作，全乡34名联组干部深入全乡2570户农户家中理思路、选项目、定规划，农户增收致富信心明显增强。

第三，党员带头充分发挥模范带动作用。

村看村、户看户，群众看党员，党员看干部。实施“先锋富民”行动一开始，广大农户都在观望，他们在看“上级决策、党委号召，党员跟不跟、到底干不干”。为了引导广大党员在增收上当先锋，在致富上做表率，当地政府不断深化农村无职党员“设岗定责”活动，以支部为单位增设了一批万元田示范岗、5000元田示范岗、万元增收主业示范岗，引导党员带头示范种植枸杞、啤酒花、温棚蔬菜等高效作物，带头参与畜禽良种引进和人畜分离小区建设，全乡180多名党员从原来的议事、监督等事务性岗位转到了产业、增收等发展型岗位。积极开展了“1+3”党员帮带活动，全乡88名带富能力强的党员与261名收入水平较低的农户结成了帮扶对子，帮助实现共同富裕。同时，强化党员分类量化管理，乡党委将主业特色、致富能力、增收幅度、示范作用等作为评议考核党员的权重指标和“十星级党员”评定的主要依据，引导党员在培育家庭增收主业，实现万元增收目标上走在前，干在先。

第四，注重机制创新，促进农户增收。

为了持续推进“先锋富民”工程，营造村、组、农户比、学、赶、超、争先致富的浓厚氛围，确保农户持续增收，政府为每一户农户定制了一份精美实用的挂历，将增收计划表贴在上面，便于农户查看，明确增收目标，坚定农户发展信心。在各组制作统一展板，将本组所有农户的计划表集中起来，将农户的收入情况公示出来，通过相互比较，鼓足农户增收致富的干劲。以村为单位制作先锋榜、致富经展板，将本村各业典型集中起来，各组及全村的增收计划汇总表都挂上去，形成了村与村、组与组、户与户选产业、比增收的浓厚氛围；在乡机关建立了“先锋富民排行榜制度”，将领导包村、干部联组抓重点工作实绩开展周评比、月考核，把评比情况作为领导干部年终考核的重要依据进行重奖重罚，在领导干部中树立了“以增收论业绩，以服务评优劣”的工作导向，对包挂实绩突出、助农增收成效显著的干部予以重奖，使乡村干部形成了共推发展、共促增收、九牛爬坡个个出力的良好局面。在行政手段助推的同时，还立足解决市场销售难的问题，成立了绿健酒花合作社、金桥韭菜合作社、昌盛枸杞合作社，有力地助推了主导产业快速发展。

四、新农村建设典型人物聚焦

农民党员谱新歌　黄土地上显风采

——创先争优优秀共产党员　何玉泉

秋天，当人们看到通往大畅河车水马龙的柏油马路时，看到绿树成荫、耕地规划有序的大畅河时，当人们想起 10 年前这里是一望无际的戈壁时，很多人都会想到何玉泉这个名字。

何玉泉，男，现年 53 岁，中共党员，初中学历，是一个在土地上耕耘着自己梦想的平凡的农民，玉门市造林绿化模范奖章获得者。2000 年镇政府成立了大畅河农业开发中心，决定开发花海镇大畅河，他勇当先锋，成为第一批进入开发区的农民。多年来，因为他的办事能力、乐于助人的品德和勤勤恳恳的奉献精神，得到了开发区的农民群众的广泛赞誉，也在开发区群众中树立起了较高的威望。12 年来，他带领大畅河农业开发区广大党员群众在 5.8 万亩耕地上植树、修路、架设节水滴管带、引导农户发展新兴林果产业。他的付出让大畅河变成了党员带头、农民致富、环境优美的高产、高效、高利润农业产业示范区。

一、身先士卒，敢让戈壁变绿洲

2000年时大畅河有近万亩耕地，但是只有寥寥无几的几排小树，每年春季风沙漫天，农作物备受侵害，减产、减收成为摆在开发区农民群众面前最大的难题。当时的何玉泉意识到如果植树造林做不好，开发区农民群众致富增收将无从谈起。他认真思考，挨家挨户做工作，集中开发区全部农民群众的力量，开始植树造林工作。正当何玉泉信心百倍地准备“施展拳脚”的时候，农户的态度让他心中一惊，怕树遮挡阳光影响农作物生长，怕树木影响农作物灌溉，怕投工投劳，没有农户带头植树。为了保护耕地，保护农田，作为一名共产党员的何玉泉下定决心要将树木种到田间地头。首先，他自己出钱，邀请专业人员根据区域的地势特点和风向做了认真规划。然后，他从党员入手逐个动员，筹措资金。一个个黄沙弥漫的日子里，他带领着农户在大畅河奋战，栽下了第一棵树，然后是第二棵、第三棵……。天当房，地当床，早上掀起被子明沙躺，吃饭碗里一层沙。在这样艰苦的条件下，何玉泉领着大家为当年的植树创造了条件，打好了基础。目前大畅河生态农业综合开发区已种植各类树木380万株，覆盖48平方公里，形成了渠、路、林、田、电、井综合配套，规划正规的高标准示范园区，远远看去大畅河生态农业综合开发区像一片翠绿的宝石，镶嵌在茫茫戈壁上。

二、带头修路，保障畅通促发展

“要想富，先修路”，这是大家都明白的道理，但是大畅河农业开发区的道路不是田间小道，也不是1公里、2公里，修路也不是一两天能完成的事。大家都认为修路是政府的事，是“当官人”的事。但何玉泉深知，要想让农户种植的农产品卖出去，让大家的“钱袋子”鼓起来，就必须把路修好，就要动员大家投工投劳。“无论有多难也一定要把路修好”，何玉泉说。刚一开春，他就开着自家的农用车，带着妻子、儿子默默干开了。大家被他这种战天斗地的精神打动了，慢慢地，每天跟着他一起修路的农户越来越多。经过几年坚持不懈的奋斗，如今的大畅河已今非昔比，整齐有序的田野，纵横交错的林带，四通八达的道路，给人一种美的享受，处处呈现出勃勃生机。风少了，地绿了，雨水多了，秋季到了，当一车车棉花送往加工厂，一车车香甜可口的食用瓜送向市场，一片片的树木成材，一沓沓的票子装进人们的腰包时，谁不夸何玉泉为咱老百姓做了一件天大的好事?!

三、转变观念，发展林果产业促增收

2008 年，一部分宁夏客商在大畅河试种枸杞取得成功，并且当年就产生了效益，这又让何玉泉又看在了眼里，记在了心上。他那颗“不安分”的心又开始琢磨了，“人家宁夏人大老远地来我们这种枸杞，我们为什么就不能种”？说干就干，当天他就挨家挨户做工作、讲道理，农户的思想通了，接受他了，他又自己出资带着农户到宁夏实地考察，向当地农户请教枸杞种植技术。在他的带动下，当年全镇栽植枸杞 980 亩。他还鼓励一些大场大户将土地承包给客商种植枸杞，农户在自家的地里“打工”，不但流转了土地，还增加了一部分劳务收入。到目前，全镇枸杞种植面积已经达到了 5 万多亩，成了名副其实的“万元田”。而何玉泉是一个闲不住的人，在别人忙着照顾“万元田”的时候，他又对节水灌溉着了迷，在网上查资料，到外地实地考察学习，最终在 2008 年，他自己出资架设了膜下灌溉设施管网，一年下来，他的耕地节水 30%，并且省电、省人工，两年内节省资金近 2 万元。两年的带头与尝试，让更多的农户清楚认识到节水灌溉既能节约费用又能增加效益。在他的带动下，仅 2010 年，全镇就建成 2 个万亩高效节水灌溉示范区。为了投资少，方便广大农民群众，2010 年至 2011 年两年间，他先后从新疆、宁夏引进客商投资建成节水灌溉管带加工厂 2 个，既节约了成本、方便了群众，又增加了农户的收入。

昔日的荒凉耕地，今日的绿洲小区，如今的大畅河开发区绿树成荫，高产田、高效田随处可见。然而大家依然能看到何玉泉忙碌的身影，没有鲜花也没有掌声，有的只是心系花海，情系百姓，只要是能为农民增收的事，他从不含糊，在花海这片热土上，他用自己的心血与汗水，以真诚和火一样的热情，在平凡的岗位上实践着一名共产党员的忠诚，在群众心里，何玉泉更是大家的主心骨、贴心人。

自强不息的创业致富人

——花海镇流通大户　席尚江

在花海，提到席尚江这个名字是无人不知，无人不晓，如果遇到热心肠的人，还会拉着你跟你说他的故事，说得让人羡慕，让人心动。今年三十刚出头的席尚江，自 1996 年经营农产品流通业以来，凭着年轻人特有的闯劲和干劲，以一名党员高尚的人格，经过十三年的打拼，发展成为年流通量超过 500 吨的流通大户，红花、红花油等农产品远销国外市场，自家购置了小轿车，固定资产达 300 万元，带动了花海镇流通市场的蓬勃发展，对花海镇特色产业的发展产生了极大的推力，成为农村青年党员自主创业带动农户致富的典型。2007 年，席尚江被光荣

地评为全市“十大优秀青年”。

一、穷，怕什么？穷则思变

20世纪90年代是改革开放以来，西北农村发生翻天覆地变化的时候。市场经济的浪潮迅速涌入相对闭塞和保守的西北农村。花海农民的致富热情在市场需求的刺激下被点燃了，人们开始在土地里寻宝，红花、孜然、籽瓜、菟丝子这些以前不常种的经济作物成了热门的种植对象。很多人年初盘算着种，三伏天精心地耕作，盼望着收获后能够卖个好价钱。可是，几年下来，真正富起来的却很少。部分耕地少，种植不科学的农户几年下来反而吃不饱肚子了。那时，席尚江还是个毛头小伙子，全家6口人，种着16亩地，家境并不是很好。和很多农户的遭遇一样，辛苦了几年，他的生活并没有发生太大改变，住的还是土坯房，日子也过得紧巴巴的。问题出在什么地方呢？1995年，初中毕业后在外奔波了两年的席尚江不禁思索起为什么穷的原因。他开始在各村进行调查，经过几个月的努力，他发现在花海从事农产品流通的人非常少，现有的大部分还是外来客商，收购量有限，对农产品的质量要求也较高，导致整个流通市场流通能力太弱，很多农产品不能及时上市，甚至造成了积压。同时，部分外来客商利用控制了流通渠道的优势，在学生秋季入学农民需要用钱的这个时间档，强行压低农产品的收购价格，迫使很多农民含泪出售了农产品。发现了这个问题，他产生一个想法，为什么我们不自己做流通，既能方便乡邻，让他们有一个合理的收入，又可以自己赚钱呢？他把自己的想法告诉了父亲。父亲席彦斌是土生土长的花海人，他熟悉这里的人，熟悉这里的土，几十年的辛苦劳作，少有积蓄。起初，父亲不同意，因为风险太大，但他坚定地告诉父亲：“穷，不怕，穷了，就要变，活人总不能被尿憋死。”听了儿子的话，父亲被感动了，他对儿子产生了信心，便拿出多年的积蓄作为创业的起步资金和流通资金，全力支持儿子发展农产品的流通。

二、难，怕什么？难也要挺着上

万事开头难。没有场地，没有交通工具，没有客户，也没有销售渠道，人手不足，农产品流通季节性强，这些困难都一下子摆在父子俩的面前。这可愁坏了父子俩。全家人每天守在一起就想着这些问题该怎么解决。场地可以定在自家院落里，人手不足，可以找亲戚朋友共同经营。客户也不是问题，都是花海人，熟人多，可以先从同村人收起，为了让大家放心，还可以进行保价收购。关键是没有客商，这是大问题。真所谓，万事俱备，只欠东风。家里人开始打退堂鼓，亲戚朋友的积极性也开始下降，眼看创业的计划就要泡汤了，父子俩都很着急。这时，席尚江告诉大家，他出去联系客商，再难，也要挺着上。全家人看着他坚毅的目光，都打起了精神。大家一合计，决定席尚江对外联系客商，父亲在家负责收购农产品的全盘工作，亲戚朋友负责到农户家上门收购。就这样，他们迈开了创业的第一步。功夫不负有心人，经过努力，1997 年 6 月，席尚江联系到了他的第一位客商，由于实行保价收购，农产品的收购量也不错，这一年，他们共收购农产品 56 吨，获利 2 万元。过年的时候，看着用掘来的第一桶金买的年货，全家人都开心地笑了。

三、立起来还不行，我要做大这个行业

商场如战场，商机多，危机也多。到 2000 年，虽然席尚江的流通业已经小有收获，但他并没有停止发展的脚步。当时在花海做农产品流通的人越来越多，竞争压力越来越大，市场也时常不稳定。怎样才能在农产品流通行业里壮大？为此，席尚江可没少费心思。天有不测风云。这年，由于市场需求量大，市场竞争激烈，孜然的市场收购价上涨到了 16 元每公斤，与农户说好是保价收购，随行就市，而与客商签订的合同出售价格只有 11 元每公斤，面对这样的状况，很多流通户撕毁合同，停止了收购，农产品出现了积压。席尚江没有这样做，他做出了惊人举动，他宣布收购价格仍然是 16 元，对客商他仍然按合同走，所有的损失有他来承担，就这一决定，他亏损了 8 万元。他心里明白，商场虽然残酷，也讲究人情，要在商场上长久立足，信誉是第一位的，市场波动只是暂时的，竞争就是这样，如果都只为获利，最终只会导致大家都亏损。他的举动赢得了客商的信任，也赢得了农户的信任，农户说，东西卖给席尚江，他们放心。第二年，很多客商和农户主动找他作流通人，在花海的流通市场，他依靠信誉开辟出了属于自己的天地。2001 年，他出资 20 万元在镇区购买了场地，开办了天赐招待所，把家搬到了镇区。并改善了收购环境吸引客商，通过签订订单与农户达成收购关系，这年，他 27 岁。

四、做大还不行，我要做强这个行业

2004 年，新农村建设的号角吹响了，党和政府加大了对农村发展的投入，提倡发展特色产业，走规模化，产业化经营的道路。这时，花海从事流通业务的人已经很多了，竞争压力非常大。面对强大的竞争压力，他又开始寻找发展的路子，寻找新的增收途径。他发现，部分流通户为了追求高利益，在农产品里掺假，

做手脚，严重影响了花海流通行业的声誉。很多外地客商不愿再到花海来收购农产品了。他意识到，再这样下去，花海的流通业会毁了的。1998年，在参加了镇上创业培训班后，他学到了很多东西，他接触了规范化经营这个概念。他尝试开始改变收购方式和发货方式，购买了精选机，严格对农产品进行品质分级，并对农产品进行标准化包装，走规范化经营的道路。在销售途径上，建立起了属于自己的销售网络，凭着诚信，他又一次赢得了市场，找他的客商增多了。这时，他还不满足，他从科学技术中尝到了甜头，他开始向挖掘农产品潜在价值的方向发展。他把流通业务进行了划分，把普通农产品的流通业务转让给亲戚朋友经营，让更多想要致富的人在他的帮助下从事流通行业。同时为一部分经济薄弱的农户提供农业物资帮助，帮助他们渡过生活难关，确保生产的顺利进行。父亲专门经营招待所，联系客商。他抽出时间，集中精力，开始在花海的红花上找宝。他经常往农科所跑，他要弄明白，红花到底有哪些特别之处。农科所的工作人员对红花进行了取样分析，得出，花海的红花油不仅可以食用，口感独特，而且有药用价值，能够治疗心肺病。有了这个重大发现，他欣喜若狂。很快，在镇政府的帮助下，对花海的红花油进行了绿色产品的认证，同时对花海产的红花油进行了商标注册，打出了属于花海的品牌——花季，走出了迈向大市场的第一步。在他的积极联系下，一位日本客商看中了红花油，从此红花油远销日本。虽然要真正走进国际市场很难，但这一点收获给了他信心，红花油在当地市场的销路被打开了，有了一定的销售市场。他并没有就此停下，新农村建设提出要发展特色产业，让农业走进产业化的发展途径。他积极响应政府的号召，出资在大畅河农业基地购买了200亩土地的经营权和使用权，打算在这里种植属于自己的希望，将流通业和特色产业结合起来，走出属于花海人自己的市场，带领更多的人创业和致富。到2009年年底，经他流通的农产品已超过500吨，在他的带动和帮助下有48户在从事流通行业，13名工人常年在他的流通行务工，大畅河农产品基地也在积极的开发和培育中，极大地推动了花海经济的发展。

乡村致富领头雁

——花海镇党员创业致富能人　史学生

在花海，做粮油生意的人很多，大多都是小打小闹，经营一般不超过5年便衰落了。但一说到史家磨坊，那就是另一回事了。史家磨坊这个名字是花海人对它的称呼，准确地说它应该是面粉厂。史家面粉厂是由周梅君在1985年创办的，在花海片区可以说是“妇孺皆知”，在花海粮油界亦算是老字号了。史家面粉厂位于花海镇黄水桥村与中渠村的交界处，今天，走进面粉厂，机器轰鸣，工人在有条不紊地工作，各种安全制度都挂在醒目位置，可是谁能想到，这个老字号曾一度濒临倒闭，而让它重新散发活力的是现在的新主人——史学生。

1983年高中毕业后，这个稚气未脱的小伙子走到了人生的第一个十字路口，眼看着大部分同学都去了大城市谋生创业，而且小有成就，他很是羡慕，当时有好多同学打电话约他，但被他婉言拒绝了，他心里明白，他的根在这里，只有立足这里，才能真正发展起来。经过悉心琢磨，他看中了花海潜力巨大的粮油市场存在的创业机遇，一个大胆的想法在他心里逐渐清晰并催生了动力，他要把收益日渐减少、濒临倒闭的面粉厂重新运转起来。找好了方向，他便埋头干了起来，这一干就是十五个春秋。功夫不负有心人，现如今他的面粉厂服务花海片区"一镇三乡"5000多户农户，年收入30余万元，他在镇上购买了100多平方米的小康住房，已拥有1辆私家小轿车，日子过得红红火火，2010年他被评为全市"十佳道德标兵"。

一、心存励志，奏响艰苦创业歌

万事开头难，创业之初，困难是可想而知的。当时母亲把自己经营了一生的面粉厂交给了他，他很高兴，觉得终于有了自己的事业，但经营了一段时间后，他才发现情况并不是这样。面粉厂在常年经营的过程中，设备已严重老化，动不动就出故障，磨面似乎不是每天的主要工作，三天一小修，五天一大修成了他生活的主要内容，看着老出故障的机器他茫然了，几个月来的收入还不够修机器。有一次钢磨出了故障，他在面粉厂一修就是三天，还是没有排除故障，而此时面粉厂已围满了前来取面的农户，由于取不到面粉，农户开始抱怨，说什么的都有。他很是伤心，但转念一想，确实是他耽误大家了，便从机器下面爬出来向农户解释，当农户看到一个"雪人"只有两个眼珠子转动的时候，农户们理解了。就在此时他暗下决心，一定要筹集资金购买一台新的钢磨，通过两年的摸爬滚打，又向亲友东拼西借，凑够了17万，1999年他从山东购进一台全自动磨面机，为了不耽误农户前来取面，他亲自配合安装师傅把10天的工期缩短了4天，山东的师傅临走时感叹说："我走南闯北，还没有见过你这样为农民着想的老板"。正是凭着他一心为农的思想，他的面粉厂不但有很多固定客户，又来了很多新客户。2002年他向中渠村党支部递交了入党申请书，光荣地加入了中国共产党。

二、带领乡亲，走出共同致富路

自己富了不算富，大家富了才算富，这是史学生的座右铭，他是这样说的也是这样做的。黄水桥村二组的王俊堂是全村出了名的贫困户，妻子常年患病，已

丧失了劳动能力，两间土坯房早已成了危房。家里连个坐的地方都没有，当史学生得知这一情况后，主动找到了王俊堂，希望王俊堂能到他的面粉厂打工挣点钱，来维持生计，王俊堂满含着热泪，感激地握着史学生的手说："是你救了我们全家，你是我家的大恩人啊"。2003 年，黄水桥村二组被确定为整组推进小康住宅示范点，王俊堂又成了全组的老大难，黄水桥党支部抱着一线希望找到了党员史学生，希望能给王俊堂借点钱，先修三间小康房，而史学生却说，王俊堂已成了我厂的职工，我又是一名党员，我不管谁管？当场拿出 6 万元交到了村上，帮王俊堂盖起了一院小康房，全组的农户都说："王俊堂他遇上了好人。"十几年来，被史学生帮助过的人不计其数，王俊堂只是其中的一个。史学生总是说"人生的路是短暂的，只要自己有能力，还会去帮助更多的人"。汶川地震、玉树地震，玉门市沿山乡镇雪灾，他都带头出钱出力，积极参加民政部门组织的慈善捐赠活动，累计捐款 2 万元。

三、多业并举，走活壮大产业棋

随着建设社会主义新农村的号角在中国吹响，在广袤的农村，处处涌现出商机，在一部分农户认为种地致富的希望不大的时候，史学生却带头在花海镇大畅河农业开发区率先开发耕地 600 亩，又在黄水桥南刺滩通过土地流转承包耕地 340 亩，2003 年他抓住退耕还林的有利时机实施退耕还林 442 亩，仅此一项年收入就达 7 万余元，加上套种苜蓿的收入，使他年收入就超过了 10 万元。2006 年，在和农户交谈中，农户的一句话又让他灵机一动。有个农户取完面说："我还得到油坊取点油，真麻烦。"正是由于这句话，他萌生了开个榨油厂的念头，当年他就出资 20 万元承包了粮管所 4 个仓库，投资 6 万元购买了 2 台榨油机，办起了一家榨油厂，这样既方便了群众，又使他年收入增加了 3 万余元。2009 年，花海粮管所由于体制改革，要整体出售粮管所，听说这个消息后他更是坐不住了，花海粮管所面积大，仓库多，是发展粮油加工的好地方，他倾其积蓄又贷款 40 万元，一次性整体购买了粮管所。他计划再购买一台全自动磨面机，继续加大生产量，创出自己的面粉品牌，闯出一片属于自己的新天地，将花海的面粉送到整个玉门、甚至酒泉的粮油市场上，为更多的农户增收拓展道路。

点亮一盏灯照亮移民村

——柳湖乡致富能手　赵少平

"我一直有一个梦想，希望通过自己的成功，影响和带领我们的群众尽快摆脱贫困，过上富裕殷实的生活。"柳湖乡年轻的农民企业家赵少平曾经这样感叹。

赵少平，年仅30岁，是一名普通的农村青年，于2002年响应党的移民政策由岷县秦许乡迁移至柳湖乡岷州村五组。虽然他只有高中文化程度，但头脑灵活，曾在建筑工地上当小工，经过几年不断努力奋斗和艰苦创业，成为了小有名气的老板。2007年赵少平当选为玉门市第十三届人大代表，现任岷州村党支部书记，在乡党委、乡政府的正确领导下，积极引领全村260户1236人脱贫致富。现在，在他的影响和感召下，柳湖乡青年农民党员在重点产业中充当排头兵，身先士卒，引领广大移民群众大步行进在脱贫致富的大路上。

一、让移民群众共同走向富裕

没有移民的小康就没有全市人民的小康。岷州村是2003年建立的移民村，现辖6个组、266户、1631人，其中党员18名，耕地面积4708亩。为了让这个穷困的移民村尽快富起来，赵少平同志带领"两委"人马采取各种方式加强党员干部的理论学习，吃透市乡两级的各项富民惠农政策，结合本村实际，如何增收致富这一主题广泛开展了调研走访，集中组织了讨论交流活动，确立了"三业一转"保增收的发展思路(即以葡萄产业为主的特色林果业，以大棚蔬菜和立体套种为主的高效种植业，以设施养殖为主的草畜产业和劳务输转)，加强基层党建紧密结合，围绕壮大酒花和葡萄产业积极探索党支部＋公司＋农户＋基地的产业富民新模式，创建了千亩酒花基地和富民生态产业园。葡萄产业在"乡党委、乡政府"关心和支持下，当年开工建设，当年种植葡萄500亩，防风林网80亩，机井2眼，田间道路6公里，共计完成投资180多万元，100％完成了年度建设任务，同时建成日光温室10座，农户自筹32万元，乡政府补贴8万元，2009年度完成了产品上市且实现每棚1.2万元的利润，效益相当可观，100％完成了乡党委、乡政府的工作任务。设施养殖业方面，2009年岷州村整组推进20户以上组4个，共建设施养殖圈舍134座，占计划的134％，劳务培训90多人，输转180人，实现劳务收入192.5万元。2009年该村基本实现了组通沿路的目标，同时完成了村委会迁址，新村委会办公楼的投入使用，极大地改善了"两委"的办公环境，同时，群众看到新建成的村委会，更坚定了他们扎根柳湖、建设柳湖的信心和决心。

二、致富路上与群众紧密联在一起

2008年，经多方考察、论证，赵少平借移民乡发展各级帮扶的有力时机，以"自筹＋帮扶＋贷款"的融资模式，总投资1656万元，兴建了柳湖乡第一家企业，年加工生产2000吨皮棉的400型棉花加工企业——彩色棉花加工厂。在有效

解决全乡群众出售棉花难的同时，实现农副产品加工的就地转化增值，并在提供就业岗位、培植地方财源、拉动地方经济快速发展上发挥积极作用。

2009年，为让移民群众更快走上致富的道路，采取“公司＋基地＋农户”的合作经营模式，着重培育高效特色农业，以专业合作社为建设平台，以土地规模化流转为主要筹资渠道，计划三年建成以种植葡萄、红枣为主的新型高效农业产业园2000亩。针对群众发展葡萄产业缺资金的问题，赵少平的旭辉农业公司同岷州村党支部及广大群众反复协商达成“企业投资建园，农户投劳经营”的共识，一次性把15年经营权承包给农户，前三年不收取农户任何费用，而且补给合作农户相应的水费和化肥补贴，第三年开始盛产时每年按产量的“四六分成法”，付给旭辉公司土地承包费，目前该办法在乡党委、乡政府的政策和资金扶持下，得以顺利实施，这项措施既给农户解决了想种葡萄缺资金的难题，同时又为企业经营注入了活力。如今的葡萄基地正在日益彰显其效益。目前，已完成了400亩葡萄、200亩红枣种植的平田整地，渠路林配套、输电线路架设、机井打建、苗木定植等工作。富裕起来的赵少平并没有满足于个人的荣誉，他还积极致力于社会公益事业。为解决柳湖乡学龄儿童无法接受学前教育的问题，提高学龄儿童素质，他怀着一种责任感和同情心，2006年投资106.3万元修建了柳湖乡第一所幼儿园。目前，当人们走上柳湖乡平坦的街道，在周围新建的集镇环抱当中就能看到欣欣幼儿园院舍规划整齐，井然有序，显得崭新气派，黄色的墙壁显得格外醒目。2006年9月，68名适龄儿童带着好奇的目光走进了欣欣幼儿园，并开始在自己的“新家”里快乐地唱歌、跳舞……幼儿园内时时飘出的欢声笑语，为柳湖乡平添了无限生机。

三、一人富不算富

多年的努力与打拼，使赵少平深刻地认识到，推进“一特四化”进程，大力发展现代化农业是促进移民群众增收致富的金钥匙，尤其是针对移民乡群众文化水平低，信息相对闭塞，增收致富途径狭窄等实际。只有加强基层党建，充分发挥基层党组织引领科学发展的能力，才能保证产业的发展壮大和群众的持续增收，为此，赵少平带领全村18名党员，积极开展“1＋10”活动，即1名党员村干部带动10户农户的自觉性创业实践活动。全面实施特色产业规划到村，产业任务分解到组，增收措施落实到户，科技培训服务到人，技术规范指导到田的“五到”产业富民工程，逐步形成了村党支部、合作社、农户和基地“四位一体”的服务群众增收新格局，为葡萄产业的发展壮大提供强有力的组织保障和技术支撑。

让广大农村党员尽快脱贫致富，同时通过自己的实际行动，感染和带领广大移民群众走向共同富裕，既是新形势下党组织对农村党员的具体要求，也是广大农村群众的期望。富裕起来的赵少平并没有满足于眼前取得的成绩而固步自封。他又在积极筹备柳湖乡葡萄协会，并主动向乡党委申请将党小组建在协会上。他说，创业致富，要充分发挥党员模范带头作用，带领其他党员群众走共同富裕的道路。赵少平在柳湖乡的几年来，处处为全乡移民群众着想，在发展壮大自己经济实体的同时，始终带领全乡移民群众脱贫致富，他常说："一人富了不算富，能使大多数移民群众走上富裕的道路是我最大的心愿。"

潮平两岸阔，风正一帆悬。现今的岷州村，党群干群关系日益和谐，群众增收致富后劲十足。广大党员群众正在以赵少平为首的党支部及村委会的领导下，以十足的干劲，百倍的信心，描绘着经济强村富民的宏伟蓝图。

养羊圆了致富梦

——六墩乡重点产业致富带头人　王社付

王社付，男，现年 48 岁，高中文化，中共党员。现居住在玉门市六墩乡安康村三组。王社付表面看上去有些憨厚木讷，但在他身上却又处处透出精明。他头脑灵活，敢闯敢干，在党的富民政策的感召下，在脱贫致富的急切愿望下，他硬是凭着一股子不怕苦、不怕输的干劲，从一名普通农民发展成为了创业型党员代表，从一名贫困户发展成为了全乡树立的产业致富带头人，在玉门这片充满生机的热土上站稳了脚跟，真正成了"移得来、稳得住、能致富"的典型。

2002 年年底，他带领一家五口人，积极响应国家政策，通过疏勒河项目从武都县迁移到了玉门市六墩乡，从此，这里成了他的第二故乡。移民初期，项目上给他家分了 17.5 亩耕地，从此他家便靠这有限的耕地养家糊口，虽然他们精耕细作，但由于移民区自然灾害频发，风沙大，渠低地高，灌水困难，耕地盐碱化严重，一年辛劳下来，依靠耕地最终的收获却只能满足基本的生产和生活所需，勉强解决温饱问题。在最初的几年，他为了摆脱贫困，跟人外出打过工，但没有一技之长，又没有年龄上的优势，只能干些苦力活，挣些血汗钱。

每当夜深人静的时候，他总是在想：这样生活下去可不行，仅仅靠几亩盐碱地来实现脱贫致富太难了，自己还有两个孩子在上学，还得发展生产，哪一样都需要钱啊！他是一个不满足于现状、不服输的人，在他心中一直有一个梦想，那就是有自己的一番事业，打出自己的一片天地。

经过冷静思考，他发现，移民区虽然盐碱大，但到处都是芦草，长势旺盛，正好可以用来发展养殖业。于是他和家人商量后开始尝试着养羊，在发展养殖业上做起了文章。但几年下来，也才发展到十几只羊。他进行了深入的思考，认为主要是自己没有掌握过硬的养殖技术，并且羊的品种不好，繁殖能力低，生长速

度慢，经济效益不明显。

2008年春，正在他为不能发家致富、改变生活现状而发愁时，六墩乡根据养殖业有着见效快、发展可持续、移民群众比较容易接受的特点，同时结合辖区内天然草场广阔，饲草资源丰富这一优势，把“大力发展养殖业，拓宽移民群众增收渠道”作为移民区群众脱贫致富的主导产业进行扶持和引导，号召移民群众大力发展养殖业。听到这个消息后，他马上跑到乡政府详细咨询了相关的政策。原来是乡政府积极争取国家扶贫政策，千方百计解决群众经济基础薄弱、没有发展资金的现实困难，同时为了增强移民群众的养殖积极性，鼓励和扶持种养大户发展规模经营，建成、建好移民区标准化设施暖棚圈舍，乡上制定出台了每建一座标准化设施暖棚补助2000元、每调引一组羊10只(即1只公羊，9只母羊)再补助1000元、共计3000元的优惠扶持政策。他第一个报名修建设施暖棚圈舍，按乡上提供的图纸标准提前建成了安康村第一个标准化设施暖棚圈舍，并积极筹借资金调引优质种羊20只。到2009年底，饲养量已达到了70多只，当年仅养殖业一项收入就达到了2.5万。他不满足于现状，有了可观的收入，使他对自己的养羊事业充满了信心，更加坚定了他要把养羊这项事业搞好，尽快达到规模化、规范化的理想。

2010年，为了加大设施养殖业发展扶持力度，乡上决定在安康村建设人畜分离的高标准养殖示范小区，该小区建设采取“农户自筹，政府帮建，项目帮扶”的原则建设。整整一个夏天，他上下奔波，积极筹借资金，几乎把所有的精力都放在了养殖场的建设上，买木材水泥，拉土运沙，砌墙搭棚，通水通电，动工修羊圈，为了图省钱，亲自到河里淘沙。白天干活，晚上回到家顾不得休息还要自学养殖技术。一个夏天下来，王社付体重整整掉了20斤。如今，他已建成占地面积1800平方米的人畜分离高标准设施圈舍4座，并配套修建了100立方米饲料青贮窑。圈舍建起后，依托扶持政策调引优质种羊只200只，使羊只存栏量达到了270多只，一跃成为了全乡最大的养羊专业户，正式开始了规模化、规范化养羊之路。同时种植了12亩地的紫花苜蓿，用他的话说“既可以改良盐碱地，又解决了羊的饲料来源”。

他发了“羊财”后，主动现身说法，经常给周围的农民一笔一笔地算“羊账”，给一些新养羊户介绍“羊经”，鼓励他们走上养羊这条致富路。在他的示范带动下，养殖示范小区建设规模不断扩大，目前已入驻规模养殖户10户，羊只存栏量超过1000只，牛饲养量达到30头。安康村农户的养殖积极性也得到了明显提高，90%的农户都念起了“养羊经”，建起了高标准的暖棚圈舍，户均养羊存栏都在30只以上，也为全乡发展养殖业增加收入奠定了良好基础。

在最初的几年，他由于不懂技术，也吃过多次“哑巴亏”，受过挫折，几乎动摇了养羊的信心。然而，通过几年的不断努力，他逐渐摸索出了一套“养羊经”，总结起来主要有以下四个方面。

第一，更新观念，选择优良品种。优良品种是肉羊快速育肥出栏的基础。几年来，为了选购优良种羊，王社付先后多次跟随乡上领导到外地考察调引优质种羊，也使他知道了小尾寒羊、萨克福、波尔山羊等品种。

第二，要想养殖好，防疫是关键。王社付认为，羊养得好不好防疫非常重要，防疫搞好了羊很少得病，体质好，长得快，效益也高。因此，春秋两季疫病多发季节的防疫他很重视，保证做到经常消毒，定期防疫，定期驱虫，保证羊群健康生长。另外养殖场要远离人群和其他家禽家畜，圈舍要采光好、通风好，才可以有效地预防传染疾病的发生。

第三，精心管理，注重饲养科学化。合理搭配饲料，降低养殖成本，提高养殖效率，并结合科学化的管理方式精心饲养；改变以往养羊以放养为主的传统养殖方式，而采用圈养方式；及时淘汰、隔离老、残、弱、病羊，抓产羔、抓成活。

第四，勤学好问，更新养殖观念。刚开始由于不懂技术，会遇到一些困难，但要不气馁，不懂的就从新华书店买来养殖书籍向书本学习，向畜牧技术人员请教，虚心地向其他有养殖经验的人请教。同时要积极参加各种种植、养殖培训班，不断地提高自己的养殖水平，更新养殖观念。

人比山高，脚比路远。在乡党委、乡政府的指导帮助下、在市扶贫办的大力扶持下，王社付的养羊场初具规模，基本达到科学饲养的标准，收入也是非常可观的。养羊事业发展上去了，王社付的努力却未停止，但他总是说：尽管自己的养羊场有了一定规模，但与市场接轨，这样的规模还很不够，与农民想致富的强烈要求相比还有很大差距，与新农村建设的各项要求相比，还需要走很长的一段路。随着羊肉市场行情不断看涨，市场价格一路飙升，他坚信养羊是个好项目，他要再接再厉，将养羊进行到底，在未来的两年内努力使羊存栏量达到 500 只以上。

下一步，他期望能够继续在乡党委、政府的大力支持下，在适当的时候联合其他养殖户成立六墩乡养殖业合作社，探索“农户＋协会＋市场”的路子，将全乡各村的养殖户组织起来，学习科学的养殖技术知识，做到科学饲养、科学管理，以达到共同致富的目的。现在的王社付，说得最多的一句话就是“没有党的惠民扶贫政策，没有政府的帮助和扶持，我不可能走上脱贫致富奔小康的道路”。

引领产业发展　科技致富增收

——农村创业人才赵钢

赵钢，男，汉族，出生于 1965 年 10 月，高中文化程度，1996 年 7 月加入中国

共产党。1982年赤金中学毕业后一直在家务农，1993年起带头打建温室，自学温棚蔬菜种植技术，指导温棚种植户种植蔬菜，组建协会后一直在赤金镇韭菜协会工作，从事指导温棚搭建、优良品种引进、先进技术推广、蔬菜的统一销售及服务工作，现任赤金镇韭菜协会会长。因为工作敬业，1998年被市委授予"科技星火带头人"称号，2004年被酒泉市评为"科技致富带头人"。并通过考试取得了技术员职称。

一、搭建温室，引领朝阳产业

赤金镇地处冷凉灌区，积温不足、干旱缺水，不适宜种植高效经济作物。但南靠石油城，北连四〇四厂，312国道和兰新铁路横贯境内，从自然条件和区位环境上分析，具备适宜发展日光温室韭菜产业所需的光热资源、消费市场和便捷的交通运输条件。看到这些优势后，1993年开始，赵钢率先带头搭建日光温室，通过自学掌握了温棚蔬菜种植技术，积极指导全村温棚种植户种植蔬菜，带头推广温棚黄瓜、茄子嫁接、温棚环境调控、病虫害生物防治等新技术，取得了较好的社会效益和经济效益。利用自己学到的科普知识，他引进新品种，提高种植技术，增强科技含量，带动了全镇日光温室产业发展，为农民增收拓宽了渠道，使温室产业成为了农业增效、农民增收的一个有效途径。在他的带动下，周围农户种植温棚积极性逐渐提高。一些农户在搭建温室过程中缺劳力、缺资金、缺技术，针对这些困难，他在帮助建设温室的过程中，采取"积极组织劳力统一搭建，协调资金帮助搭建，组成专业技术队伍指导搭建"的办法，切实解决了农户的生产实际困难，提高了农户的生产积极性，温棚数量逐渐增加。

二、组建协会，提供技术保障

在温棚种植初期，由于蔬菜品种繁杂，效益低下，农户种植温棚积极性受到严重影响，他积极引进适应温棚种植的蔬菜新品种——冬韭王，试种获得成功，取得了较高的经济效益，当年棚均效益就达到4000元，亩均效益6000以上。在丰厚收入的吸引下，全镇温棚数扩大到821座，全部种植了韭菜，规模效益初步形成，温室韭菜基地初步建成。按照统一规划、连片搭建、区域化布局、专业化生产的模式要求，他引导农户不断完善服务设施和服务体系，初步形成了产业化发展的格局。为适应市场形势变化，他又组织一批懂技术、会管理、会经营的种植大户、技术人员、村组干部以及流通能人，自发组建成立了西湖韭菜协会。他带领协会成员深入群众现身说法，传授技术，有力地提高了农户的种植和管理水平。

由于他负责解决种植技术方面的问题，为农户提供种植方面的技术就成了一份主要工作，常常是正在给这家讲技术的时候，其他农户就来问问题，有时忙得连吃饭都顾不上，常年为韭菜温棚种植户免费提供技术指导，从搭建初期的温棚座向、籽种购买到生产中的温度控制、病虫害防治，只要是种植户遇到的问题，他总是热心帮助他们，他也被种植户们亲切地称为“韭菜专家”。妻子有时心疼地说“不给钱也没啥，别把身体累坏了”，有时也会埋怨两句，说他只顾着给别人家帮忙，自家的温棚都没有管。但随着周围人因为他的帮助，韭菜越种越好，收入越来越高，也就不再说什么了。经过两年的时间，经他培训的种植能手就有 70 多人，并全部义务给种植户进行技术指导。现在，协会内 95％的农户已熟练掌握了冬韭王的种植规程和技术，为全镇推广发展日光温室产业提供了强有力的技术保障。

三、规范发展，提升服务效能

2004 年，在镇党委、政府的支持指导下，他又带领协会规范了规章制度，扩大了服务范围，产前提供籽种，产中提供技术及服务，产后统一收购销售，极大地增强了农户种植温棚的积极性。规范后的协会设会长一名，副会长两名，下设理事会、监事会、财务部、信息部、市场销售部，共有会员 1162 名，按照生产区域分为 35 个会员小组。协会现拥有交易市场 800 平方米，2 间办公室，1 间协会会员活动室，1 间库房，3 台草帘编织机。争取党委 2 万元建设资金，建设装修办公室、协会会员活动室及库房等基础设施和电脑、打印机等办公设备，为协会在指导韭菜基地发展，规范协会管理，提高服务质量方面取得更大的成绩奠定了良好的物质基础。协会不断加大对会员的监督和帮扶力度，投入资金做好温棚韭菜产业配套服务，完善内部管理制度，从而规范了协会的运行，并在省工商局注册了“沁馨”品牌，统一印制了包装袋，统一对外销售。由于不断总结近年来的经验教训，除了抓好玉门市、酒泉市、金塔县、瓜州县等本地销售市场，赵钢还利用多年搞农产品贩销的经验，积极联系新疆、青海等地信誉好、价格高的客商来订购韭菜，在他的带领下，全镇共有 20 多名贩销能人和流通能人加入到韭菜协会中，了解市场供需关系，联系销售渠道，开拓市场，使西湖村的“沁馨”韭菜远销新疆、青海等地，销售量占总产量的 80％。2007 年，协会由市委组织部批准，光荣地成立了西湖村韭菜协会党支部。

四、科技致富，巩固产业发展

由于产业发展规模化，2006 年以来赤金镇采取配套基础设施和“以奖代补”

的方式，再次掀起温棚搭建热潮，温棚韭菜基地以每年增加 200 座的发展速度不断扩大，并全部实现当年搭建、当年投产、当年见效。赵钢因势利导，加快了产业技术推广。由于技术支持及时，科技含量高，农户收入不断提高，涌现出了一大批种植大户。韭菜种植户王银亭的 80 米大棚，头茬收入 8000 元，张学全单茬收入更是达到 1.2 万元。在这些种植大户的带动下，全镇在种植技术、信息收集、订单签订、贩销结算等各环节都产生了极具影响力的核心人物和骨干力量。至 2007 年韭菜棚均收入已达 6000 元，亩均收入过万元。一个生产周期内，韭菜协会共收购和销售韭菜 5100 吨，实现销售收入 1020 多万元，协会成员人均纯收入 5000 多元。至 2008 年全镇日光温室总量达到 2429 座、3500 亩，辐射带动西湖、营田、和平、朝阳 4 个村 16 个村民小组、1300 户、5300 人从事日光温室韭菜生产，棚均效益达到了 6000 元以上，亩均效益达到万元以上。

从 190 座到 2429 座，从棚均 2000 元到单茬近万元，这不仅仅是赵钢引导农户发生的量的变化，更是从群众依靠科技增收致富认识方面、协会不断规范管理方面、支部引领壮大基地方面等更深层次上产生的质的变化，体现出温棚产业的重要性和引导性，为全镇加快农业产业化进程积累了宝贵经验。

第六章
玉门市新农村建设经验启示

一、基本经验

2011年玉门市地方生产总值达125.4亿元，按可比价较上年增长15.34%。按常住人口计算，全市人均生产总值78208元，比上年增长29%。全市完成大口径财政收入55539万元，较上年增长38.85%，完成财政支出127971万元，增长35.44%，围绕"一特四化"，大力发展现代农业，特色产业规模进一步壮大。2011年，全市农业总产值达118285万元，按可比价较上年增长5.22%，农业增加值达70064万元，增长6.34%。农村固定资产投资完成32.67亿元，增长25.27%。第一产业完成投资9.97亿元，比上年增长106.67%，这一切喜人的成绩无不凝结着国家和省政府酒泉市政府的大力支持，无不凝结着玉门市党委和政府一心一意谋发展的心血，无不凝结着玉门市人民团结一心、发展家园的热望。从这些喜人的成绩中也可以明显地观察到玉门市上下建设生态

文明新村的许多创新经验。

(一)整合农村资源,推动产业发展

农村经济发展的瓶颈在于资源的零散分布和利用形成不了规模效应。整合农村土地资源,加快土地流转置换;整合农村人力资源,加强劳动力技能和再就业培训;整合农村服务资源,建立现代农业服务体系。牢牢抓住产业兴农,产业富农这条主线,玉门市开展了以“一特四化”为内容的现代特色农业建设。加快农业结构调整、龙头企业项目建设、农业科技园区建设、支柱产业培育等工作,玉门市农业和农村经济取得了突破性进展。土地逐步向产业化龙头企业、种养大户和经营能手集中,逐步提高土地产出效益,实现了土地经营模式的创新和土地的集约化经营;大量农民转变为农业工人;围绕农村发展的交易、金融、流通、信息服务体系日趋完善。按照“一乡一业”、“一乡一品”的发展模式,玉门市全力打造了1000亩人参果、1万亩温棚韭菜、10万亩啤酒原料、10万亩蔬菜、10万亩特色林果、100万只羊的“六个一”特色产业基地。有了一体化的农业生产就有了推广高效节水技术和农业标准化生产技术的客观条件。膜下滴灌、垄膜沟灌、全膜覆盖等节水技术已被广泛应用于农业灌溉、园林绿化、植被保护和生态治理等多个领域。

(二)兴办合作组织,汇集群众力量

玉门市在引导农民进入市场的过程中,依托供销合作社等传统为农服务组织,引导农民发展农产品协会、专业合作社等合作经济组织。近年来,为了大力发展农村专业经济协会,玉门市把农民组织起来,形成利益共同体。对农村专业经济协会,优先提供资金扶持和贷款支持,优先安排参加各种农产品展销,有计划地组织经纪人外出参观考察。各行业主管部门免费培训技术骨干,提供信息、技术服务;工商部门对农村新经济组织优先登记注册,免收相关费用;交通部门对农村新经济组织的运输车辆优先放行;政法部门对非法侵害农村新经济组织利益的人和事坚决予以处理。政府的扶持,激起了农村能人的积极性,他们自我联合、自我管理、自主经营、自主发展,构筑利益共同体,联合起来共同闯市场。2011年玉门市已组建并规范一定规模的农村专业合作社67个,民间流通组织76个,农村专业经纪人近1000名,联系各类专业户近2万户,使农村90%以上的农户实现订单种植、订单销售。

(三)放手发挥民间智慧,鼓励先进带动落后

在学习实践活动中,玉门市以党建工作为切入点,以促农增收为落脚点,在全市实施了以“乡镇领导包村挂项做推动发展的先锋、乡村干部联组入户做服务群众的先锋、农民党员示范带头做创业致富的先锋”为主要内容的“先锋富民”工程，通过发挥三个“先锋”作用，聚集了党建生产力，促进了“一特四化”战略的落实。除了发挥乡村两级干部的作用外，在“先锋富民”工程中，玉门市还积极发动农村普通党员将乡村两级确定的高效特色产业作为各自的创业项目，对新技术、新品种带头用、带头试，做给群众看、带动群众干，主动把自己的“致富经”传授给身边农户，带动农户共同致富。活动开展以来，全市各乡镇包村领导积极谋划产业化发展项目110个，联组乡村干部完成了90%以上农户的产业调查，全市培育党员致富示范户300多户，形成农村党组织科技示范基地60个，辐射带动了80%以上的农户确定了增收主业，全市农民在增收计划的指导下迈向了致富之路。在政府鼓励和市场机制的共同作用下，玉门市在建设生态农村的活动中涌现出了一批先进典型和致富能手，他们为生态玉门建设奉献了智慧和辛劳，在实现自身经济致富和文明水平提升的同时，以不同方式帮助和带动了其他农民群众，共同走上了生态建设和致富之路。玉门市的实践再一次证明，民间不缺乏智慧，只要党和政府相信群众、发动群众、正确引导群众，群众的智慧和创造力就会源源不断地涌现。

(四)努力改造环境，吸引社会投资

加快农村基础设施建设、大力开展植树造林和环境治理工程，“种下梧桐树，引得金凤来”，为玉门新农村建设创造良好的发展环境，广泛吸引来自社会的投资。从2007年开始，玉门举全市之力建设社会主义新农村，重点在“新”字上做文章、出精品，发展新农业、建设新村镇、培育新农民、推行新管理、树立新风尚。为了实现“五新”目标，玉门市累计投入资金3.6亿元，使全市农民人均纯收入达到9270元，近84%农户的住房条件得到明显改善，组组通上了柏油路，户户吃上了安全水，村村都有垃圾清运车、健身小广场。近年来，玉门市从农村最基础、农民最容易做到的事情着手，在全市开展了以清垃圾、清柴堆、清粪堆、清路障、清院落，改水、改厕、改厨、改路、改圈，道路柏油化、门坛硬化、门面美化、街道亮化、周围绿化为内容的“五清五改五化”行动使玉门市农村面貌焕然一新。随着各乡镇项目建设持续推进，项目建设呈现出了高投入、大发展的态势。以下西号乡为例，立足本乡区位优势和资源优势，招商引资成效显著，引进的绿地生物制品、石材加工等2个亿元以上项目、1个五千万元以上项目和2个千万元以上项目，投资大、质量高，带动能力强。

(五)加强宣传推介,推动品牌建设

玉门市按照“打造一个品牌,带动一个产业,推动一方经济,致富一方百姓”的思路,大力推进农业品牌化发展,玉门市共组织相关乡镇、企业和农民专业合作社申报认证玉门镇温室油桃、葡萄、顺兴园区温室茄子、辣椒等4个无公害农产品和花海镇葡萄、辣椒、清泉乡“清泉羊”特色羊羔肉等3个绿色食品,并将顺兴农业园区设施蔬菜基地申报认定为无公害农产品产地。全市申报认定无公害食品累计达到10个,绿色食品累计达到6个,无公害农产品产地累计达到11个。推进“祁连清泉”人参果、“沁馨”韭菜、“花海蜜”食用瓜、“祁连清泉”羊羔肉、红玉枸杞、顺兴精品蔬菜等10个规模大、效益好、档次高的重点品牌创建。同时,积极加大对外宣传推介力度,利用大型宣传广告、新闻媒体、各种节会,全面提高品牌农产品的知名度和影响力。在由全国农业技术推广服务中心、甘肃省农牧厅、兰州市人民政府联合主办的“第十四届全国肥料双交会暨甘肃省农产品交易会”上。玉门市专门举办了玉门农产品推介暨项目签约仪式,共成功对接9个项目,总投资2亿元。创下了展品最多、展馆最大、签约额最大等多项第一。

(六)推广清洁能源,改善生活环境

截至2012年年底,玉门市在10个乡镇、52个行政村,共建成农村户用沼气9044户,占全市农村总户数的36.2%,建成了47个村级服务网点和2处养殖小区联户工程。通过改厕、改圈、改厨、改院等建设,变“三废”(秸秆、粪便、垃圾)为“三宝”(燃料、饲料、肥料),促进了生产、生活、生态的协调发展。太阳能热水器、太阳灶、省煤节柴灶等农村新能源项目也逐步进入农村家庭。全市农村安装太阳灶3500户,架设太阳能热水器5200户。集中连片推进村庄的新能源建设,在厨房、洗浴、暖棚、厕所推广新能源利用,建立市场化的服务体系,有效促进农民增收节支。农村生活环境得到了明显改善。

(七)注重典型带动,激发创业活力

推进重点乡镇的新农村建设试点工作,探索生态新村的建设,树立生态文明标杆乡镇,起到榜样带头和经验积累的作用。在建设典型生态文明新村过程中,乡镇政府的领导和服务方式、产业布局思路和重点方向、农民经济合作组织运作方式、致富能手的示范等都给其他乡镇做出了有益探索和借鉴作用。降低了其他乡镇的探索成本,拓宽了发展思路。以花海镇为例,2006年被确定为全省首批发展改革试点镇,被酒泉市确定为新农村建设“十镇百村”示范点以来,花海镇持续推进工业化、产业化、城镇化和城乡一体化发展,着力打造特色农业聚集区、

城乡统筹示范镇和发展改革示范镇，强势推进项目建设，大力发展特色产业，深入开展新农村建设，稳步实施小城镇建设，集镇面貌日新月异，承载能力明显增强，中心地位日益显著。按照构建以集镇为中心、农民新村为骨架，临近村组遥相呼应的新型城镇化体系的思路，建设城镇型、生态型、生产服务型乡镇。坚持推进项目建设，培育发展特色产业，带动激活第三产业，夯实城镇发展的基础。“十一五”期间，全镇共投入资金 13 亿元，实施了 146 项重点项目，完成招商引资 8.3 亿元，向各级各部门争取资金 7500 多万元。花海镇在设施配套方面持续加大投入，城镇基础配套逐年完善。实施亮化、绿化、美化“三化”建设，不断提高城镇管理水平。加强城乡精神文明建设，开展文明乡村创建活动，积极倡导健康文明的生活方式，促进文明健康社会风尚的形成。花海镇鑫森农民瓜果合作社以“花海蜜”品牌为依托，以增加农民收入为目标，通过建立和完善“三会制度”、财务制度、利润分配制度、集中学习制度，对于党组织关系在村党总支的，采用村党总支主管，合作社党支部协助管理办法，规范了内部管理，促使了合作社的规范运营。产品已远销到越南、北京、福建、广州、长沙、武汉、嘉兴、成都、兰州等地，外销食用瓜达到 15000 吨左右，累计返还社员收益 150 万元，瓜农亩均收益达到 4000 元，食用瓜合作社已经成为了群众眼中的“靠山”和利益的“代言人”。

二、保障举措

（一）加强组织建设，统一规划部署

俗话说“蛇无头不行”，没有高效强有力的领导组织，玉门市新农村建设取得这样的成就是难以想象的。玉门市多年来一直注重领导团队建设，着力提升各部门工作水平。通过引进人才、加强培训、促进交流等方式提升领导和服务能力。2011 年玉门市村“两委”换届选举积极扩大选人视野和选举民主，新补充 80 名致富能手、复转军人、外出务工经商返乡农民中的优秀人才进入了村干部队伍，选拔了一批德才兼备的优秀干部担任村书记、主任，通过换届建立起了一支学历高、素质高和致富能力强、带富本领强的“双高双强”型村干部队伍。建立起市、乡、村三级村党员干部培训体系。推行村书记任期考核、年度考评制、村干部结构薪酬制和工作承诺公示制，强化民主监督。精简村组干部，公推直选党支部和村委会，村干部设置按照“统一定岗、交叉任职、一人多职”进行，村组干部工作积极性高涨，村组各项事业得到了顺利开展，集体经济得到了长足发展。

在不断增强领导服务能力的同时，加强与高等院校和科研院所的合作，组织

力量对玉门市的社会经济发展进行统一的规划部署。实现了调查科学、目标明确、规划有据、实施得力的良好局面。

(二)拓宽发展思路,加大政策力度

思路一变天地宽。玉门市坚持"发展特色农业,实施农业产业化,打响产品品牌,'走出去、引进来',积极争取项目支撑,持续改善自身发展环境"的发展思路,逐年加强政策支持力度和资金投入。"发展新农业,以工业化理念谋划农业;建设新村镇,以城市化思维建设农村;培育新农民,以市民化标准培养农民;推行新管理,以科学化要求完善机制;树立新风尚,以精神文明促和谐"的"五新"思路开展新农村建设。统筹城乡发展,因地制宜,创建农村文明。短短的几年间,全市建成乡镇企业项目 300 多项,其中上亿元的项目就有 10 多项,千万元以上项目仅去年就招引 30 多项。全市新建改造农村住宅 1.6 万户,占到总户数的 65%。面对就业困难、发展致富空间小的实际,着力引导农民转变致富和就业观念,拓展新的生存与发展空间。已有一半劳动力外出务工实现了转移就业。市上从加强文化基础设施、丰富群众文化生活入手,加大农村文化的投入,先后投资 3000 多万元,在全市 13 个乡镇,57 个村建起了文化中心(站),部分建起了标准的"农家书屋",247 个组建起了文化室。

(三)做好群众工作,凝聚发展合力

实现群众收入和生活水平的提高是玉门市开展各项工作的出发点和落脚点。在社会经济发展过程中出现的很多矛盾,比如远期利益和短期利益之间的矛盾、政府行为和百姓诉求之间的矛盾、生产发展和环境保护之间的矛盾等。处理这些矛盾,就必须坚持推进细致深入的群众工作。玉门市每年选派近 200 名干部到村、到企业、到重大项目、到信访岗位挂职锻炼和帮助工作,有效提高了干部深入群众、组织群众、沟通群众、服务群众以及协调不同群体利益关系的多方面能力。加强政策宣传和惠民措施相结合,使老百姓听得懂,得实惠。做好困难群众和移民群众的生产生活安置工作,促进社会和谐发展。充分发扬民主,尊重和维护人民群众的民主权利,把群众的知情权、参与权、表达权、监督权落到实处。实现了玉门市上下心往一处想,劲往一处使,一心一意谋发展的喜人景象。

(四)统筹城乡发展,增强产业支撑

玉门市按照城乡规划布局一体化、城乡基础设施建设一体化、城乡产业发展一体化、城乡公共管理一体化的思路迈开了城乡统筹发展的步伐,形成了以工促农、以城带乡、城乡结合、工农互动的城乡一体化发展新格局。2010 年,玉门市

把减少农民、富裕农民作为城乡一体化发展的有力抓手，制定出台了《加快农村改革发展推进城乡一体化发展的实施意见》，年内在玉门镇、花海镇和下西号乡等三个乡镇开始试点。玉门市按照城郊乡镇向城市集中、周边村向集镇集中的城镇化发展思路，完善中心集镇、社区式中心村功能，针对农村发展中的薄弱环节，加大农村基础设施建设力度。三年来，玉门市投资4.4亿元，新改建县乡公路69条、400多公里，通村油路覆盖率达到89.5%，通组油路覆盖率达46%，农村交通条件得到极大改善。累计投入3亿多元，先后实施了农村饮水安全、水库除险加固、节水改造、小型农田水利建设等工程，年增加输水能力4000万立方米，为农村5万人解决了安全饮水问题。以城乡市场流通网络体系建设为重点，鼓励城市商贸流通企业向农村延伸，大力发展商品专业市场、连锁经营、物流配送、电子商务等经营方式，全方位推进城市与乡村的联合与协作，建立优势互补的城乡商贸流通体系。发展城郊农业，建设千亩人参果、万亩温室韭菜、10万亩蔬菜和10万亩特色林果基地，巩固发展10万亩啤酒原料基地和"百万只养羊强县"。打造品牌农业，推进农业现代化。建立基层社区组织，增强自我服务、自我管理能力，满足社区居民的生活需要。

三、实践启示

玉门市成为甘肃省新农村建设的标杆城市，为其他地区建设新农村积累了宝贵经验，有重要启示意义。

(一)建设高效的基层党组织是前提

玉门市以科学发展观为指导，以深化"三级联创"活动为抓手，大力加强基层党组织建设。一是民主议事。进一步落实党员群众的参与权、知情权，增强议事的民主化、规范化，实行重大决策统一意见，重大事项统一研究，重要问题统一看法，重点工作统一行动，做到了决策科学，执行有力。二是强化监督。对干部实行目标化管理，每年都把年度工作目标一一分解，细化、量化，逐项定出评分标准，落实到人。考核结果直接与干部的工资报酬相挂钩，并作为干部评先树优、提拔任用的重要依据。建立健全了干部谈话诫勉、责任追究、廉洁自律等规章制度，从制度上对干部的行为加以规范和约束。为新农村建设提供了有力的组织保证。

(二)提升新农村建设水平是基础

要落实新农村建设的各项政策措施,让老百姓早得实惠,就要调动起干部群众投身新农村建设的积极性和创造性。玉门市以加强基层管理服务为切入点,转变基层干部工作方式,培训基层管理服务人员业务能力,推进经济、科技和专业技术培训,提高农民综合素质和技能。加快推进农业标准化进程,加快农村市场发育,发展农民专业合作社作为提高农民生产经营组织化程度、引导农民发展特色产业、增加农民收入的重要举措,通过政府引导、示范带动、项目推动等措施,抓发展,重完善,促规范,全市农民专业合作社快速发展。形成了公司+合作社+农户+加基地的产、加、销一体化服务模式,增强了农村"造血"能力。

(三)抓住自身优势突出特色是抓手

玉门市从资源优势和深度开发入手,围绕啤酒花、人参果、韭菜、蜜瓜等品牌农业,制定修订了19项无公害产品标准化生产技术规程,农作物标准化程度达78%,建成农业标准化生产基地17万亩。形成了"公司+基地+农户"的农业产业化经营模式。农业上培育开发了高效温室蔬菜、猪牛羊养殖、饲草、优质啤酒原料、绿色保健品等五大新兴产业,成功地打造了"草王"饲草、"春柳"啤酒原料、"参乐"南瓜粉、"沁馨"甜玉米、"花季"孜然、"雅丹"红花油等六大品牌,培育和扶持了拓璞酒花、宏宇蔬菜等一批优势明显、发展潜力大、辐射带动作用强的"农字号"龙头企业。将继续全面扩张"沁馨"韭菜、"祁连清泉"人参果、"花海蜜"食用瓜、玉门酒花、花海辣椒面、花海葡萄、昌马羊、清泉羊、玉门枸杞、红花、孜然等品牌农产品的市场影响力和竞争力。

(四)加大资金投入是重要推动力

采取以政府投入带动社会资金,申请和自筹相结合的方式,加大基础设施建设投入,设立专项资金支持产业发展,重点向民生和公共服务倾斜,多方筹集资金推动生态环境建设。仅2011年,玉门市就投入支农资金1.3亿元,带动了近6.3亿元的社会资金投入农村建设。同年,玉门市投入生态建设资金993万元,在移民乡大力营造农田防护林和特色经济林,治理和改善生态环境。近年来,为保证城乡教育均衡发展,玉门市加大投入、合理规划、调整布局,建成了"一乡一校,一乡两校"办学模式12个。玉门市先后投入资金1.8亿元,实施了农村危旧校舍改造、寄宿制学校建设、校园安全等工程项目。同时,多渠道筹措资金2000余万元,为学校购置图书20多万册,微机1200多台,新建标准理化生实验室26个,安装地面卫星收视点48个,交互式电子白板教室138个,学校基础设施进一步完善，办学条件全面改善。

生态文明新农村建设是个庞大的系统工程，需要社会各界的共同努力才能实现。玉门市在生态文明新村建设过程中也遇到了诸多困难。有体制机制方面的制约，有建设资金来源匮乏的制约，政府建设能力继续提升的空间依然很大，农民的教育培训工作需要持续推进等。这都需要玉门市各界同心同德形成发展合力，需要甘肃省政府和国家的长期关怀和支持。

第七章 发展展望与战略举措

对未来的憧憬一直以来引导人们不懈努力与拼搏，建设美好家园是这片土地上生活的人民内心赤诚的热望。未来是怎样的？如何走？如何走得更好？这些问题一直萦绕在玉门市全体人民的心头，也始终是玉门市委市政府考虑的头等大事。生活水平的不断提高触发了百姓对更高质量生活的向往和追求，这是社会进步的必然，也是人们对处于新的历史发展阶段的玉门的自然要求。成绩是突出的，发展中的问题也要求不断创新思维、变换新角度、寻求新方法去解决。不断地夯实发展基础，解放思想，积聚百姓智慧，凝聚多方力量，玉门这颗戈壁上的明珠必将焕发出更加明亮、更加迷人、更加生机勃勃的光彩。

一、推进生态文明新农村建设的要求和内容

胡锦涛总书记指出，“建设生态文明，实质上就是要建设以资源环境承载力为基础、以自然规律为准则、以可

持续发展为目标的资源节约型、环境友好型社会。”2012 年 11 月胡锦涛总书记所作的“十八大”报告明确提出“加快建立生态文明制度，健全国土空间开发、资源节约、生态环境保护的体制机制，推动形成人与自然和谐发展现代化建设新格局。”“建设生态文明，是关系人民福祉、关乎民族未来的长远大计。面对资源约束趋紧、环境污染严重、生态系统退化的严峻形势，必须树立尊重自然、顺应自然、保护自然的生态文明理念，把生态文明建设放在突出地位，融入经济建设、政治建设、文化建设、社会建设各方面和全过程，努力建设美丽中国，实现中华民族永续发展。”“给子孙后代留下天蓝、地绿、水净的美好家园。”

生态文明新农村建设首先应该是实现生产的发展、生活质量的提升与生态环境的保护相统一，人们的发展目标与生存环境的改善相一致，人们的精神文化生活的价值追求与对自然的敬畏和热爱相结合。加强生态文明宣传教育，增强全民节约意识、环保意识、生态意识，形成合理消费的社会风尚，营造爱护生态环境的良好风气。其次便是实现生态文明新农村建设的观念创新、方法创新、制度创新、内涵扩展，通过不断的实践和总结，积累经验，为更好地建设生态文明新农村发现问题、解决问题。保护生态环境必须依靠制度。要把资源消耗、环境损害、生态效益纳入经济社会发展评价体系，建立体现生态文明要求的目标体系、考核办法、奖惩机制。建立反映市场供求和资源稀缺程度、体现生态价值和代际补偿的资源有偿使用制度和生态补偿制度。这就要求从两个方面入手：一是转变发展理念，二是加强制度建设。

(一)转变发展理念

1. 改善生活环境

生态农村的基本含义在于生态农村建设不只是为了给农村居民创造良好的生活环境。中国城市化进程正在如火如荼地开展，有人提出：既然城市化进程的目标是将大量的农村人口转移到城市，那么花这么多钱去搞新农村建设有什么意义，性价比是否太低了呢？可以从四个角度去回答这个问题。首先，自新中国成立以来，对于农村的投入一直很少，而不公平的经济结构使得财富从农村流向城市，所以对农村建设的投入，首要意义是补偿。其次，不论城市化达到什么样的水平，仍然有数亿人长期生活在农村，从事农业生产。作为中华人民共和国公民，有权分享社会经济发展的成果，这是宪法赋予的基本权利。再次，广大的农村地区不仅仅是农产品的生产地，而且是生态环境建设与维护的前沿阵地，实现农村地区的生态文明建设，就是在很大程度上实现全国的生态文明建设目标。最后，随着生活水平的提高，工作节奏的加快，人们越来越向往绿色的生活方式，融入自然的生活环境，希望能在闲暇时寻找一处放松身心的地方。生态农村的

建设无疑是为全体国民享受朴实恬静的自然生活描绘出了良好的前景。

2. 提升思想境界

传统的农村总是给人脏乱差和设施落后的印象，这种观念也会投射到在这片土地上生活的人身上。而传统中国农民身上的质朴、善良、勤劳、勇敢、智慧却被眼花缭乱的工业化和城市化的生活方式淹没了。中国文化所崇尚的人与自然和谐统一的思想正是根植于农耕文明，这片广袤的土地依然有培育中华文明的丰富养分。人们被工业社会的皮鞭驱使着前进，很多人迷失在寻找生活意义的道路上，甚至其中很多人只是为了活着。社会的进步显然不应该仅仅体现在物质财富的增长上，精神生活的充实应该提到同等重要的位置。建设生态新农村不仅是对整个社会基础设施的改善提升，更是为全社会探寻新的世界观、人生观、价值观的有益尝试。与大自然更近一些，就与道近一些，就与充实的心灵、和谐的社会更近一些。让现实的浮躁在乡村沉淀，让人生的意义在自然中孕育。

3. 促进社会和谐

和谐的社会状态，有其内在的本质属性，我们所要建设的社会主义和谐社会，应该是民主法治、公平正义、诚信友爱、充满活力、安定有序、人与自然和谐相处的社会。生态文明的新农村建设紧扣建设和谐社会这一社会发展的主题，促进了社会的均衡发展，充分体现了发展理念的进步，充分体现了对于人生命尊严的维护，为我国在新阶段的社会发展开辟了新天地、新境界。

建设什么样的生态文明新村？建设社会主义新农村，是缩小城乡差距、全面建设小康社会的重大举措。党的“十六大”提出了全面建设小康社会的宏伟目标。如果农村的经济没有大的发展，农民的生活水平没有大的提高，农村的面貌没有大的改变，整个国民经济和社会的发展就缺乏强有力的支撑，全面建设小康社会的目标就会落空。而生态文明新村建设赋予了社会主义新农村建设更多的内涵，对新农村建设提出了更高的要求。核心思想是以人为本。认识人、尊重人、满足人、发展人是社会主义生态新村建设的出发点和归宿。能够拥有舒适便捷的生活环境是人们普遍的愿望，而环境的恶化业已严重影响到人的生存和发展。建设生态文明新村符合人们的期望，也顺应人类社会进步的历史潮流。

首先需要明确的是农村的价值所在——生产的价值、生态的价值、生活的价值。那么围绕着这三个价值，相应地就有生产的生态文明要求、环境的生态文明要求、生活的生态文明要求。生产的生态文明要求降低农业污染，产能要低于自然条件的承受限度，采用先进的生产技术提高对自然资源的利用效率；环境的生态文明要求维护小区域乃至大区域的生态系统的平衡，尽可能地降低人类活动对当地生态系统的负面影响；生活的生态文明要求人们要形成一种与自然和谐相处的生活方式，生活理念和价值追求。生于斯，长于斯，所以建设她，呵护她，应该成为乡村生活的新内容，体现人类这个索取者同时也是创造者对于自然的尊重。

（二）加强制度建设

生态文明新村建设所面对的首要困难是城乡发展的失衡，这是我国所选择的发展道路所致。“之所以中国的‘三农问题’难以解决甚至积重难返，其深层原因在于城乡二元结构，在这种以户籍制度为表征、以社会福利制度为核心内容的二元差序格局的背后，是城乡居民在政治地位和政治能力上的实质性差异”（黄祖辉，2009）。打破二元结构就是要打破城乡的制度分割、市场分割、公共服务分割，这就要求统筹城乡发展、区域发展。具体来说主要有以下几个方面。

1. 户籍制度改革

我国现行的户籍管理制度是新中国成立以后逐步建立起来的。主要由三部分组成：一是户口登记制度。规定城市和农村人口实行常住、暂住、出生、死亡、迁入、迁出、变更更正等七项内容的户口登记制度。二是户口迁移制度。我国户口登记制度实行在常住地登记户口的原则。公民常住地发生变化后，应将户口迁移到现住地，即进行户口迁移。三是居民身份证制度。为16周岁以上的公民制作身份证，16周岁以下的公民可自愿申领身份证。现行户籍制度造成了公民在事实上的不平等，根本原因是户籍制度承载了太多的附加功能，户口簿不仅成为一种身份的体现，更是一种资源享有权的确认。加快户籍制度改革，取消附加在户籍上的教育、医疗、就业、养老、社会保障方面的不平等因素，按照逐步推进、量力而行的原则实现农村居民在户籍制度层面的公正公平。

玉门市有其自身的特点，除去原有的石油部门人员和行政事业单位人员，大部分都是农业从业人员。近两年来，有4万农村人口通过一技之长“洗脚上岸”，成为城市居民。随着各类项目的实施，带动农村一半以上的妇女成为种地上班两不误的“两栖”农民。新老市区周边乡镇的2000多户农民举家进城，农闲时节过着城里人的生活，农忙时节下乡务农。该市鼓励农民积极向农村二、三产业和乡镇企业发展，目前有3万余人走向二、三产业领域，和城里人一样通过另外的途径致了富，这就使得玉门市具备了打破户籍制度藩篱的优越条件。尽快推进城乡一体化步伐，大胆开展户籍制度改革，使户籍制度回归其本质功能：确认公民的民事权利能力和民事行为能力，证明公民的身份，便利公民参加各种社会活动；为政府制定经济社会发展规划、实施包括治安管理在内的各项行政管理提供人口数据及相关基础性资料。

2. 土地制度改革

产权问题是农村土地制度改革的核心问题,新中国农村土地产权制度经历了土地改革、农业合作化、人民公社、家庭联产承包责任制以及进一步稳定与完善土地承包关系等前后半个多世纪的历史变迁,时至今日,农村土地产权模糊状态还没有根本转变过来。国家赋予的农民长期而有保障的土地使用权,即物权性质的土地承包权,法律规定的包括占有、使用、收益、处置、转让、抵押、继承等权利屡遭侵害,究其原因就是农村土地产权问题没有得到根本解决,表现为所有权主体虚置,使用权缺乏自主性、稳定性,收益权被分割,缺乏独享性,转让权不自由,并由此引发了困扰"三农"的诸多问题。农村土地流转制度建立在农村土地产权制度基础之上,农村土地流转过程中出现的问题和阻碍,根本原因是农村土地产权制度不清晰所致。

玉门市以土地的适度规模经营为突破口,推动土地经营权流转步伐,积极引导、扶持龙头企业和农户连片、规模发展重点产业,引导农户将土地租赁给公司或产业大户,形成连片种植,实现规模生产,推进土地的规模经营效益和农户增收。以花海镇为例,在成立镇土地流转服务中心的基础上,各村成立了土地流转服务点,无偿为群众服务,负责牵线搭桥、寻找地块、联系土地租赁事宜,并为出租转包土地的群众建立土地档案。土地流转服务中心和站点严格按照"依法、自愿、有偿"的原则,积极引导探索,规范土地流转行为,促进农村土地承包经营权,向种养能手、龙头企业流转和集中,发展规模、高效的现代化农业。严格按照流转形式多样化、运作方式市场化、实施程序合法化、流转合同规范化的要求,保障农村土地经营权流转规范运行,还把土地承包经营权的流转与低收入农户创业增收工程、推动农村劳动力转移、解决弃耕抛荒问题等工作有机结合起来,开辟一条促进农业增效和农民增收的"土地流转"新途径。土地流转的快速推进,促进了"一乡一业、一村一品"产业格局的形成。粗略统计,2011 年玉门市土地流转户从土地流转中获取收入 1515 万元,人均 1929 元,其中土地流转收益 743 万元,劳务收入 772 万元。

理顺农村土地资源的产权关系是建立和完善农村土地生态补偿机制的前提,坚持公平合理的补偿机制建设,对于处于国家主体功能区内的土地补偿要由国家进行全额补偿,而对于存在受益主体为个人或单位的情况,就要充分发挥市场对土地资源的调节作用,并且要使得国家补偿不低于或只是接近市场交易价格,不使农民和村集体利益受损。通过对补偿类型、补偿内容和补偿方式的认真分析研究,不断探索符合玉门市实际的生态补偿方案。

3. 社会保障制度改革

社会保障制度是国家通过立法而制定的社会保险、救助、补贴等一系列制度的总称。玉门市把健全完善农村低保制度、新型农村合作医疗制度、新型农村养老保险制度、企业职工养老保险制度等涉及农村社会保障体系的建立，作为玉门市生态文明新农村建设和城乡公共服务均等化建设的主攻方向，扩展资金筹措渠道，加大财政补贴力度，提高补助标准，确保社保资金规范安全运作，解决农民转业、土地流转、养老等方面的后顾之忧。

4. 村民自治机制改革

民主决策是村民自治的根本，是新农村建设管理民主的要求。要处理好政府规划管理和村民自治之间的关系，坚持政府的服务职能定位，在涉及农村教育、医疗卫生、公共服务、民生建设、社会保障和生态环境治理上，政府要多作为，细化工作规范，真正做到知民心懂民意，促进农村经济的发展，农村生活面貌的改观。对于农村的经济活动，政府要尊重农民经营意愿，为农民提供良好的信息服务、政策帮扶、法律指导、组织业务培训，对于一些具有战略性全局性的规划布局，要充分做好说明工作和保障措施。帮助村民经济合作组织建设，提升村民自我管理水平，监督村民选举的规范性，加强农村基层自治制度宣传力度，推进村民自治能力和自治经验的提升。

(三)农村市场制度的建立和完善

明确政府服务功能，坚持建立有限型政府，既为农村市场的建立和完善提供保障，维护好市场秩序，又要依法限制党政机关及其工作人员的权力，让农民放手经营，充分发挥民间智慧。培育农产品市场，要以市场价格信号引导生产。培育农村生产要素市场，推动土地、资本、劳动力、技术等要素的市场化交易。深化农村金融体制改革，农村信用社改革应坚持商业性原则，为“三农”服务。发展农业保险和大宗农产品期货交易等市场体系建设，分散农村经济运行风险，积极探索新的农村金融组织形式和金融产品。

二、推动生态文明农村建设的实施步骤

(一)实现生产方式的生态文明

发展生产力是玉门市的首要任务，是提升社会发展水平的最重要的方面，是社会发展进步的必然选择。但是并不是说为了发展生产力可以不顾生产方式对环境的负面影响，并不是说选择的生产方式是单一的、一成不变的，并不是说人们在生产方式的选择上是被动的、无所作为的。

玉门地处戈壁荒漠，在自然环境十分恶劣的条件下，玉门人民不畏艰难，努力发展，同时非常注重生态环境建设，使玉门市绿地面积不断扩大，生存环境不断改善。这些都离不开当地政府和人民的共同努力。面对人们追求生产效率不断提高、发展压力持续增大、竞争环境日益严峻，逐步走“生态农业”和“现代农业”道路，提高农业生产水平，建设优质、高产、低耗、节水的现代农业成为必然选择，而这一切都要求生产方式的转变。

科学技术是第一生产力，2012 年玉门市围绕做精第一产业，不断加大农业科技推广力度，科技对农业发展的贡献率稳步提高。围绕日光温室、拱棚、蔬菜、林果等重点产业发展，玉门市以现代农业科技示范园区为载体，积极开展高效农田节水、测土配方施肥、有机质无土栽培、工厂化育苗移栽、小拱棚搭建等 20 多项高效种植技术的示范推广，先后引进瓜菜优良新品种 110 个，开展试验示范 78 项，建立新品种、新技术示范园 24 个、2200 亩，园区优良品种应用率达 100%，先进实用技术入户率达到 98%以上。截至目前，玉门市测土配方施肥推广面积达到 40.15 万亩，滴灌节水推广面积达到 1.31 万亩，垄膜垄作沟灌面积 14.32 万亩，新增有机生态无土栽培面积 867 亩，立体种植推广面积 13.1 万亩，地膜覆盖面积 22.63 万亩，农业标准化生产面积 41 万亩，科技对农业发展的贡献率达 65%以上。目前玉门市农业机械化、电气化程度依然比较低，发展高技术的劳动方式空间还很大，摆在通往更高水平的农业生产方式前面的障碍主要是要素整合难度大、技术投入成本高。单就改变生产方式而言，一靠政策扶持，二靠科技支撑。政府要加大对农机设备的补贴力度和范围，提高技术人员的收入水平，加大对农业及相关产业从业人员的培训力度，积极组织科技下乡、知识下乡等提升劳动力生产能力的活动。促进农村生产方式的转变。

未来的玉门市农业要继续加大对农业科技的推广和应用。增加现代化水利设施等农业生产基础设施建设投入，延伸农业产业链条，由科学技术带动农民增收，由农民增收带动要素整合，由要素整合促进农业和农产品加工业发展成熟，由本地农业和农产品加工业的发展带动农民增收，使玉门市农业生产步入一个良性循环轨道。

(二)实现生活方式的生态文明

农村生活方式是一个内容广泛的概念，有广义、狭义之分。广义的农村生活方式指农村居民的全部生活活动方式，包括劳动生活方式、消费生活方式、闲暇生活方式、政治生活方式等。狭义的生活方式专指消费、闲暇生活方式。

一提起农村的劳动生活方式，人们首先想到的是披着粗布衣，踩着泥布鞋，扛着长铁锹，带着黄草帽的农民半佝偻着背叼着一根卷烟巡游在通水的渠道上，朝着自家的田地里走去。疏通水道，平整土地，去除杂草，这只是一幅传统农民一天劳动开始的画面。然而现代农业带给农民的是修整好的水渠或滴灌设备、自动温控装置、自动农药喷洒器、有机质肥料的利用、农业专家的现场指导，有加工企业的长期合作和定期收购，农民只是负责农作物的栽种和定期养护。这一切已不是幻想了，一些乡镇已经开始了新型农业的试点工程。这样，农民不再被牢牢拴在土地上，可支配时间多了，一些有余力的农民白天到镇子上或市里打工，晚上回来看护一下农田，种地打工两不误。从土地上解放出来的农民收入增加了，眼界放宽了，生活内容丰富了，生活方式渐渐发生了质的改变。以前辛辛苦苦一整天，累了倒在炕头前。如今家家户户经营起了屋前的小花园，花园虽小，但是反映出农村确实正在发生巨变。

以前由于收入水平低，交通条件落后，农民进城和商品运到农村，期间发生的成本都要由农民承担，多年来玉门市大力发展城乡交通，支持物流业发展，农民的消费成本大大降低了。看着平整的通乡通村公路连接着千家万户，农民的家里也纷纷添置了冰箱或冰柜，菜篮子逐渐丰富起来。大屏幕的液晶电视，明亮的简约式家具和暖色调的沙发桌椅，无不透着现代气息。煤气灶、沼气池、抽油烟机相结合成了标准配置，干净的厨房让你不得不感慨农村生活条件的进步。以前家家户户的炊烟或许即将变成人们的回忆。工艺品装饰品点缀在干净整洁的农家里，处处透着温馨。有的家里还设置了书房，摆上了台灯、电脑、书架等，一应俱全，消费方式进一步与城市接轨。低污染，高能效的生活已然走进这片热土。未来，一体化的供暖供气会进一步改善农民的生活条件，充分享受现代生活的愿景已不再遥远。统筹城乡发展，加大农村社会建设投入力度，推进农村市场繁荣和城乡市场结合是未来玉门市要下大力气做的事。

闲暇时间的增多，使得农民有精力开展文化生活，有时间提升自身素质，有兴致参加集体娱乐活动。闲暇生活正向丰富多彩、高层次、个性化转变。逐步开展多层次、多领域的文化活动，培养农民自我提升的学习习惯，努力形成更加健康、积极向上的农村闲暇生活氛围。这就需要加快信息化建设，文化设施和活动场所建设，组织多元农村文化体育活动，创新文化活动内容和形式，培养乡土艺术家，鼓励村民文化组织建设，丰富人民群众精神文化生活。

新时期的农民越来越关注与自身利益相关的基层管理和政策法规，参政意识不断增强，尤其是关于基层事务的决策活动。原来“各家自扫门前雪，不管他人瓦上霜”、“多一事不如少一事”的意识，逐步转变为积极争取和维护自身合法权益，积极参与与自身利益相关的基层管理活动的意识。农村居民对国家政治、国际时事的关注程度逐渐提高。农村居民参政议政迎来了崭新的时期，这为进一步表达农民心声，维护农民权益，展示新时期的农民精神面貌，提高农民参政

议政水平创造了有利条件。发展环境友好型、生态文明新村，必然要求这片土地的主人翁有与之相应的参与权和表达权，不断提高村民自治能力和参政议政能力，开展多种形式的公共事务座谈会、农业技术经验交流会、经济政策就业信息沟通会等符合农村特点的活动。相信随着社会文明程度的不断进步和农民参政议政水平的不断提高，生态文明新村建设必将迈向更加美好的明天。

(三)实现资源开发的生态文明

玉门市是座老工业城市，面对日益枯竭的石油资源，玉门市党委和政府积极探索多种资源支撑的多元化经济发展道路。蔬菜瓜果业、旅游业、循环经济产业、新能源产业、新型服务业都成为玉门市经济社会重点发展的几个方面。加快污染治理，提高能源利用效率，坚持可持续发展原则，玉门市生态文明型经济发展道路已现雏形。

农村资源利用的生态文明主要包含着两个方面的内容：土地资源利用的生态文明和矿产资源开发利用的生态文明。

玉门市土地资源利用的生态文明主要从管理、使用、整治三方面入手。按照节约集约使用土地的指导思想，玉门市积极推进土地流转、土地复垦相关管理办法的制定和实施，取得了显著成果。玉门市认真贯彻《农村土地承包法》和《农村土地承包经营纠纷调解仲裁法》，以加快建立健全农村土地流转市场，培育土地流转主体，规范土地流转程序，建立健全信息收集发布、法律咨询、价格评估、合同签订、纠纷调处等制度为重点，发展多种形式的适度规模经营，促进了全市农村土地规范有序流转。至 2011 年 7 月，全市建立土地流转示范点 22 个，建立酒泉市农村土地流转示范乡 1 个，建成乡镇土地流转服务站 8 个，建成土地流转服务便民大厅窗口 6 个，建成土地流转服务点 40 个，累计办理土地流转业务 22000 笔，全市土地流转面积累计达到 6.63 万亩，土地流转率达到 16.8%，市乡两级共受理土地纠纷 58 起，调处 58 起，纠纷调处率达 100%。以土地流转为支撑，推进玉门市现代农业科技示范园区发展。发展农业产业带，集约化使用土地，2011 年以来，以玉门顺兴现代农业科技示范园区为例，该园区以租赁方式流转东渠村、代家滩村 68 户农户耕地 1050 亩，每年就近吸收 500 个劳动力在园区务工。通过土地的流转保障了园区的顺利建设与农民的土地收益的提高，为土地流转、成片规模开发创造了条件。该园区的建成成为全市集新品种、新技术引进示范、新成果转化、荒漠高效生态农业为一体的土地流转的示范点。整合土地资源，做大做强农业产业，为生态文明的现代农业探索出了一条具有可操作性的道路，为农民的持续增收和农村经济的壮大做出了良好示范。土地治理是有效利用土地的重要措施，土地治理主要包括土地平整、农田水利、田间道路、防护林建设、土地适耕整治。以玉门市独山子东乡族土地盐碱化治理为例，“冬天白茫茫，夏天水汪汪，种树树不活，种草草不长”，这是玉门市独山子乡土地盐碱化的真实写照。独山子乡有备耕荒地 29880 亩，盐碱地占备耕荒地 76%，其中 60%以上为中重度盐碱地和风蚀地，且排碱渠系不完善，排碱渠深度不够，排碱功能不足，致使种植业入不敷出。针对这种情况，2009 年，独山子乡党委、乡政府花大力气对盐碱化严重的土地进行治理，在深挖排碱渠、打洗盐排碱井的同时，种植适应这种土壤条件的枸杞，走生态治碱之路。与此同时，乡上还组织农户对盐碱地进行深翻、平整，对盐碱程度深的土地，请农业专家进行测质后提出改造方案。创新土地流转方式，加快宅基地、空闲地置换流转机制建设，按照“依法、自愿、有偿”原则，采取转包、出租、入股、质押、置换等方式流转土地承包经营权，促进农村土地的节约集约化使用，提高土地利用效率。

矿产资源开发的生态文明主要包含矿产资源勘查开发布局和结构优化、科学管理和设置矿权、提高矿产综合利用水平、重点矿区生态环境的保护、矿区污染的治理、矿区生态补偿和恢复建设几个方面。玉门市按照“禁采区内关停，限采区内收缩，开采区内聚集”的原则，鼓励开采紧缺及市场需求的矿产，限制开采国家政策性限制(保护)的矿种和市场供过于求、开发利用水平低的矿产；禁止开采国家明令禁止开采的矿种和对自然生态环境、重大基础设施、城市建设、自然名胜景观、重要历史文物及地质遗迹等产生影响和破坏作用的矿产。按照一个矿区一个开发主体、一个开采规划区块只设一个采矿权的原则，坚持勘查与开发相协调、资源效益与环境效益相统一、开采规模与矿区储量规模相适应的要求，科学设置采矿权。落实资源整合方案，整顿和规范矿产资源开发秩序，矿产资源勘查开发布局和结构不断优化，关闭小煤窑 37 处，基本扭转矿山“小、散、乱”的状况，矿产资源开发秩序明显好转。旱峡煤矿区、车路沟金矿区、红沟泉煤矿区等矿山地质环境恢复治理工程正在顺利推进，并取得了初步成效。砂石、黏土矿山加强了矿山地质环境保护与恢复治理，乱采滥挖、破坏地质环境的现象明显减少，矿山地质环境逐步改善。矿业权设置实现了从行政审批到市场配置的转变，加强了矿山储量动态监测和矿山企业年检制度、矿山环境治理恢复保证金制度的实施，矿产资源管理和矿业权市场建设逐步走向规范，基本实现了上下协调、全面平衡发展。玉门市落实国土资源部《矿山地质环境保护规定》，坚持“源头控制，预防和控制相结合”和“谁开发谁保护，谁破坏谁治理、谁投资谁受益”的原则，促进矿山地质环境保护与恢复治理。建立矿山地质环境监测点，开展矿山地质环境动态监测和调查评价。主要对旱峡煤矿、宽滩山、北大窑、东大窑 4 个废弃矿区进行综合治理，治理的内容包括采煤引发塌陷治理、废弃矿井封闭、煤矸石弃渣处理、水源地保护和河道清理等，主要采取填埋塌陷坑槽及地裂缝、清理

弃渣弃土场、覆平整治损毁土地、修建防护网进行植被自然恢复涵养水源,疏通河道等综合工程措施。要进一步强化监管,落实补偿恢复治理方案,做到科学管理、有效管理。

(四)实现文化建设的生态文明

H. H. Stern 把文化划分为物质文化、制度文化、心理文化三种,站在哲学的角度,文化本质上是哲学思想的表现形式。徐向周定义的生态文明的内涵主要有生态意识文明、生态制度文明、生态行为文明。生态文明建设与精神文明建设在本质上是相通的,都是社会经济发展到一定程度,人类对自身发展的总结、向往和要求。都代表了人类文明的进步。都是社会意识成熟到一定阶段的产物。而生态文明的文化建设内容又有其特殊性。物质文化方面的生态文明,制度设计中的生态理念,社会观念和行为规范中的生态文明构成了这种特殊性。倡导高效节能的生产生活方式,制度设计注重对本地区生态环境保护和建设的促进,宣扬“爱护环境、人与自然和谐发展、可持续发展”的理念,并使之内化为群众的自觉行动。继续巩固已有文化建设成果,不断充实文化建设内容,探索文化发展建设新方式,努力为不断丰富群众的文化生活做出新贡献,是新时期建设生态农村的主要方向。

玉门市在建设生态文明城市和乡村的过程中,特别注重生态文化建设。2011 年 11 月在北京召开的“全国生态文明建设发展论坛暨全国生态文明先进县成果发布会”上,玉门市被评定为“全国生态文明先进市”。这得益于玉门市在党员干部和群众中广泛开展的生态文化推广和教育。玉门市新市区建市之初就确立了“生态立市”,通过义务植树、组织宣传、学校教育和开展各种形式的以生态文明建设为内容的群众文化活动,在乡村、社区培育发展社区文化,不断提升农民的文化品位。以乡村文化站为依托,开展了内容丰富的文化活动。赤金镇光明村农民自己组成立了“铁人家乡文艺演出队”,一有闲暇时间就聚集在一起演节目;柳河乡蘑菇滩村群众自发组织了“柳河秦剧团”,每到节庆期间,他们走村串乡,为群众带去丰富的精神食粮,不但活跃了群众精神文化生活,又以主题性的演出教育了农民群众,使玉门市形成了生态文明建设的良好氛围。

三、生态文明农村建设的重点建设内容

农业基地建设:推进节水高效特色农产品基地建设。按照“专业化布局、集中连片”发展的原则,加快全市各灌区节水技术和实施改造,加强节水措施的应

用推广力度，通过调整农业结构，引进高效技术，有计划地建设一批规模大、起点高、质量稳定可靠的节水高效特色农产品生产基地。把玉门市打造成“啤酒原料之都”，形成5万亩啤酒花、10万亩啤酒大麦的种植规模；建成特色蔬菜、优质蔬菜、无公害品牌蔬菜生产基地，蔬菜种植总面积达到15万亩；建立蔬菜生产专业村（蔬菜种植面积占全村播种面积60%以上）25个以上。花海片区（包括花海镇、柳湖乡、小金湾乡、独山子乡、农垦分场、石油管理局农场）依托独特的光热水土条件，发展4万亩棉花种植基地；培育以葡萄、枸杞、甘草和食用瓜等为主体的新兴产业，形成16万亩新兴产业种植基地。在冷凉灌区（包括赤金镇、昌马乡、清泉乡）加快草畜产业发展步伐，不断扩大肉羊、肉牛养殖规模，建立昌马优质良种繁育基地；加快建设赤金镇万亩韭菜日光温室基地和清泉乡千亩以上人参果日光温室基地。

农民培训：围绕特色优势农业发展需要，加强良种良法集成配套、日光温室有机无土栽培、规范化种植、测土配方施肥、保护性耕作、畜禽品种改良等先进适用技术培训，提高农民的务农技能，促进科学种田，科学养畜。充分发挥乡镇农技服务中心和农村专业技术协会的作用，加强对农民的实用技术培训，提高农民对新型适用技术掌握应用的能力。对有外出愿望的农村劳动力开展以城市生活常识、职业知识和专业技能为主的教育培训，重点帮助农村“零转移”农户和青壮年劳动力实现转移就业。

市场基础设施建设：发展多种形式农副产品初级市场的同时，以初级集贸市场为基础，以批发市场为中心，加快传统农贸市场和农产品初级市场的整合、改造和升级，建成一个结构完整、功能互补的农产品市场流通网络，重点加强市场场地的硬化、水电路配套、交易棚厅，以及农产品加工和贮藏保鲜等设施建设，改变市场设施简陋和脏乱差状况。通过争取项目，力争建成西部最大的啤酒花交易市场。

农村公共服务：提高农村义务教育质量和均衡发展水平，推进农村幼儿园教育免费进程。加强农村三级医疗卫生服务网络建设、新型农村合作医疗体系和医疗保险、医疗救助体系建设。在农村，确保每个乡镇建成1所标准化卫生院和1所规范化计生服务所、每个行政村设立1家村卫生室，建设3家乡镇卫生院、4个农垦团场卫生院及90个村卫生室等110个建设项目。完善农村社会保障体系，进一步扩大农村低保保障范围，逐步提高保障标准。加快建设以乡镇综合文化站、村文化图书室、文化活动室等为核心的文化基础设施建设，形成内容充实、功能齐全的农村公共文化设施网络体系。建设以各乡镇、行政村、学校体育设施为骨架的农村公共体育设施网络。

农村民生改善：加大农村公路建设力度，加强农田水利基础设施建设，加快

推进中低产田改造和大中型水利工程更新改造，做好灌区病险水库加固，大力实施农村饮水安全工程和高效农业节水灌溉工程；实现全部村组通油路，新增中低产田改造面积 5 万亩，节水节能效益明显提高，基本解决农村安全饮水问题。改善农村人居环境，大力实施农村清洁工程，开展农村环境综合整治，加快改厨、改厕、改圈和沼气池建设，积极开展垃圾和污水集中处理，改善环境卫生和村容村貌；切实抓好农村危房改造，鼓励有条件的乡镇通过多种形式支持依法建设楼聚式住宅小区，实现农村危旧房改造全覆盖。继续推进农村电网改造工程，支持农村广播电视信息网络设施建设，提高农村电气化和信息化水平。改善生产条件，采取完善排碱渠系、拉沙换土、加大引进耐碱先锋作物等综合办法，改良盐碱土壤，加快推进农田林网、绿色通道、防风治沙等林业生态建设工程。推进低耗能、超低耗能和绿色建筑示范工程，引导商业和民用节能。重点完成农村 618.2 千米10 千伏线路和 300 千米 0.4 千伏线路的新建和改造，推进广播电视“村村通”工程和数字化转换工程，着力提高传输覆盖的质量和水平。

生态环境建设：玉门市围绕十大风沙口治理和农田林网、绿色通道建设及封滩育林、种苗基地培育，全市完成人工造林 18 万亩，完成退耕还林还草 10 万亩。以国道和重点公路为主的绿色通道建设，以点带面，连线成网，成带连片，提高了绿化档次，建成绿色通道 353 公里；防风林建设突出封滩育林，治沙造林，有效防止了荒漠化的蔓延扩展，全市封滩育林 105 万亩，农田林网化率达到了 98%，林木覆盖率达到了 35%。继续推进生态环境建设和治理。加强水污染综合整治，开展小流域综合治理，加大石油河流域污染治理力度，保护好疏勒河（昌马河）水质，强化三个工业集中区环境监管力度，实施污染物排放总量控制、排放许可证和环境影响评价制度。开展环境保护和生态文明宣传教育，促进全社会参与环境保护，推进环境宣传教育的社会化、大众化。探索生态安全、生态补偿机制与财政支持产业发展前期投入相结合，争取最大程度发挥有限资金的作业、财政转移型生态补偿机制、反哺式生态补偿机制、异地开发式生态补偿机制、公益性生态补偿机制。

四、生态农村建设的保障措施

（一）加强组织领导

各级党政部门要怀着建设社会主义生态文明新农村的伟大使命感，站在建设和谐社会、和谐乡村的高度，深入领会生态文明新农村建设的重要意义，不断提升建设能力，加强组织协调和领导工作，周密部署，认真实施，共同努力实现玉门市生态文明新农村建设的宏伟目标。

(二)加大资金投入

加大财政扶持和鼓励社会资金投入并重的资金增长机制。充分发挥农民群众建设生态文明新村的主体作用，以整合农村资源，促进产业发展，增加农民收入为抓手，调动各方面力量参与到生态文明新农村建设进程中来。

(三)持续推动农村改革

加快农村管理方式、产权制度、组织形式、要素交易等各方面的改革，坚持以市场化为导向，以政策法规和民主决策为依据，以建设宜居、便捷、和谐的生态文明新村为目的，不断夯实玉门市新农村发展的制度基础。

(四)建立长效机制

实现政策的稳定性和连续性是推进农村各项工作顺利进行的必要条件，要形成产学研政相互合作的长效机制，坚持认真调查、科学规划、科学生产、科学管理、试点先行、政策配套、资金扶持。发挥各自特点，形成新农村建设的合力。

附录一

玉门市国民经济和社会发展第十二个五年规划纲要

序　言

“十二五”时期(2011—2015 年)，是玉门市贯彻落实科学发展观、实现资源型城市可持续发展的关键时期，也是玉门市加快推进发展方式转变、着力提升发展水平、全面建设小康社会的重要战略机遇期。按照《中共甘肃省委关于制定甘肃省国民经济和社会发展第十二个五年规划的建议》和《酒泉市委关于制定酒泉市国民经济和社会发展第十二个五年规划的建议》，结合玉门市实际和未来五年发展趋势，特制定《玉门市国民经济和社会发展第十二个五年规划纲要》(简称《规划纲要》)。《规划纲要》主要是阐明“十二五”时期玉门市国民经济和社会发展的目标任务、发展重点和政策取向，明确政府工作的重心，规范公共部门职能，引导市场主体行为，努力实现全市经济社会又好又快发展。《规划纲要》是未来五年全市经济社会发展的宏伟蓝图，是全市各族人民共同的行动纲领，是政府履行经济调控、市场监管、社会管理和公共服务职责的重要依据。

第一章　“十二五”经济社会发展基础

“十一五”期间，全市经济社会发展取得了巨大的成就，资源型城市可持续发展取得了重大突破，在促进项目建设、民生改善、生态环保、社会和谐等方面积累了丰富的经验，为“十二五”期间全市经济社会更好更快地发展奠定了良好的基础。

一、"十一五"规划执行情况

"十一五"规划实施以来，在市委、市政府的正确领导下，围绕资源型城市可持续发展这一主题，全市上下聚精会神搞建设、一心一意谋发展，开拓创新、积极进取，全面完成了"十一五"计划的各项奋斗目标，成为历次五年规划（计划）期发展速度最快、改革开放步子最大、群众得到实惠最多的时期。

经济发展全面提速，综合实力稳步提升。"十一五"期间，全市经济增长年均达到12.2%，略高于"十一五"规划预期的12%的增长速度，2010年全市地区生产总值和人均地区生产总值分别达到110亿元和60000元，顺利实现了"十一五"规划确定的翻番目标。2010年全市财政总收入和一般性预算收入分别达到4亿元和1.5亿元，比"十五"末分别增长165%和134.4%，年均增速分别达到21.5%和18.57%，高于全市经济增长速度。全社会固定资产投资年均增长44%，2010年达到133亿元，比"十五"末增长5.2倍，五年累计完成330亿元，远高于"十一五"规划所预期的目标。全社会商品零售总额年均增长13.6%，2010年达到13.29亿元，比"十五"末增长89.4%。总体上，"十一五"规划确定的主要经济发展预期目标都超额完成，全市综合实力有了大幅提升。

项目建设成效显著，固定资产投资快速增长。"十一五"期间，全市紧紧围绕"发展抓项目"这一要务，深入实施项目带动战略，以资源型城市可持续发展为主题，狠抓项目建设，累计争取国家、省、市投资项目200多个，到位资金15.5亿元；累计完成各类项目签约207个，签约资金共计634.28亿元。通过加大国家投资和招商引资力度，五年间全市共实施各类重点建设项目382个，累计完成投资330亿元，年均增长44%，远高于"十一五"规划所预期的目标；其中实施亿元以上建设项目57个，累计完成投资214.55亿元。一批对资源型城市可持续发展具有重大意义的风电场项目、装备制造项目、矿冶建材和农产品精深加工项目顺利建成投产，项目建设对全市经济社会持续、快速发展的带动作用十分明显。

产业转型取得突破，经济结构逐步优化。"十一五"期间，全市围绕资源型城市可持续发展，立足区位优势和资源禀赋条件，以风电建设为重点，在促进传统石化产业平稳发展的同时，大力培育接续替代产业，着力优化经济结构，初步形成了以石油化工和新能源产业为支柱、以矿冶建材、装备制造、农产品精深加工等产业为主导的地方工业新格局。以新能源及新能源装备制造业为主体的接续替代产业的产值比重大幅提升，传统石化产业的产值比重逐步下降；啤酒原料、设施养殖、日光温室、果蔬等特色优势农产品种植、养殖规模持续扩大，农业产值稳中有升；商贸流通、餐饮住宿、观光旅游等为主的服务业加快发展。三次产业结构更加协调，产值比例从"十五"末期的5∶79∶16调整为"十一五"末期的6

：69：25；全市国有经济比重不断下降，民营经济实力持续增强，一批高技术、高附加值项目或企业建成投产，产值贡献日益增加，循环经济发展取得较大进展，全市产业可持续发展能力显著增强。

风电产业迅猛发展，支柱地位和带动能力大幅提高。"十一五"期间，全市依托丰富的风能资源，积极抢抓酒泉千万千瓦级风电基地建设的机遇，着力推进风电产业迅猛发展，截至2010年底，已引进龙源电力、中节能、大唐、华能、中电国际、华电和中海油等多家大型企业进驻，完成风电装机容量200万千瓦，累计完成投资190亿元，累计发电5.66亿千瓦，实现产值3.05亿元；全市已建成宁夏银光、锦辉长城、兰州金牛、风都新能源、中石第七建设公司等风电装备制造企业5家，风机塔筒生产能力达到1500套。风电产业已成为全市发展最快、最具发展活力和潜力的经济增长点，风能资源优势有效地转化为发展优势，为资源型城市的可持续发展提供了强大的推力。风电产业迅猛发展的同时，有力地带动了全市建材建筑、交通运输、餐饮服务、风电基地观光旅游等相关产业的长足发展和社会就业、财政收入的快速增长，扩大了经济总量，优化了产业结构，取得了良好的经济和社会效益。

社会事业全面发展，人民生活质量显著提升。"十一五"期间，全市大力实施科教兴市战略，加大教育基础设施建设，积极整合优化教育资源，教育质量不断提升；卫生设施建设不断加强，新型农村合作医疗、城镇合作医疗制度全面建立，城镇居民基本医保覆盖率和新农合参合率分别达到95%和98%，公共卫生体系进一步健全，卫生基础设施条件有了较大改善；文化事业全面发展，乡镇综合文化站、村级文化广场、农家书屋建设的推进，大大丰富了人民群众的文化生活；社会保障体系逐步健全，城镇登记失业率始终控制在4%以内，养老金和失业金社会化发放率均达100%，城镇职工养老、医疗、住房水平显著改善。"十一五"末，城镇居民可支配收入达到16224元，年均递增13.53%，比"十五"末增长88.63%，净增7623元；农民人均纯收入达到7159元，年均递增10.5%，比"十五"末增长64.65%，净增2811元；居民人均消费水平4037元，居民储蓄存款余额达到33.4亿元，人民生活质量显著提升。

基础设施和生态环境建设成效显著，"瓶颈"约束有效缓解。"十一五"期间，全市交通运输事业发展迅速，铁路方面完成了玉门镇火车站调向升级改造，增加了玉门镇火车站的停靠车次。公路方面，嘉安高速建成通车，建成通乡、通村公路791.15公里，全市公路通车里程达到1137公里，较"十五"末增长57.6%，公路密度每百平方公里0.08公里，基本形成了覆盖城乡的公路运输网。五年累计建成各类水利设施16个，配套建设农渠57.24公里，改造新建农村住宅10690户，完成农村9044户的"一池三改"，解决了5.71万人的农村饮水不安全问题，农村生产生活条件进一步改善。电源电网、水利设施、信息网络建设加快，产业园区及新老市区各项市政设施配套建设日趋完善。城市污水处理厂、垃圾处理厂建成投入运营，全市工业废水排放达标率、城市污水处理率、生活垃圾无害处理率分别达到68%、90%、80%，分别比2005年提高4%、40%、20%。全市新增水土流失治理面积7700公顷，新增“三化”草地治理面积3660公顷；城区人均绿化面积达到23.89平方米、城区建成区绿化率达到33.93%；新增造林面积5080公顷，森林覆盖率达到了7.48%。与“十五”相比，“十一五”期间全市的基础设施和生态环境建设水平更上一层楼，经济社会发展的“瓶颈”约束得到有效缓解，发展的基础支撑更为坚实。

改革开放深入推进，发展动力与活力进一步增强。“十一五”期间，全市上下在市委、市政府的正确领导下，大胆探索、勇于创新，深入推进各项事业改革开放，发展动力和活力进一步增强。地方国有企业改制重组和产权多元化改革基本完成，企业遗留问题进一步得到解决，自主经营权限和能力进一步增强。事业单位企业化管理改革全面推进，粮食流通体制改革进一步深化，粮食市场全面放开。城镇职工养老、失业、医疗、住房等各项配套制度改革稳步推进，企业办社会问题基本解决，企业社会负担进一步减轻。行政管理体制改革和财政管理体制改革取得了可喜成就，农村土地流转、集体林权制度、城乡户籍制度等涉农改革取得重要进展，小城镇发展改革试点不断深入。与新疆在原油、煤炭等资源供应方面的合作取得新进展，资源保障能力进一步增强。以啤酒花浸膏和颗粒、麦芽、脱水蔬菜、石油钻采机械等为主导的商品出口规模不断扩大，出口创汇能力进一步增强。劳务输出渐成气候，劳务收入大幅增长。招商引资工作成绩斐然，在风电、光电等新能源及装备制造业等领域成功引进了一批国内外的大企业、大项目。

与此同时，全市经济社会发展过程中长期积累的结构性矛盾和问题还比较突出，主要表现在：经济发展对资源开发和投资的依赖仍然较强，转变经济发展方式的任务还很艰巨；传统石化产业一支独大的局面仍然突出，壮大接续替代产业的任务还很艰巨；资源环境承载力的约束仍然较强，保护和治理生态环境的任务还很艰巨；城乡居民收入水平仍然较低，城乡收入差距继续扩大，居民增收特别是移民扶贫开发的任务还很艰巨；公共服务供给和社会保障能力仍然较弱，建设社会主义和谐社会的任务还很艰巨；民营企业和非公有制经济的规模仍然较小，对内改革和对外开放的任务还很艰巨。这些突出矛盾和问题，需要在“十二五”时期花大力气加以解决。

二、"十一五"的主要经验

回顾和总结"十一五"全市发展建设的成就，主要经验是：必须坚持把资源型城市可持续发展作为永恒的目标，致力于走培育多元产业调结构、加速转型促发展的路子，巩固提升传统产业和培育壮大接续替代产业并重，增强发展的后劲；必须坚持把项目建设作为推进发展的有力推手，致力于走立足优势抓项目、依托项目促发展的路子，充分发挥项目建设对经济社会发展的带动作用，加快发展的速度；必须坚持把培育特色优势作为推进发展的战略重点，致力于走发挥优势抓龙头、扩大规模建基地、改进技术创品牌的路子，加速形成产业集聚和品牌效应，提高发展的效益；必须坚持把抢抓政策机遇作为推进发展的关键措施，致力于走借助外力上项目、抓住机遇做产业、依托产业促发展的路子，超前谋划、主动作为，拓宽发展的空间；必须坚持把保护和治理生态环境作为推进发展的源头工程，致力于走人口、资源、环境全面协调可持续发展的路子，大力发展循环经济，建设生态文明，提升发展的可持续性；必须坚持把社会和谐作为推进发展的坚强保证，致力于走以人为本、和谐发展的路子，着力保障和改善社会民生，激活广大人民群众干事创业的热情，营造发展的良好氛围。

三、"十二五"的阶段特征

我市经济发展水平尽管在全省县域经济中名列前茅，但是与全国乃至西部地区的发达县域经济相比仍有较大的差距，全市的经济增长快于社会发展、工业化进程快于城镇化进程。"十二五"时期，我市将处于加快发展、加速资源型城市转型和优化经济结构、转变发展方式的关键阶段，全市经济社会发展将要经历"强化基础、延伸产业、发挥优势、重点突破、改善民生、科学发展"的重要历史时期。

一是实现资源型城市转型发展的突破阶段。"十一五"末期，我市资源型城市转型取得重大进展，新能源、装备制造、矿冶建材、农产品精深加工等多元接续替代产业发展格局初步形成，特色优势产业不断壮大，资源型城市转型具备了重点突破、全面推进的基础和条件。

二是工业化和城镇化进程协调推进的关键阶段。新中国成立 60 年以来的发展，使全市基础设施和工业发展成效显著，工业化和城镇化水平大幅提升，都已进入中期阶段，但是工业化进程明显快于城镇化进程。未来 5～10 年，工业化和城镇化仍将是全市经济社会发展的主要推动力量，以工业化带动城镇化，以城镇化促进工业化，工业化和城镇化协调推进的任务将更加艰巨。

三是实现全面建设小康社会目标的提升阶段。"十一五"期间，全市经济发展和居民收入都保持了较快的增速，社会保障和公共服务水平也快速提升。但是，居民收入特别是农村居民收入和社会民生事业的发展明显落后于经济发展。今后一个时期，缩小居民收入分配差距，保障和改善社会民生，促进基本公共服务均等化，加速全面建设小康社会的进程将成为更加突出的发展主题。

四是发展循环经济和建设生态文明的加速阶段。随着全市发展速度和发展水平的提升，经济社会发展面临的资源环境约束将日益严重。为实现人口、资源、环境的全面协调可持续发展，以发展循环经济为手段，加强生态环境保护和治理，促进资源节约和综合利用，建设生态文明的要求将更加迫切。

五是改革创新和开放合作的攻坚阶段。改革创新和开放合作是经济社会发展不竭的动力。面对资源枯竭型城市转型发展的艰巨任务，全市以适应发展方式转变、社会需求转型和政府职能转变为特征的体制机制改革和创新亟需不断深化，以更好地承接国内外产业转移为目标的对外开放和区域合作格局亟需大力推进。

第二章　“十二五”经济社会发展的环境

“十二五”期间全市经济社会发展所处的历史阶段和宏观环境相比于“十一五”时期已发生了重大变化，面临的发展形势将更加复杂，面对的发展任务将更加艰巨。因此，要加速资源型城市转型、实现经济社会又好又快发展，就必须正确认识自身发展所具备的优势和劣势，更要站在全省乃至全国经济社会发展的宏观背景下，充分辨识未来五年发展所面临的新机遇和新挑战。

一、优势

一是地理区位优越，交通运输便利。我市作为新亚欧大陆桥和河西走廊上的重要交通枢纽及内地通往新疆、青海，连接蒙古、中亚、欧洲的重要通道所具有的优越的区位条件、发达的交通网络、便捷的交通运输及玉门油田配套的货物装卸站台、专线，使我市具有了成为区域性物流集散中心的基础条件。

二是非石油矿产储量可观，能源和旅游资源丰富。我市储量可观的煤、铁、铬、芒硝、石灰岩、石膏、蛇纹岩、高岭土、硅石等非石油矿产以及丰富的风能、光能、水能等清洁能源和历史古迹、自然风景、工业旅游等综合旅游资源，为我市发展新能源产业、矿冶建材、煤化工等高载能产业和旅游产业提供了良好的资源禀赋。

三是劳动力资源丰富，社会资本广泛。我市具有大量的较高素质的下岗工人和教育水平较高的新生劳动力资源所形成的劳动力技能和成本优势，以及作为“中国石油摇篮”和“铁人故乡”所拥有的广泛的社会人脉网络，具有较高的知

名度和良好的声誉，为我市多渠道争取项目、资金和招商引资创造了良好的外部环境。

四是土地和水资源相对充足，发展空间广阔。我市较低的人口密度和大量未利用土地所形成的充足建设用地、开阔的地域特征和良好的地质条件所具有的低成本建筑建设优势、较为丰富的地表地下水资源可利用量所形成的相对充足的工农业和居民用水条件，以及老市区大量可盘活利用的、廉价的闲置厂房、办公用房、居民住宅和服务设施，为我市低成本招商引资提供了便利的条件。

五是工业基础较好，多元产业发展格局初步形成。作为石油老工业基地所具有的较好的集石油勘探、开采、冶炼、加工、科研、运输和销售为一体的石化工业基础和初步形成的新能源、矿冶建材、装备制造、特色农副产品精深加工等多点支撑、多元发展的产业格局为我市做大做强接续替代产业，加快经济转型奠定了良好的产业基础。

六是转型意识强烈，创业环境良好。近年来，城市转型在全市广大干部和群众中已达成高度共识，发展抓项目成为硬道理，招商引资成为一种创新文化，维护投资环境成为一种人文自觉，百姓创家业、能人创企业、干部创事业渐成一种风气。2003 年以来，新市区的开发建设更为城市的转型发展拓展了空间，为我市未来的人口聚集和经济集聚搭建了新的平台。

二、劣势

一是产业结构不合理，吸纳就业能力较小。我市以重化工业和国有经济占绝对主体的产业结构，具有比较典型的资本和技术密集的特征，对社会就业的吸纳能力比较弱；而能够大量吸纳劳动力就业的劳动密集型民营中小企业和商贸、娱乐、餐饮服务等第三产业在我市要么没有得到充足的发展，要么由于油田企业和城市的搬迁遭受严重冲击，大量停产歇业，两方面综合作用的结果，使我市面临较为严重的就业压力。

二是社会负担较重，财政收支缺口加大。由于老市区大量的下岗失业人员急需安置、拖欠的部分失业保险金、养老保险金、医疗保险金、工龄补偿金等补缴和基础设施更新改造以及 3 万多移民的扶贫开发任务，导致我市本就不太富裕的地方财政捉襟见肘，财政收支缺口大，地方政府债务负担较重。

三是专业人才外流，科技智力支撑欠缺。企业管理人才和教育、文化、卫生等方面的专业技术人才大量外流，各类专业人才“留不住、引不进”的现象非常突出，导致我市经济社会发展所急需的经营管理人才和专业技术人员严重不足，严重削弱了社会经济发展的科技支撑和智力支持，对我市经济社会的持续较快发展将产生很大的制约。

四是人气资金流失，经济集聚功能减弱。过去多次的铁路机构、玉门油田生产企业和生活基地的搬迁导致我市人气资金大量外流，消费能力减弱。而市政府迁址玉门镇尽管为我市的长远发展拓展了空间，但是相距80公里的新、老市区分置及一市两城双中心的区域发展格局，也导致城市经济集聚功能严重衰退，城市建设的规模经济效应和集聚效应难以体现，协调区域发展的难度加大。

三、机遇

一是转型发展的政策机遇。《国务院关于促进资源型城市可持续发展的若干意见》的颁布实施和2009年3月我市被国家列入第二批资源枯竭型城市转型名单，为我市的城市转型工作带来了千载难逢的历史机遇，为争取国家和省上的政策、资金和项目支持搭建了良好的平台。

二是新能源发展的产业机遇。党和国家一直高度重视并大力鼓励新能源产业的发展，明确提出“国家鼓励开发利用新能源和可再生能源”，要“积极发展新能源，改善能源结构”，这就为我市利用充分的丰富的风能、光能资源发展新能源产业提供重大的历史机遇。

三是承接东部产业转移的历史时机。随着东部地区劳动力成本的上升和能源约束的加强，东部地区大量的劳动密集型产业和高载能产业开始在广大中西部地区寻求发展机会，而我市作为老工业基地所拥有的大量富余的熟练劳动力、充裕的土地资源和丰富的电力能源供给，为承接东部地区劳动密集型产业和高载能产业的转移创造了有利条件。

四是区域发展的重大利好。国家将在未来10年进一步深入推进西部大开发战略，为支持甘肃经济发展，国务院更是出台了《国务院办公厅关于进一步支持甘肃经济社会发展的若干意见》，批复了《甘肃省循环经济总体规划》，省委也提出了“中心带动、两翼齐飞、组团发展、整体推进”的区域发展新战略。而我市作为酒泉千万千瓦级风电基地的主要组成部分、酒（泉）嘉（峪关）经济区内的主要工业城市和10个省级循环经济试点园区所在地之一，如若能够乘势而上，积极谋划，用足、用活、用好这些政策机遇，必将争取到更多的项目、投资和发展空间。

四、挑战

一是与毗邻区域竞争的压力。我市在新能源及新能源装备制造产业、矿冶建材和煤化工等高载能产业的发展上，与毗邻的嘉峪关市、肃州区、瓜州县、金塔县等具有较强的产业同构性；与此同时，我市毗邻酒泉（肃州区）和嘉峪关两个区域性中心城市，而这两个城市现阶段也处在加快发展的时期，对周边区域影响更多

是作为中心城市的极化集聚效应而非扩散辐射效应。这就导致我市在争取项目、资金和优惠政策上面临毗邻区域较大的竞争压力，因此，如何协调与其他毗邻区域的关系，培育我市特有的竞争优势就是“十二五”期间我市面临的挑战之一。

二是发展高载能产业的政策限制。我市要将电力能源优势转化为市场优势和发展优势，就需要大力发展高载能产业。但是1999年以来，国家有关部委陆续颁布的《限制供地项目目录》、《禁止供地项目目录》以及《淘汰落后生产能力、工艺和产品的目录(第一批)》、《工商投资领域制止重复建设目录(第一批)》、《关于抑制部分行业产能过剩和重复建设引导产业健康发展的若干意见》等政策法规，对高载能产业在不同领域进行了限制，从而使我市发展高载能产业面临较大的政策障碍。同时，国家几次重申要坚决贯彻“差别电价”政策，坚决制止自行出台针对高载能产业的优惠电价政策，再加上目前风电较高的用电价格，致使我市风电富足的优势难以发挥。

三是经济社会发展与生态环境保护的矛盾。尽管我市整体的资源环境承载力较大，但是老市区的环境污染和生态破坏问题仍较突出，长期大规模发展和建设的水资源约束仍然存在。接续替代产业的发展和大规模的城市化建设必将进一步增加对生态环境保护、建设和水资源的合理开发、利用的压力。因此，如何在经济社会发展过程中处理好开发建设与生态环境保护之间的关系，构建资源节约型和环境友好型社会，实现人与自然的和谐共生，走出一条可持续发展之路，也是我市“十二五”期间需要应对的挑战。

第三章 “十二五”经济社会发展的总体思路

“十二五”期间，全市上下要立足自身发展的实际，充分利用发展优势，牢牢抢抓政策机遇，努力克服自身劣势，积极应对外部挑战，着力实现经济社会又好又快地发展。

一、指导思想

坚持以邓小平理论、“三个代表”重要思想和科学发展观为指导，认真贯彻党的“十七大”和十七届五中全会精神，深入贯彻落实《国务院关于促进资源型城市可持续发展的若干意见》、《国务院办公厅关于进一步支持甘肃经济社会发展的若干意见》，按照省委“四抓三支撑”总体思路和“中心带动、两翼齐飞、组团发展、整体推进”的区域战略和酒泉市委“两抓整推”的战略部署，立足玉门经济社会发展的阶段性特征，以促进资源型城市可持续发展和市委“两推六抓一加强”为核心，以改革创新和开发引资为动力，以富民强市为目标，加快转变发展方式，着力优化经济结构，努力构建资源节约型和环境友好型社会，切实保障和改善民生，大力促进社会和谐，全面建设小康社会。科学谋划、凝聚力量、强化措施、务求实效，有重点分步骤地推进跨越式发展，加快建设“百年石油城”、“风光能源城”、“生态文明城”和“资源型城市可持续发展示范区”。

二、基本原则

坚持转变发展方式，实现科学发展。深化改革创新，促进科技进步，强化开放引资，不断推进资源依赖型思维向市场导向型思维转变，物资资源消耗为主的粗放型增长方式向科技进步和管理创新为主的集约型增长方式转变，石化产业单一主导型结构向多元接续替代产业协同主导型结构转变。处理好总量扩张和结构优化、增长速度和质量效益的关系，实现科学发展。

坚持发展循环经济，实现绿色发展。着眼于资源节约型和环境友好型社会建设，着力加强生态环境保护和治理，大力发展循环经济，积极培育循环经济产业链条，全面推进资源节约、资源综合利用和清洁生产、绿色消费，处理好资源开发、产业发展和生态环境保护的关系，努力促进人与自然的和谐共生，实现绿色可持续发展。

坚持以人为本，实现和谐发展。坚持把改善和保障社会民生、提高人民生活水平和生活质量、构建和谐社会作为一切工作的出发点和落脚点，加大社会求助和扶贫开发工作力度，促进城乡居民增收，着力解决群众最关心、最直接、最切身的就业、养老、医疗、教育、失业保障等社会民生问题，实现和谐发展。

坚持统筹兼顾，实现协调发展。按照城乡规划布局一体化、基础设施建设一体化、产业发展一体化、社会管理一体化和公共服务均等化的总体要求，统筹兼顾新老市区和中心小城镇发展，着力推进新农村建设，破除统筹城乡发展的体制机制性障碍，改变城乡二元结构，形成以工促农、以城带乡、城乡结合、工农互动的城乡经济社会发展一体化新格局，实现协调发展。

坚持自力更生，实现借力发展。弘扬“铁人精神”、自立自强，立足现有基础，挖掘自身潜力，找准定位、扬长避短、取长补短，积极寻求、创造和发挥比较优势，发展壮大特色优势产业，着力培育自我发展能力。同时积极争取国家和甘肃省给予必要的政策、资金、项目支持，加强招商引资，大力引进外部资金、技术和人才，内外协调，实现借力发展。

坚持市场主体，实现市场主导发展。始终坚持以市场为导向，充分发挥市场配置资源的基础性作用，激发各类市场主体的内在活力。突出政府在经济社会发展中的服务功能和宏观调控功能，转变政府职能、改进行政效率、完善政策法规、理顺体制机制、优化投资环境、调控要素流动，为各类市场主体和民间力量参与经济社会发展搭建平台、提供辅助，形成发展合力，实现市场主导发展。

三、发展目标

围绕全面推进资源型城市可持续发展和全面建设小康社会的宏伟蓝图，按照“前两年实现突破，后三年实现大发展”的步骤，努力实现“五个大幅度提升”的奋斗目标：一是以加快产业转型为重点，进一步做大做强新能源产业，巩固提升传统石化产业，着力促进产业结构优化升级，大幅度提高产业竞争力和综合经济实力；二是以统筹城乡发展为重点，大力促进劳动就业，着力推进新农村建设和移民扶贫开发，改善收入分配结构，大幅度提高城乡居民收入水平特别是贫困人群的收入水平；三是以转变发展方式为重点，突出生态修复、建设和环境治理、保护，坚持发展循环经济，构建市域内一体化大循环经济产业链网，着力推进资源节约型和环境友好型社会建设，大幅度提升可持续发展能力；四是继续加强以道路交通、农田水利、电网设施等为重点的城乡基础设施建设，努力消除发展过程中的“瓶颈”制约，大幅度提升基础设施建设水平和保障能力；五是以提高公共服务供给和保障能力为重点，大力推进社会民生事业发展和惠民工程建设，大幅度提高人民群众生活质量和改革发展成果共享水平。具体来讲，“十二五”时期要努力完成以下发展指标：

综合经济实力预期指标：经济持续快速增长，综合实力进一步增强。2015年全市地区生产总值预期达到300亿元，年均增长15%以上（按2010年的价格计算）；人均地区生产总值达到19.9万元，年均增长15.8%以上；2015年全社会固定资产投资规模达到330亿元，年均增长20%，五年累计投资总规模达到1188亿元；一般预算财政收入预期达到2.5亿元，年均增长14%以上，财政总收入预期达到8亿元，年均增长14.87%，较2010年翻一番；社会消费品零售总额达到26亿元，年均增长达到14.36%以上；城镇化进程加快，到2015年城镇化率提高到50%以上，基本形成城镇化和工业化协调推进的发展格局。

表1 “十二五”期间综合经济实力预期指标

指标	单位	2010年	2015年	“十二五”年均增长(%)	指标属性
地区生产总值	亿元	110	300	15.33	预期性
人均生产总值	元	60004	198544	15.87	预期性
财政总收入	亿元	4	8	14.87	预期性
其中：一般预算收入	亿元	1.53	2.94	14	预期性
全社会固定资产投资	亿元	133	330	20	预期性
其中：市属固定资产投资	亿元	86	263	25	预期性
社会消费品零售总额	亿元	13.29	26	14.36	预期性
城镇化率	%	36	50		预期性

经济结构优化预期指标：产业结构不断优化，经济发展质量明显提高。预计到2015年，农业基础地位继续巩固，特色优势产业进一步增强；第三产业快速发展，以旅游、物流行业为龙头，传统服务业为基础，现代服务业为支撑的第三产业发展格局基本确立，三次产业结构更趋合理，结构比例由2010年的6∶69∶25调整到4∶71∶25；其中工业增加值达到200亿元，工业化率由2010年的62%提高到73%。接续替代产业形成规模，产值比重占工业增加值的比重有较大幅度的提高。中小企业和非公有制经济蓬勃发展，市场竞争力明显增强，产值规模和吸纳就业能力不断提升，非公经济增加值占比由2010年的22%提高到28%。

表2 “十二五”期间经济结构优化预期指标

指标	单位	2010年	2015年	“十二五”年均增长(%)	指标属性
地区生产总值	亿元	110	300	15.33	预期性
其中：第一产业	亿元	6.6	12	9	预期性
第二产业	亿元	76	213	14.56	预期性
其中：工业增加值	亿元	68	220	14.71	预期性
第三产业	亿元	27.4	75	18.6	预期性
三次产业比重	%	6∶69.1∶24.9	4∶71∶25	—	预期性
非公有制经济比重	%	21.9	28.2	—	预期性
工业化率	%	61.8	73.3	—	预期性
国内外旅游者人数	万人次	37	69.25	13.62	预期性
旅游收入	万元	7218	15953	17.19	预期性

社会发展预期指标：人口总数控制在15.2万人以内，人口自然增长率控制在6‰以内，到2015年降低到4.1‰。教育资源配置更加优化，教育结构更趋合理，教育投入稳步增加；到2015年，全面普及九年制义务教育，逐步发展幼儿阶段三年制义务教育，高中阶段毛入学率达到97.5%，中等职业教育招生人数达到800人，高等学校入学人数达到740人。城镇就业人数达到3.5万人，城镇登记失业率控制在4.5%以内。覆盖城乡的医疗卫生服务体系逐步完善，人人享有基本医疗卫生服务；形成覆盖城乡居民的社会保障体系，实现人人享有社会保障的目标；公共文化、体育和福利设施数量稳步增长。

表 3 “十二五”期间社会发展预期指标

指标	单位	2010 年	2015 年	“十二五”年均增长(%)	指标属性
一、人口					
年底总人口	万人	14.94	15.11	0.12	约束性
出生人数	万人	0.11	0.16	48.75	约束性
出生率	‰	7.36	10.59	—	约束性
人口自然增长率	‰	3.28	4.1	—	约束性
二、教育					
普通高等学校招生数	人	724	740	0.6	预期性
其中:本科生	人	212	285	1.3	预期性
高中阶段毛入学率	%	94.3	97.5	0.7	预期性
中等职业教育招生数	人	663	800	3.86	预期性
三、卫生保健					
婴儿死亡率	‰	7.9	5	—	约束性
孕、产妇死亡率	1/10 万	0	0	—	约束性
千人口医院病床数	张	0.514	0.72	0.041	预期性
以县为单位初级卫生保健合格率	%	93	98	—	约束性
计划免疫四苗接种率	%	98.5	99.5	—	约束性
农村自来水普及率	%	99.8	100	—	约束性
新型农村合作医疗以县为单位覆盖率	%	100	100	—	约束性
四、社会福利及社区服务					
城乡各种福利院床位数	万张	186	376		预期性
城镇社区服务中心数	个	0	28		预期性
为残疾人服务设施数	个	11	17	9.10	预期性
五、文化体育					
公共图书馆	个			20	预期性
博物馆	个			10	预期性
广播人口混合覆盖率	%	97.5	99.5	—	预期性
电视人口混合覆盖率	%	98.5	99.8	—	预期性
国家体育锻炼标准达标人数	万人	0.13	0.1	0.5	预期性
新建体育场地	个	30	10	3	预期性

续表

指标	单位	2010 年	2015 年	“十二五”年均增长(%)	指标属性
六、就业					
城镇就业人员年末数	万人	3.01	3.49	3	预期性
城镇新增就业人数	万人	0.24	0.25	0.83	预期性
城镇登记失业人数	万人	0.12	0.13	1.66	约束性
城镇登记失业率	%	3.88	4.5	—	约束性
农村外出务工人数	万人次	2.36	1.7	3	预期性
七、社会保障					
城镇就业人员参加基本养老保险人数	万人	0.86	0.89	1.2	约束性
城镇就业人员参加失业保险人数	万人	2.38	2.41	0.6	约束性
城镇就业人员参加基本医疗保险人数	万人	13205	13205	—	约束性
城镇就业人员参加工伤保险人数	万人	5860	8000	6.4	约束性
参加农村新型合作医疗试点人数	万人	80273	82773	—	约束性

改善人民生活预期指标:城乡居民收入持续较快增长,城乡收入差距扩大的势头得到逐步控制。到 2015 年,城镇居民人均可支配收入达到 30000 元以上,年均增长 12%以上,农村居民人均纯收入达到 11000 元以上,年均增长 9%以上。按照国家新标准,绝对贫困人口和低收入人口分别减少至 0.5 万人和 1 万人,占全市人口总数的比重下降为 3.3%和 6.6%。城市人均住房面积提高到 38 平方米以上,农村危旧房改造实现全覆盖,砖木、砖混结构住房比例达到 90%以上,建立并逐步完善覆盖城镇居民低收入家庭和部分中低收入群体基本住房需求的城镇住房保障体系。城乡公共服务人均财政支出由 2010 年的 100∶55 提高到 2015 年的 100∶70。

表 4 “十二五”期间改善人民生活预期指标

指标	单位	2010 年	2015 年	“十二五”年均增长(%)	指标属性
城镇居民人均可支配收入	元	16224	30000	12.7	预期性
农村居民人均纯收入	元	7158	11080	9.1	预期性
城市人均居住面积	平方米	27.08	38.46	4.9	预期性

可持续发展预期指标:生态文明建设稳步推进,资源节约型和环境友好型社会建设取得显著成效,生态环境恶化的趋势得到遏制并开始改善。到2015年,每年"三化"草地治理面积达到800公顷,每年新增水土流失治理面积1500公顷,每年新增造林面积900公顷以上,森林覆盖率达到7.8%,城市建成区绿化率达到34.05%,城市人均绿化面积达到25平方米;氨氮排放量、二氧化硫排放量、烟尘排放量年均下降5%;工业废水排放达标率达到80%,城市污水集中处理率达到80%,生活垃圾无害化处理率达到90%。循环经济产业链基本形成,建成省级循环经济示范区;到2015年,万元地区生产总值(当年价)用水量下降到94立方米,万元工业增加值(当年价)用水量下降到80立方米,万元地区生产总值能耗下降到1.84吨标准煤,万元工业增加值能耗下降到2.41吨标准煤,工业固体废物综合利用率达到61%以上。

表5 "十二五"期间可持续发展预期指标

指标	单位	2010年	2015年	"十二五"年均增长(%)	指标属性
一、资源节约					
每万元地区生产总值能耗	吨标准煤	2.26	1.84	-4	约束性
每万元地区生产总值电耗	千瓦小时	1314	1071.40	-4	约束性
每万元工业增加值能耗	吨标准煤	2.96	2.41	-4	约束性
每万元地区生产总值用水量	立方米	166.0	94.0	-10.8	约束性
每万元工业增加值用水量	立方米	145.0	80.0	-11.2	约束性
城市取水量	万立方米	253	421	10.7	约束性
农村取水量	万立方米	135	199	8.1	约束性
重点工业行业取水量	万立方米	9000	9690	1.5	约束性
工业固体废物综合利用率	%	38	61.20	10	约束性
二、污染物排放总量控制和污染治理					
化学需氧量排放量	吨	1986.84	2086.18	5	约束性
氨氮排放量	吨	280	273	5	约束性
二氧化硫排放量	吨	17205.066	16344.82	-5	约束性
烟尘排放量	吨	8707.401	8272.03	-5	约束性
工业固体废物排放量	吨	3500	5000		约束性
工业废水排放达标率	%	68	80		约束性
城市污水集中处理率	%	55	80		约束性
城市生活垃圾无害化处理率	%		90		约束性

续表

指标	单位	2010 年	2015 年	“十二五”年均增长(%)	指标属性
三、生态环境保护与建设					
“三化”草地治理面积	公顷	790	800	1.00	预期性
新增水土流失综合治理面积	公顷	1700	1500	0.98	预期性
新增造林面积	公顷	1300	900	0.08	预期性
森林覆盖率	%	7.48	7.8	0.06	预期性
城区建成区绿化率	%	33.93	34.05	0.024	预期性
城市人均绿化面积	平方米	23.89	25	0.26	预期性

农村经济发展预期指标:全面推进社会主义新农村建设,促进农村经济社会持续快速发展。到 2015 年,乡镇企业创造的增加值达到 5.5 亿元,年均增长 7.68%;农村扶贫开发成效显著,移民乡绝对贫困人口和低收入人口累计减少 2200 人和 2809 人;基本解决农村饮水困难;耕地保有量控制在 60.3 万亩;肉牛、肉羊、生猪存栏数分别达到 0.9、75、3.8 万头,出栏数分别达到 0.35、60、3.8 万头,奶牛存栏数达到 0.3 万头;县乡村公路里程达到 370.2 公里;累计新增易地扶贫搬迁人口 5611 人;各类农村经济合作组织达到 64 个,农村外出务工人数达到 1.7 万人次,外出劳务收入达到 1.83 亿元。

表 6 “十二五”期间农村经济发展预期指标

指标	单位	2010 年	2015 年	“十二五”年均增长(%)	指标属性
一、耕地保有量	万亩	56.08	60.29	1.46	约束性
二、农村扶贫开发					
减少移民乡绝对贫困人口	人	365	698	—	预期性
减少移民乡低收入人口	人	987	123	—	预期性
县乡村公路建设	公里	302.662	370.2	20	预期性
其中:移民乡	公里	63.6	14.2	20	预期性
治理水土流失面积	平方公里	39	49	4.68	预期性
其中:移民乡	平方公里	3.2	8.5	23.37	预期性
易地扶贫搬迁人口	万人	774	936	3.87	预期性

续表

指标	单位	2010 年	2015 年	“十二五”年均增长（%）	指标属性
三、养殖业规模					
存栏数					
肉牛	万头	0.75	0.9	4.2	预期性
肉羊	万头	71	75	1.1	预期性
奶牛	万头	0.2	0.3	8.5	预期性
生猪	万头	2.5	3.8	8.7	预期性
出栏数					
肉牛	万头	0.27	0.35	5.4	预期性
肉羊	万头	38	60	9.6	预期性
生猪	万头	2.5	3.8	8.7	预期性
四、农村经济合作组织	个	52	64	2.7	预期性
五、劳务输出					
农村劳动力输出培训	万人次	1.21	0.25	－10	预期性
农村外出务工人数	万人次	2.36	1.7	0.6	预期性
劳务收入	亿元	2.26	1.83	－3.12	预期性

第四章 着力打造两大基地，推动工业经济快速发展

深入实施“工业强市”战略，全面推进振兴工业“6＋2”行动计划，以资源型城市可持续发展为主题，继续按照“大工业、大产业、大园区、大循环”的发展思路，以重大项目建设为支撑、以企业提质增效为重点、以发展循环经济为核心，强力推进“两大基地”建设，实现“四个跨越”，努力推进工业经济科学发展和跨越式发展。

一、突出项目建设，推进工业经济跨越式发展

始终坚持把项目建设作为跨越式发展的重要抓手，依托“一区三园”，做大做强新能源、石油化工、矿冶建材、装备制造、农产品精深加工等主导产业。突出抓好酒泉千万千瓦级风电场玉门风电项目、太阳能发电示范项目、煤电基地等百亿元以上项目和资源型城市可持续发展、建化工业园循环经济、酿酒原料基地建设等 26 个重大项目，不断扩张经济总量，提高发展质量，构建多元支撑的地方工业经济新体系。全力争取建设电力局域网，加快实施 100 万吨焦化、400 万吨水泥

等近期建设项目，积极推进50万吨电石、30万吨PVC、30万吨烧碱等24个高载能产业项目，构建矿电一体化的发展新格局，大力发展循环经济，实现电力就地消纳和资源循环高效利用。加快推进区域经济一体化发展进程，走组团发展、借力发展的路子，石化基地和老市区发展向中石油和玉门油田借力、农产品精深加工产业向敦煌种业和农垦团场借力、重大工业项目建设向酒钢公司及国家电力企业和四〇四厂借力，推进区域优势互补，实现协同发展。

二、坚持风电牵引，推进"两大基地"建设跨越式发展

立足现有基础，发挥比较优势，以风电为牵引，以延伸产业链条、优化产业结构、提升产业层级为主攻方向，培育和发展"6＋2"新能源产业群，巩固和提升传统石化产业群，着力推进新能源和石化产业"两大基地"建设跨越式发展，增强工业经济核心竞争力。

强力推进新能源基地建设。围绕酒泉市千万千瓦级风电基地建设，按照以风电为牵引、以风电促网架、促调峰电源、促装备制造和资源综合利用的发展思路，着力打造"6＋2"新能源产业群，走好风电、水电、光电、火电等多能并举、循环发展、综合利用、联动开发的低碳经济路子，把玉门建成各类发电总装机规模达1200万千瓦、年销售收入超160亿元的新能源产业基地。加快风电产业发展，全面开工建设风电场二期工程，开展风能资源详查和综合评价工作，编制中远期风能开发规划，加快实施2兆瓦、2.5兆瓦、3兆瓦、5兆瓦等大型国产化风机示范项目，全力争取增加玉门风电建设份额，力争2015年全市风电装机总量突破600万千瓦。依托风电场加快发展风光互补项目，带动太阳能热发电、光伏发电实现重大突破，力争2015年全市光电装机总量达到80万千瓦以上。全力支持二期主力电网工程建设，力争在玉门布点建设750千伏变电站及输变电线路和8～10座330千伏变电站，同时，争取正负800千伏直流输变电线路落地玉门，形成以超高压输变电线路为骨干的输配电网结构，积极配合电网公司做好1000千伏点对点直流输变电工程在玉门市规划布点工作，扩大电网容量，全力解决电力上网输出瓶颈制约。同步推进调峰电源建设，充分利用省内外煤炭资源，重点建设玉门油田、大唐八〇三热电厂两个2×30万千瓦上大压小火电项目和大唐、山东鲁能两个2×100万千瓦火电项目，力争2015年全市火电装机总量达到400万千瓦以上。加大玉门境内水电开发，争取抽水蓄能电站和核电项目落户玉门，力争2015年全市水电、核电装机容量达到150万千瓦。集约理性地发展风电、光电设备制造业，大力实施以安装、检修、运行维护为一体的新能源技术服务项目，提升产业集聚水平，增强产业配套能力。力争到2015年，新能源产业工业增加值达到65亿元，在工业中的比重达到30%，建成全国重要的新能源

基地。

强力推进石化产业基地建设。围绕打造“百年油田”，按照“增采、扩炼、改造、延伸”的发展方向，不断扩大石化产业规模、延伸产业链条、提升产业核心竞争力，实现石化产业集群化发展。全力支持玉门油田合理开发利用青西、老君庙、鸭儿峡等老油田的油气资源，加大对周边酒东、民乐、潮水等油气勘探开发力度，坚持勘探开发一体化，力争使玉门油田原油产量重上 100 万吨。积极争取建设 500 万吨炼化扩容改造、600 万方商业石油储备库、500 万方战略石油储备库和重油平衡改造、焦化扩能改造、常减压扩能改造、重整加氢扩能改造、气柴煤加氢装置、硫磺生产线、储运配件供应系统配套等石化产业技改升级项目，促进基础石化项目壮大规模、升级换代，不断提升石化产业核心竞争力。按照上游搞配套、下游深加工的思路，大力发展以抽油杆、抽油泵、抽油机为主的石油机械装备制造业和精细化工产品加工业，新建 700 万米抽油杆生产项目，加大化工基础原料三烯(乙烯、丙烯、丁二烯)、三苯(苯、甲苯、二甲苯)以及油田助剂、石蜡、沥青、润滑油、甲醇、燃料油等下游产品开发生产，延伸石化产业链条。力争到 2015 年，石化产业实现工业总产值 350 亿元，增加值 100 亿元，在工业增加值中的比重达到 45%以上，把老市区建成全省重要的石化产业基地、技术研发中心和全国老油田增产转型、可持续发展的示范基地。

延伸发展资源综合利用产业。紧紧围绕《酒泉市高载能产业发展规划》，以矿产资源和电力优势为依托，积极构建电力局域网。重点发展以铁精粉、铅锌粉、金精粉、铬金粉、铜精粉等为主的矿产品洗选加工和以铁合金、硅系合金、锰系合金、离心铸管为主的高载能冶炼企业，加快实施 50 万吨电解铝、40 万吨铁合金、100 万吨焦化、60 万吨电石等项目。加快发展建材产业，重点建设祁连山 400 万吨水泥、100 万平方石材加工等项目。力争到 2015 年，投资 205 亿元，新建各类高载能项目 24 项，使全市各类矿产品加工能力达到 400 万吨以上，水泥生产能力达到 500 万吨以上，新型墙体材料生产能力达到 30 万立方米以上。延伸发展储能产业，争取上马电解水制氢、兆瓦级储能电站和高容量动力电池等能源项目。做好项目前期工作，积极争取酒泉市 500 万吨煤化工项目落户我市。

三、转变发展方式，推进循环经济跨越式发展

制定和实施《玉门市循环经济发展规划》，按照“减量化、再利用、资源化”的原则，按照政府主导、市场推进、法律规范、政策扶持、科技支撑、公众参与的运行机制，逐步建成“低代价、高效益”的产业循环系统，争取将我市列入全省循环经济示范县，推进循环经济跨越式发展。

以“大工业、大产业、大园区、大循环”为导向，加快用高新适用技术改造传统

产业，着力打造“风光水热多能互补发电—区域高载能产业消纳—自然资源综合利用”、“冶炼—冶炼废渣—建筑建材—再生产品”、“石油化工—石化产品—精细化工—废弃资源再生利用”、“种(养)植—精深加工—废弃物再生利用”、“装备制造—废弃资源—再生产品制造”五大循环经济产业链，构建涵盖新能源、石油化工、装备制造、矿选采炼、建筑建材和农产品精深加工等所有工业门类的循环经济体系。在化工产品开发方面，依托同福化工、静洋钛白等企业，延伸“硫铁矿—硫酸—钛白”化工产业链，重点扩建20万吨硫酸和2万吨钛白粉生产线；依托甘肃松迪焦化公司，延伸“煤炭洗选—炼焦—焦炉煤气—余热发电”焦化产业链，重点建设100万吨焦化项目。在矿冶建材方面，依托勤峰铁业、广汇铸造等企业，延伸“矿山开采—选冶加工—铁锭—离心铸管—无缝钢管”矿冶产业链，重点建设40万吨球墨铸管项目；依托现有建材企业，延伸“石灰石—电石—PVC—离子膜烧碱”建材产业链，重点建设50万吨电石、30万吨PVC、30万吨烧碱等项目。在农产品加工方面，依托拓璞公司等酒花加工企业，延伸“啤酒花种植—颗粒酒花—酒花浸膏—黄腐酚—配合饲料”酒花产业链，重点建设10吨黄腐酚、2万吨配合饲料等项目；依托绿地生物公司和花海10万亩葡萄、枸杞基地，延伸“蔬菜水果种植—果汁、果酱加工—浓缩饮料、保健酒”绿色果蔬产业链，重点建设2万吨葡萄酒、1万吨番茄酱、8000吨果蔬浆、1万吨浓缩饮料、1000吨保健酒等项目。

四、加快扩园晋级，推进园区建设跨越式发展

以统筹规划、合理布局、节约用地、集聚发展为原则，进一步创新发展思路，理顺管理体制，加大投入力度，促进资金、技术、人才、项目等生产要素向园区聚集，推动园区向专业化、特色化、集聚化方向发展，使其成为加快“两大基地”建设的重要载体和发展循环经济的示范区。

以“统一名称、统一规划、统一布局、统一管理、统一职能”为原则，加快对现有四个工业园区的整合工作，遵循“一区三园、一园一特”的运行模式和发展思路，形成“统一规划、相对独立”的管理体制。按照领域相通、产业相联的要求，规划建设一批企业相对集中、配套服务齐全、上下游产业关联的主导产业集群，促进园区产业合理布局。玉门经济开发区新能源产业园重点布局新能源及装备制造、农产品精深加工和高新技术产业等项目，玉门经济开发区石化工业园重点布局与石化产业相关或整合利用闲置资产的项目，玉门经济开发区建化工业园重点布局高载能和以建材、矿产品采选冶炼为主的项目。

以“整体规划、分期实施、滚动发展”为原则，坚持配套先行，加快园区基础设施和服务体系建设，着力解决项目用地、交通运输、供水、供热、供电、排污、通讯、

安全、环保、金融及公共服务等方面存在的突出问题，为企业入驻和发展创造良好的软硬件环境，增强园区对项目的吸纳承载能力。突出项目对工业园区建设的拉动作用，认真落实省级开发区在税费减免、土地收益返还等方面的优惠政策，加大招商引资力度，重点引进一批具有竞争优势、关联度高、带动力强的龙头企业，引导外来投资和工业企业向工业园集中，壮大园区规模，增强园区产业的集聚效应，争取将玉门经济开发区晋升为国家级开发区。

第五章　推进农业现代化，建设社会主义新农村

坚持把解决好农业、农村、农民问题作为全市工作的重中之重，统筹城乡发展，坚持工业反哺农业、城市支持农村和多予少取放活方针，加大强农惠农力度，夯实农业农村发展基础，提高农业现代化水平和农民生活水平，建设农民幸福生活的美好家园。到2015年，基本实现生产发展、生活宽裕、乡风文明、村容整洁、管理民主的新农村建设目标。

一、发展现代农业，促进农民增收

依托全市农业资源综合优势，以贯彻“发展节水高效特色农业，专业化布局、产业化经营、标准化生产、技能化培训”的“一特四化”农业发展战略为抓手，大力推进现代农业发展，逐步实现农业发展方式的根本性转变，促进农民增收致富，确保全市农民人均纯收入年均增长9%以上。

大力推进节水高效特色农产品基地建设。按照“专业化布局、集中连片”发展的原则，加快全市各灌区节水技术和实施改造，加强节水措施的应用推广力度，通过调整农业结构，引进高效技术，有计划地建设一批规模大、起点高、质量稳定可靠的节水高效特色农产品生产基地。在玉门镇片区（包括玉门镇、黄闸湾乡、下西号乡、柳河乡、六墩乡、农垦团场）重点发展啤酒原料、日光温室和大田蔬菜等优势产业。经过五年努力，把我市打造成“啤酒原料之都”，形成5万亩啤酒花、10万亩啤酒大麦的种植规模；建成特色蔬菜、优质蔬菜、无公害品牌蔬菜生产基地，蔬菜种植总面积达到15万亩，其中：大田蔬菜（含复种）面积达到12.5万亩，日光温室蔬菜面积达到1.5万亩，拱棚蔬菜面积达到1万亩；建立蔬菜生产专业村（蔬菜种植面积占全村播种面积60%以上）25个以上。花海片区（包括花海镇、柳湖乡、小金湾乡、独山子乡、农垦分场、石油管理局农场）依托独特的光热水土条件，发展4万亩棉花种植基地；大力培育以葡萄、枸杞、甘草和食用瓜等为主体的新兴产业，形成16万亩新兴产业种植基地，其中：酿酒和鲜食葡萄种植基地8万亩，甘草、枸杞种植基地4万亩，“花海密”食用瓜种植基地4万亩。同时在移民乡（民族乡）按照“三个一”的目标大力发展设施养殖，切实实现户均一

个养殖暖棚的目标。在冷凉灌区(包括赤金镇、昌马乡、清泉乡)加快草畜产业发展步伐,不断扩大肉羊肉牛养殖规模,建立昌马优质良种繁育基地;加快建设赤金镇万亩韭菜日光温室基地和清泉乡千亩以上人参果日光温室基地。

着力打造标准化生产服务体系。以确保农产品质量安全为目标,树立"标准就是市场,标准就是竞争力,标准就是效益"的发展理念,坚持把完善农业标准化生产体系、促进科技成果向现实生产力的转化作为提升农产品质量安全水平的重要举措,加快实施农业产前、产中、产后各个环节的标准化生产和标准化管理。一是建立健全标准化生产体系。参照国际、国内行业有关标准,加快制定实施标准化质量体系,全面推广标准化、无害化生产技术,扶持和引导重点龙头企业、农民专业合作组织、种养大户率先进行标准化生产和示范,大力发展标准化、无害化生产基地。二是加强农产品质量检测监督力度。构建以市级检测机构为龙头、乡镇检测机构为主体、基地和市场检测点为补充的农产品质量检测监督体系,加强监测硬件设备和技术队伍建设,切实提高"产地初检、市场准入"的快速检测能力,加强对全市农畜产品的生产、加工、包装等环节的全程跟踪检测,实现由普通农产品向无公害、绿色农产品的转变,提高农产品质量。积极进行农产品地理标志认证、无公害农产品生产基地认定、无公害农产品和绿色食品认证,推动优势产业的可持续发展。三是实施农资准入管理制度。制定农资经营市场准入标准,规范农资市场,对国家禁用、限用的农业投入品实行专营和定点销售,从源头上净化产地环境,促进农业标准化生产,确保农产品质量安全。

不断提升农业产业化经营水平。坚持创新"引强做大"、"借力发展"的新举措,围绕全市特色优势农业发展,积极引进一批规模实力和技术力量雄厚的"农字号"大企业,加速对农产品加工龙头企业进行重组、整合,培育和扶持龙头企业做大做强,组建市级农产品产销龙头企业集团。力争新续建农产品精深加工企业2家,培育形成10家机制好、辐射带动面广、与农户利益对接稳固的农产品加工企业,建成10户销售收入过千万元的农产品精深加工龙头企业,带动生产基地40万亩。新建省级龙头企业2家,争取创建国家级龙头企业1家。对啤酒花加工企业进行重组整合,组团式发展,力争建成啤酒花上市企业。引导和鼓励致富能人、专业大户牵头领办各种类型的特色农业专业化合作组织,逐步解决广大农民生产经营的信息、技术、资金、机械、供销等问题,提高农户的组织化程度和参与市场竞争的能力。健全"龙头+协会+基地+农户"的基本经营模式,形成以市场牵龙头、龙头加协会、龙头带基地、基地连农户,集种养加、产供销、内外贸、农科教为一体的产业化经营机制。完善产供销各环节和农业产业化组织内部各类市场主体的利益共享、风险共担的利益联结机制,建立新型的农业可持续发展基金,建立市政府补助一部分、具有一定规模和盈利能力的企业交纳一部分

的优势特色农产品风险基金，促进产业化经营步入市场化、法制化轨道。积极引导农户参加各种形式的农业保险，有效规避种植、养殖业自然灾害风险和市场风险。

持续加强农民技能培训。围绕调整农业结构、发展现代农业、增加农民收入这条主线，大力实施“阳光工程”、“雨露计划”、“星火计划”、“科技入户”和“农村劳动力转移培训计划”、“农村劳动力技能就业计划”等农民技能培训工程，加快农民教育培训资源整合，建立健全市、乡（镇）、村三级农业科技培训和服务网络体系，广泛开展多层次、多形式、多元化的专业技能培训，加快培养有文化、懂技术、会经营的新型农民。市科技部门要继续推行科技特派员制度，驻村蹲点，开展“套餐式”技术服务和技术咨询，围绕特色优势农业发展需要，加强良种良法集成配套、日光温室有机无土栽培、规范化种植、测土配方施肥、保护性耕作、畜禽品种改良等先进适用技术培训，提高农民的务农技能，促进科学种田，科学养畜。充分发挥乡镇农技服务中心和农村专业技术协会的作用，加强对农民的实用技术培训，提高农民对新型适用技术掌握应用的能力。积极支持民营培训机构参与农民工技能培训，扩大农民技能培训的覆盖面。适应现代农业发展需要，重点培养农村经纪人等懂市场会营销的管理型人才和农技推广方面有一技之长的“土专家”、“田秀才”等技能型实用人才。加强对农村富余劳动力和农民工的技能培训。对有外出愿望的农村劳动力开展以城市生活常识、职业知识和专业技能为主的教育培训，重点帮助农村“零转移”农户和青壮年劳动力实现转移就业；围绕境内二、三产业发展需要和兰新铁路第二双线等重点建设工程，开展职业技能和创业培训，提高农民就业的适应能力和自主创业能力；围绕农民开展职业技能提升培训，对有关企业和有意愿提升自身职业素质的农民工进行技能提升和转岗技能培训。

拓宽农民增收渠道。深入实施特色优势产业提升行动、草食畜牧业发展行动、农村二、三产业推进行动、农村人力资源开发行动、扶贫开发水平提高行动和强农惠农保障行动等农民增收“六大行动”，提高农民职业技能和创收能力，不断拓展农民增收渠道，多渠道增加农民收入。加快发展劳务经济，着力打造劳务品牌，保障农民工合法权益，促进农村劳动力转移，增加农民务工收入。鼓励农民优化种养结构、发展高效农业，完善农产品市场体系，促进农产品价格保持在合理水平，稳定农业生产资料价格，健全农业补贴等支持保护制度，不断提高农业生产综合效益，增加农民生产经营收入。全面落实增收减负政策，严格执行国家和省上出台的各项支农惠农政策措施，加大公共财政的支农力度，杜绝涉农乱收费、乱摊派，切实减轻农民负担。

二、完善农产品市场体系，促进农产品流通增值

着力推进农产品市场流通体系建设，完善市场基础设施，改善综合服务，增强流通能力，提高流通效率，创造良好的市场流通条件，促进农产品流通增值，有效拉动农业和农村经济持续快速发展。

加强市场基础设施建设。在不断发展多种形式农副产品初级市场的同时，以初级集贸市场为基础，以批发市场为中心，加快传统农贸市场和农产品初级市场的整合、改造和升级，建成一个结构完整、功能互补的农产品市场流通网络；特别是要加强重点产区和集散地农产品批发市场、集贸市场等流通基础设施建设，改善交易条件，提高交易效率。重点加强市场场地的硬化、水电路配套、交易棚厅，以及农产品加工和贮藏保鲜等设施建设，改变市场设施简陋和脏乱差状况。通过向上项目争取，力争建成西部最大的啤酒花交易市场1个。

提升农产品市场体系网络化程度。完善市场服务功能，提高农产品市场体系的网络化程度。加强仓储设施、配送系统、通讯、信息网络、电脑结算系统、农产品质量安全检验检测系统等农产品市场配套设施建设。加快市场信息化建设，逐步健全各级信息服务体系，为农民提供市场信息、购销对接等服务，衔接产销环节，着力解决农产品销售难的问题。

培育农产品市场流通主体。积极发展农产品流通中介组织和农民经纪人队伍，培育“农超对接”龙头企业，支持大型连锁超市、农产品流通龙头企业与农户专业合作组织对接，提高农民参与农产品流通的组织化程度，增强市场竞争力。

规范农产品市场秩序。建立健全农产品市场法律体系和监督机制，加大相关部门综合执法力度，规范农产品市场流通秩序。以公平竞争为原则，致力于维持市场秩序，保护合法经营，维护生产者、经营者和消费者的合法权益，坚决取缔各种违章违法经营，严厉打击制假售假、商业欺诈等违法行为，逐步完善各项交易服务设施。

三、加强农村基础设施和公共服务，改善农民生产生活条件

按照推进城乡经济社会发展一体化的要求，搞好社会主义新农村建设规划，加快公共财政向农村倾斜、基础设施向农村延伸、社会保障向农村覆盖、公共服务向农村侧重、城市文明向农村辐射，改善农村生产生活条件，统筹协调城乡发展。

加强农村基础设施建设。加大农村公路建设力度，加强农田水利基础设施建设，加快推进中低产田改造和大中型水利工程更新改造，做好灌区病险水库加固，大力实施农村饮水安全工程和高效农业节水灌溉工程；到2015年，实现全部

村组通柏油路,新增中低产田改造面积5万亩,节水节能效益明显提高,基本解决农村安全饮水问题。改善农村人居环境,大力实施农村清洁工程,开展农村环境综合整治,加快改厨、改厕、改圈和沼气池建设,积极开展垃圾和污水集中处理,改善环境卫生和村容村貌;到2015年,"一池三改"的农户占到80%以上,垃圾和污水集中处理率达到50%。切实抓好农村危房改造,鼓励有条件的乡镇通过多种形式支持依法建设楼聚式住宅小区;力争到2015年,全市农户砖混、砖木结构住房比例达到90%以上,改造农村危旧房14627户、160万平方米,实现农村危旧房改造全覆盖。继续推进农村电网改造工程,支持农村广播电视信息网络设施建设,提高农村电气化和信息化水平。

加强农村公共服务。提高农村义务教育质量和均衡发展水平,推进农村幼儿园教育免费进程。加强农村三级医疗卫生服务网络建设、新型农村合作医疗体系和医疗保险、医疗救助体系建设。完善农村社会保障体系,进一步扩大农村低保保障范围,逐步提高保障标准;健全农村社会救助体系;在完成并巩固村干部养老保险的同时,启动被征地农民养老保险工作;适时开展新型农村养老保险工作,积极探索科学可行的城乡互相过渡的新型农村养老管理办法。稳步推进农村民居抗震安全工程,加强对农村基础设施、公共设施和统一规划的农民自建房的抗震设防监督管理,提高农民的居住安全水平。加强村级基层组织建设,扎实推进农村社会治安综合治理工作,全力维护农村平安稳定,实现农村经济社会的健康发展。

四、创新扶贫开发模式,增强移民扶贫成效

按照"规划先行、项目支撑、找准路子、措施保障"的工作思路,坚持把"人均一亩高效田、户均一座增收棚、每户一人搞劳务"作为移民脱贫致富的目标,积极争取省市政策、项目支持,严格落实市直部门帮扶包挂移民责任制,加大本级部门物资帮扶力度,实行面上包项目、点上包村、村中包户、与移民增收挂钩的"三包一挂"制度,确保移民帮扶脱贫工作取得明显成效,促进移民持续稳步增收。

持续改善移民生产条件。采取完善排碱渠系、拉沙换土、加大引进耐碱先锋作物等综合办法,改良盐碱土壤,力争到2015年,有80%的中轻度盐碱地得到改良。加快推进移民农田林网、绿色通道、防风治沙等林业生态建设工程,强化移民区周边区域的生态公益林、天然植被封育保护工作,严格禁止无序开荒,切实加强地下水资源管理,争取形成移民区相对独立且完善的生态环境建设保护体系。

重点培育增收产业。确定适合移民乡土壤、气候条件和符合移民群众生产生活习性的主导产业,积极探索"数村一品"的产业培育模式,引导和扶持移民着重发展设施养殖业、枸杞、甘草、葡萄、日光温室和啤酒花等高效特色增收产业，带动发展高效田，不断提高产业化、规模化经营水平，逐步实现“三个一”的增收目标，促进移民收入稳步增加。

抓好移民思想教育和生产就业技能培训。针对移民劳动素质低、思想观念陈旧、生产方式落后、对新兴产业接受慢等问题，结合移民乡的基层组织建设、社会事业发展和精神文明建设，着力抓好移民群众生产就业技能培训，加强移民群众思想道德、文化素质、公民素养和政策法规教育，提高移民自我发展能力，为移民乡经济社会发展注入活力。

第六章　发展繁荣服务业，提升产业发展水平

依托玉门的区位优势和旅游资源，适应经济转型发展的新形势，以旅游、物流、商贸流通、餐饮住宿等产业为主导，聚集人气、商气、财气，带动交通运输、金融保险、信息咨询、购物娱乐、社区服务等产业的发展，全面推动服务业大繁荣，不断提高服务业增加值在地区生产总值中的比重，优化产业结构，提升产业发展水平。

一、以工业旅游为主导，加快发展旅游产业

以玉门新能源基地旅游景区建设和玉门油田红色旅游景区建设列入全省旅游发展规划为契机，科学编制《玉门市旅游经济总体发展规划》和《景区景点开发建设专项规划》，加快提升景区景点质量，加大对外宣传推广力度，创优创名“风电产业摇篮”、“世界风机博览园”、“石油摇篮”、“铁人故乡”等旅游资源品牌，充分利用地处嘉峪关、敦煌两个国际旅游城市之间的区位优势，努力把我市建设成为酒泉—嘉峪关—敦煌黄金旅游专线上的重要旅游接力区。

以实现产业融合为切入点，加强与风电企业、玉门油田和中核四〇四等企业的合作开发，加快风光大道、风机博览园、油田工业设施、核工业博物馆、梯级水电站观光等工业旅游设施建设，联合中石油集团建设油田企业爱国主义教育基地。加快开发“铁人”故乡、火烧沟文化遗址、吾艾斯拱北、赤金峡水利风景区、月亮湾千眼泉、硅化木地质公园、干海子自然保护区等人文历史和自然景观等旅游资源，把工业旅游、红色旅游、休闲度假旅游、民族宗教旅游等旅游业态有效结合起来。以发展“一日游”、“沿途游”为抓手，着力打造精品旅游线路和景区，着力开发特色旅游文化和商品，着力提升旅游接待档次和服务质量，提高旅游资源产业化经营水平。力争到 2015 年，全市接待海内外游客达到 60 万人次，旅游总收入达到 1.75 亿元以上。

二、依托交通区位优势，培育壮大现代物流产业

抓住国家建设九大物流区域、十大物流通道的机遇，依托交通区位优势，培育壮大现代物流产业，畅通物资交流，汇集区域商气，把我市建设成为西陇海兰新经济带上重要的物流集散地和地区性物流节点城市。

按照专业化、产业化、社会化的要求，积极引进中铁快运、圆通、申通等省内外大型物流配送企业，鼓励支持顺兴物流中心、货运中心、邮政速递等物流企业做大做强，通过引进、整合、嫁接等方式积极促进物流企业规模化、集团化发展。鼓励发展覆盖城乡的区域性中小物流速递企业，形成联通内外、高效便捷、服务周到的快递服务网络。加快建设新市区货运市场、储销市场、城市物流配送中心、物流公共信息平台等城市物流工程和"万村千乡"市场、农产品直销市场、农资及日用消费品配送中心、农产品冷链物流设施等农村物流工程。加快现有物流设施的标准化改造，构筑以现代综合交通体系为主的物流运输平台、以现代通信和网络技术为主的物流信息平台、以规模仓储和自动化管理为主的物流储存配送平台，逐步建立以功能性物流中心和多层次配送中心为节点的覆盖城乡的现代物流体系。加快物流园区建设，重点在新市区和东镇建化工业园建设两个集运输、仓储、配送及配套服务为一体的现代化物流园。

三、做大规模优化布局，积极繁荣商贸流通产业

以新市区为重点，坚持新建与改造相结合、专业与综合相结合，优化商业布局，提升商业形象，推进商贸流通产业发展繁荣，激发城乡消费活力。

深入推进商贸流通"4561"工程，明确功能分区，完善配套设施，引导各类商户集中经营、聚集发展。重点培育新市区新城商业区、新市区老城商业区、老市区北坪商业区、花海集镇商业区等"四个商业区"，着力打造祁连路商业步行街、地方名优小吃一条街、汽摩销售配件维修一条街、通安路建材装饰一条街、老市区自由路商业步行街等"五条商业街"，新建新市区商汇综合市场和盛浩建材市场、改建规范新城中兴市场、老城农贸市场、人民市场、老市区北坪集贸市场等"六个市场"，在昌盛大道东侧新建"一个大型综合商场"。鼓励发展中高端品牌经营，切实提高经营档次；加强市场监管，杜绝假冒伪劣商品，完善售后服务体系，切实提高服务质量；积极引入连锁销售、专卖经营、超级市场等现代经营方式，切实提升经营业态；大力实施商业街区和专业市场美化、量化工程，规范店面装饰、突出特色风格，切实提高整体商业形象。

四、塑造品牌提高档次，着力提升餐饮住宿产业

以打造品牌、提高档次、改善环境、提升质量为导向，促进餐饮住宿产业与物流、旅游产业联动发展，推动餐饮住宿产业向重品牌、重特色、重文化、重质量的方向迈进，适应居民饮食消费社会化和旅游、物流经济大发展的需求。

整顿规范餐饮市场，大力发展地方名优特色餐饮，鼓励扶持“祁连清泉羊羔肉”、“农家饭”、“农家园”等地方特色企业发展，改善“疏勒人家”、“昌盛人家”等农家园经营环境，着力开发农家菜品，打造地方特色名优餐饮品牌。积极引进省内外特色餐饮名店和品牌连锁餐饮企业，提升全市餐饮业的档次和水平，满足不同群体的消费需求。加快星级宾馆酒店建设，不断提高全市住宿行业的接待能力和档次。鼓励玉门宾馆、裕盛山庄、阳光酒店等星级宾馆酒店加强软硬件建设，推行现代管理模式，加快晋星升级。在新市区昌盛大道周边区域建设1～2个四星级商务宾馆酒店，培育壮大3～5家集吃住娱乐为一体的骨干企业，打造本地标志性酒店品牌。积极引进国内知名的经济型连锁经营宾馆酒店，规范本地三星级以下经济型宾馆酒店的发展。强化餐饮住宿行业食品、卫生监督监管，加强对从业人员业务素质、礼仪规范等方面的培训，通过创先争优评选活动，提升餐饮住宿行业经营管理质量和服务水平。

五、大力发展其他服务业，增强综合配套服务能力

以旅游、物流、商贸流通、餐饮住宿产业为主导，改善投资环境、加强招商引资，积极鼓励和引导市内外各类投资主体在更广泛的领域、更深入的层次上参与服务业的发展，全面推进金融保险、信息咨询、房地产和社区服务等其他服务业的繁荣壮大，增强经济社会发展的综合配套服务能力。

积极发展金融保险、信息咨询等现代服务业。尽快研究、落实各项优惠政策，做好“招商引行”工作，加大吸引兰州银行等省内外股份制商业银行在玉门设置分支机构的力度，督促和支持四大国有商业银行玉门市支行尽快回归玉门。鼓励商业银行、农村信用社和邮政储蓄银行在全市范围内增设营业网点和自助服务终端，扩大规模，改进服务，丰富金融服务工具和产品，提高金融服务效率。积极稳妥地推进村镇银行、小额信贷公司等新型农村金融机构的发展，提升农村金融服务水平。积极鼓励和引导证券、信托、租赁、典当业的规范发展。支持发展网络信息技术应用与咨询等信息服务业，大力规范发展会计服务、法律服务、管理咨询、工程咨询等中介服务业，逐步建立和完善与特色优势产业发展相匹配的生产性服务业体系。

稳步发展房地产业，积极发展社区服务等新兴服务业。以改善居民居住水

平和质量为目的，稳步推进房地产业和装饰装修行业的发展；重点抓好廉租房、经济适用房、限价商品房等保障性住房建设，大力推进新市区房地产开发；积极鼓励民间资本兴办物业管理企业，倡导专业化管理，不断提高物业管理服务水平。加强社区服务设施建设，鼓励社会力量兴办诸如便民超市、社区商店、社区医务室、家政服务、托儿养老等各种便民利民的社区服务业，促进社区服务业发展壮大。积极发展健康有益的大众化娱乐、健身等文化和体育产业。

第七章　抓好城镇建设，加快城镇化进程

按照“立足实际、超前规划、遵循规律、因地制宜、量力而行、尽力而为”的工作思路，牢固树立“高起点规划、高标准建设、高效能管理、高水平经营”的发展理念，进一步健全城镇规划体系，构建合理的城镇发展格局；着力抓好城镇基础设施建设工作，增强城镇服务配套能力和集聚辐射功能；改善城镇管理和经营水平，全面提升城镇形象与品位；逐步形成特色鲜明、功能完善、环境优美、文明和谐的城镇体系。努力把我市打造成以能源产业为依托、以生态环境为先导的石油新城、能源新都、戈壁绿洲上的低碳示范新城。

一、加速推进城镇规划编制，构建城镇发展新格局

根据当前全市城乡建设和发展的实际，加速推进城镇规划编制工作，健全城镇规划体系，加大规划执行落实力度，切实提高规划对城镇建设的指导、规范和调控作用，着力构建以新老市区为核心、以玉门镇、花海镇、赤金镇三个中心小城镇为节点，以其他乡镇和中心村为依托，层级分明、梯度推进、相互衔接、以城带乡、城乡互动的城镇发展新格局，加快全市的城镇化进程。

把新、老市区作为城镇体系的第一层次，加快建设新市区，改造提升老市区，逐步完善城市功能、大力提升城市形象、着力提高城市首位度，积极推进工业向园区集中、基础设施向城市周边辐射、城郊村和城中村农村转社区、农民变市民，增强新、老市区的辐射带动能力，将新市区打造成以能源新都、石化新城、戈壁绿洲上的低碳示范新城为定位的全市发展的主核心，将老市区打造成以“百年油城”、石化工业基地为定位的全市发展的次核心。把玉门镇、花海镇、赤金镇三个中心小城镇作为城镇体系的第二层次，加快建设镇域工商业体系，促进产业集聚；加快完善城镇基础设施和公共服务体系，推进农村人口向城镇集中、土地经营向规模大户集中；突出城镇特色，提高发展质量，逐步把三个中心小城镇真正建设成为承接新、老市区辐射、带动周边乡镇发展的片区发展中心。把其他乡镇和中心村作为第三层次，大力推进特色优势农业的发展和农业产业化经营，积极创造条件，促进人口适度集中，增强配套服务新、老市区和中心城镇的能力，逐步

实现城乡一体化发展。

二、加快城镇基础设施建设，完善城镇功能

按照“统一规划，合理布局，配套建设”的工作思路，进一步加大对新、老市区和玉门镇、花海镇、赤金镇三个中心小城镇的基础设施建设投入力度，进一步完善和提升城市整体功能。

加强新、老市区基础设施配套。新市区要继续改造完善路网、管网、电网、通讯网、环卫、消防等基础设施，加速推进垃圾处理、污水处理、集中供热、天然气入户、城市道路、电网改造、供排水和绿化、亮化、美化等基础设施工程。重点建设石油大道、风光大道等10条30.35公里的城区道路，同步配套完善供排水、亮化、环卫等设施；建设热源厂一座，新建和改造热力站9座，新增一级供热管网2×5.75公里；新建输水总管线30.6公里，在水源地建设1.5万立方米清水池2座，安装供水控制系统及计量设施，改造输水破损老化管线10公里；建设日处理能力5000吨的污水回用处理厂一座，新增污水管线25.27公里，回用水管线15.51公里；建设年供气能力达924万立方米的天然气供气门站1座，并配套输气入户管网；建设日处理垃圾100吨的垃圾焚烧场一座。加快生态环境建设步伐，重点实施城市防洪、公共绿化、“一园两轴三湖四带”城市水景生态工程等。老市区要积极争取中石油集团公司支持，加大老市区市政设施维护改造和闲置资产盘活力度，完善更新集中居民区道路、供暖、供水和排污等设施。重点改造老市区道路21公里、人行道3万平方米，并配套绿化、亮化、美化等设施；修复5条城市防洪渠，完成城区绿化，并收缩边缘、整治环境，配套相关设施；在老市区新建日处理垃圾80吨的垃圾处理场一座。

推进中心小城镇基础设施建设。科学规划、统筹布局，不断加强玉门镇、花海镇、赤金镇三个中心小城镇的供排水、交通、环卫、信息等基础设施的投入力度，逐步提升中心镇的基础设施建设水平和供给能力，增强和完善中心镇的功能。以中心镇水源地和供排水管网建设为重点，增强中心镇供水保障能力。以提高中心镇路网密度为核心，合理规划建设中心镇内部路网，不得将公路主干网作为中心镇内部路网，研究解决中心镇道路建设的资金来源问题。加强农贸市场、公共厕所、垃圾房、垃圾中转站配套建设，协调好通信、有线、宽带信息线路建设。不断完善中心镇的居住功能，满足居民不同层次的需要，实施居住区开发示范工程，鼓励开发建设特色小区。加强中心镇的绿地建设，因地制宜，合理划定镇区范围内的绿化空间，建设公园绿地、环城绿化带、社区居住区绿地、企业绿地和风景林地，围绕城镇干线和城镇水系等建设绿色走廊，形成点线面结合的绿地系统，严禁侵占绿地，改善中心镇的人居环境。

三、完善城镇管理机制，提升城镇形象和品位

按照美化、亮化、绿化、净化的要求，坚持建管并重，完善城镇管理机制，全面加强对广场、公园、城区道路、人行道、路灯、垃圾箱、绿化带等市政设施的更新维护，努力提高市政设施的使用寿命和利用效率。继续加大对园林绿化、环境卫生、市(镇)容市(镇)貌、交通秩序、物业管理等的整治力度，着力提升城市形象和品位。完善城镇防灾保障机制，做好城镇防灾保障规划，制定城镇供排水、供热、供气、交通等防灾应急预案，增强城镇综合防灾应急能力。认真开展新市区地震区划工作，为城市基础设施建设提供科学翔实的抗震设防依据。强化城镇建设工程抗震设防工作，依法把抗震设防纳入基本建设审批程序，稳步提高建设工程的抗震性能。加强城镇交通、通信、气象、卫生、公安、城建等信息资源的综合开发利用，完善城镇管理信息系统，构建城市交通管理、社区服务、市政设施、应急联动等综合信息服务平台，不断提高城市信息化管理水平。进一步健全有关城镇管理的法律法规体系，明确建设、城市综合管理执法、房管等部门的职能职责，整合城镇管理资源，建立分级负责、条块结合、权责分明、运行有序的城镇综合执法管理格局。加大宣传力度，提高城镇居民的文明素养，深入开展了文明单位、文明庭院创建活动，提高广大群众关注城镇建设管理的积极性和参与度。

四、树立经营城镇理念，增强城镇经营效能

大力推进资本营运，坚持用市场经济的办法经营城镇，努力在城镇经营上实现重大突破，增强城镇经营效能。通过“政府引导、政策支持、市场运作、社会参与”的方式，坚持“谁开发谁管理、谁投资谁受益”的原则，激活民间资本，鼓励各类民间资本以独资、合资或 BOT(建设—经营—转让)、BTO(建设—转让—租赁经营)、BOO(建设—经营—享有)等特许经营权转让的方式参与城镇基础设施和公益性设施建设。全面归集和盘活城镇建设用地、基础设施、公用设施等有形资产存量及附着于其上的冠名权、广告经营权等无形资产，通过转让、拍卖、租赁等形式使其进入运营状态，促进城市建设资产的滚动增值，实现“以城建城”。坚持政府垄断土地一级市场，规范培育二级市场，健全完善城镇土地的征用、储备和出让制度，完善城镇土地管理制度，促进城镇建设用地保值增值；充分利用好城镇土地资源，按照“以地生财、以房带路、以路促建”的思路，合理规划、科学布局，加快新老市区和三个中心镇的开发建设。

第八章　加强基础设施建设，夯实基础支撑

坚持统筹城乡、适度超前、重点建设的原则，加强交通运输体系建设、推进电

网扩容改造、健全信息广电网络，提升基础设施建设水平和保障能力，夯实发展基础，逐步消除制约全市经济社会发展的“瓶颈”约束。

一、强化交通运输体系建设，便捷城乡交通

以公路交通运输为骨干，以铁路和航空运输为补充，加快建设优势互补、布局合理、运能充分、快捷通畅的交通运输网络，便捷城乡交通。

着重推进公路交通网络建设，提升公路通畅水平。按照“近期连通、中期成网、远期完善”分阶段实施的发展思路，以市、镇及乡村公路通畅、网络化为目标，加快公路交通建设，逐步形成以过境国道、省道线路为主干，境内县、乡、村公路协调配套的公路交通运输网络，增强全市公路交通的畅达能力和通畅程度。促进县乡公路通畅化，重点建设玉门镇至昌马乡、G312 线至玉门东镇、清泉至白杨河、昌马至石包城乡、X268 线至青西油田联合站至鱼儿红、金塔生地湾至玉门市花海镇、独山子至大昌河开发区、嘉玉路至戈壁庄农场、昌马乡至三个泉铜铁矿、花海镇至玉管局农场至嘉峪关、花海镇至金庙沟煤矿、嘉玉路(玉门老市区)至小金湾乡、小金湾至柳湖乡、小金湾乡至赤金镇、玉赤路至红柳峡雅丹地貌等 15 条共 712 公里通乡公路和玉门新市区至硅化木地质公园的 65 公里旅游公路；完成对 123.2 公里的老旧县乡路及 G30 高速公路玉门市东出口至西出口段 13.7 公里道路的维修改造，加快推进国有农林场 327.85 公里通达和 327.85 公里通畅工程建设；积极规划建设城乡结合部公路，大力改善农村公路，重点加快移民乡村公路建设，推进村道网络化，建设完成 518.8 公里通村公路，提高农村客运站场覆盖率，增强点线配套能力。提高道路等级和质量，铺筑油路 1918.15 公里，路网高级、次高级路面比重达到 90%以上；力争实现境内国省道干线公路达到二级及以上技术标准，全部通乡(镇)公路达到四级及以上技术标准，全部通村公路沥青(水泥)化。

加快发展铁路和航空运输，拓展交通运输体系。积极支持兰新铁路第二双线过境段的建设，加快工程建设进度；切实抓好玉门东镇原铁路车辆段闲置资产和铁路专用线的保护和恢复利用工作，满足建化工业园仓储物流发展需要。做好项目选址和前期可研论证工作，加大向上争取力度，力争将玉门支线机场和昌马直升机备降点建设项目列入国家“十二五”民航机场建设规划，拓展交通运输方式和体系。

二、加快电网更新改造，保障电力供应

立足全市配电网发展现状，以保障城乡企业和居民生产、生活用电需求为目标，全面推进城乡电网更新改造，大力改善配电网设施水平，积极推广配电自动

化运行，着力优化配电系统网架结构，加快应用电网新技术和节能型设备，切实提升全市电网运行的安全性、可靠性和经济性，为全市经济社会发展提供强有力的电力保障。

加快农村电网建设和改造步伐，提高农村电气化水平。紧密结合国家电网公司“电网坚强、资产优良、服务优质、业绩优秀”的发展目标，加快实施“新农村、新电力、新服务”农电发展战略，立足近期建设与远景发展相结合的方针，坚持统筹兼顾、全面规划、合理布局、科学发展，着力加快农村电网建设和改造步伐，不断完善农村配电设施和电网结构，提高电网供电的安全性、可靠性及电能质量和电能应用普及率，进一步规范和强化农电供用管理，提升农村电气化水平，为农村经济社会发展提供强有力的电力保障。重点完成农村 618.2 千米 10 千伏线路和 300 千米 0.4 千伏线路的新建和改造，新建配电变压器 300 台、10 千伏配变台区监控系统一套、10 千伏分段开关 30 台，安装 10 千伏、0.4 千伏无功补偿装置 1000 千伏、电压监测仪 50 台、远程集抄系统 10000 户。

进一步完善城市配电网络系统结构，促进电网安全可靠运行。以完善现有电网为基础，加大新规划区域电网的建设力度，加强城镇居民用户“一户一表”的“四到户”管理，不断改造和完善玉门市高、中、低压配电网，增加配变布点，缩短供电半径，提高电能质量，促进电网安全、可靠运行，保障城市企业和居民生产、生活用电需求，为城市发展和产业园区建设提供强有力的电力支撑。重点在新市区新建 182 千米 10 千伏线路，改造 60 千米 10 千伏线路和 300 千米 0.4 千伏线路，新建新市区东 10 千伏开闭所 1 座、配电变压器 41 台、10 千伏分段开关 15 台，安装 10 千伏无功自动补偿装置 10 台、电压监测仪 30 台、智能型开关及刀闸 20 套、远程集抄系统 8000 户；在老市区新建 44 千米 10 千伏线路和 38 千米 0.4 千伏线路，新建配电变压器 46 台，安装 10 千伏无功自动补偿装置 6 台、电压监测仪 6 台、智能型开关及刀闸 10 套、远程集抄系统 5500 户；建设县调自动化集控中心一座，客户服务中心 20 个。

三、健全广电通讯信息网络，打造“数字”玉门

着力推进信息基础设施建设，进一步扩大广播、电视、通讯和互连网系统的覆盖范围，不断提高广电通讯信息网络的综合服务能力和应用水平，逐步实现信息传输的宽带化、数字化、广覆盖和信息服务的按需接入，促进信息资源开发和利用，打造“数字”玉门。

加大广播电视网络基础设施建设力度，按照通村、入户、富民的工作思路，以移民乡镇为重点，全面推进广播电视“村村通”工程和数字化转换工程，着力提高传输覆盖的质量和水平；到 2015 年，广播电视综合覆盖率达到 100%，力争基本

实现有线广播电视户户通，全面实现广播电视数字化。健全和完善全市广播电视应急体系和覆盖城乡的广播影视公共服务体系，全面提升广播电视安全播出保障能力。进一步实施信息通讯网络升级改造工程，加快3G网络、光纤宽带传输、下一代互联网等电信新技术的应用，逐步形成以光缆为主要物理媒介，多种传输技术协调配合的大容量、高带宽、高质量的基础网络平台。以农村特别是移民乡镇为重点，以“光缆入村、宽带入户”为抓手，在全市范围内大力普及电话和宽带互联网的应用；至2015年，全市城乡电话覆盖率达到100%，城市和农村计算机普及率分别达到65%和25%，城市和农村宽带接入用户分别增加1万户和5000户。成立“三网融合领导协调小组”，加强广电部门和电信部门的沟通、协作，大力推进广播电视网、电信网和互联网“三网融合”。

以信息基础设施为依托，以信息资源开发利用为核心，积极整合城乡信息资源，进一步健全区域信息基础平台，加快建设“数字玉门”，不断完善城乡信息服务功能，提高全市的信息化水平。加快推进以地理信息系统(GIS)建设为重点的社会信息化建设、以电子政务系统建设为重点的政府信息化建设和以扩大信息技术运用及企业人才、技术等要素交流平台建设为重点的企业信息化建设，在国土资源、城乡建设和管理、经济运行、产业发展、科技教育、人口管理、公共卫生等经济社会领域逐步实现资源共享，促进数字社区和农村信息网络建设，形成较为完善的现代信息服务网络。

第九章　推进生态建设和环境保护，构建“两型社会”

以建设资源节约型、环境友好型社会和“生态文明城”为目标，树立绿色、低碳发展理念，切实加强生态环境保护、修复和综合治理，狠抓节能减排，促进资源节约利用，倡导绿色消费，推进人口资源环境的全面协调可持续发展。

一、加强生态建设和修复，建设生态文明

坚持保护优先、开发有序的原则，严格控制生态脆弱地区的自然资源开发，以控制不合理的资源开发活动为重点，强化对水源、土地、森林等自然资源的生态保护。突出治沙造林、退耕还林、退牧还草、天然林保护、“三北”防护林五期、植被保护、小流域生态治理、水土保持、湿地保护等生态工程建设，促进生态环境逐步好转；加强南山、昌马、干海子三个自然保护区的生态保护与管理，有效保护生物多样性，促进自然生态恢复；按照谁开发谁保护、谁受益谁补偿的原则，加快建立生态补偿机制。加强水源保护区、风景名胜区、重要生态功能区和矿产资源开发区的生态保护与管理，形成全面保护、重点开发、依法管理、严格执法的局面，有效防止边治理边破坏生态环境的状况，促进自然生态的恢复。

二、抓好环境保护和治理，打造宜居城市

正确处理环境保护和经济发展的关系，树立“保护也是发展，发展促进保护”的理念，积极保护且改善环境。重点抓好“一地两河三区”，进一步强化对饮用水源地的强制性保护，全面排查饮用水源保护区和上游污染源，继续推进排污口取缔关停，加强水污染综合整治；持续开展小流域综合治理，加大石油河流域污染治理力度，保护好疏勒河（昌马河）水质；强化三个工业集中区环境监管力度，实施污染物排放总量控制、排放许可证和环境影响评价制度。突出四个重点：一是健全环境监管体制，建立环境监察、监测系统和污染事故预警应急系统，将发展过程中的资源消耗、环境损失和环境效益纳入经济发展评价体系，强化建设项目环境管理、环境准入制度和污染物总量控制，提高环境监督管理能力；二是积极推广和普及资源节约、替代和循环利用技术，淘汰落后技术、工业和装备，引导企业开展清洁生产审计和 ISO14000 环境管理体系认证，从源头削减和预防污染物的产生，实现由末端治理向污染物预防和生产全过程控制转变，减少资源消耗和废物排放；三是进一步深化污染治理和环境综合整治；四是不断加大环境监管能力的建设投入，加强执法队伍的管理素质，提高环境监管能力和自身执法水平。落实五项工作：一是广泛深入地开展环境保护和生态文明宣传教育，促进全社会参与环境保护，推进环境宣传教育的社会化、大众化；二是全面推行环境行政执法部门与司法机关的协调配合，加大司法介入力度，严查环境违法行为，杜绝地方保护和部门保护；三是以项目建设带动环保事业发展，积极争取国家和省级环保项目，抓好环境保护重点项目和重点环境保护工程建设进程，科学核算环保与治污成本，推广环保新技术，用经济杠杆调动企业和社会治理污染和保护环境的积极性；四是加强对城市大气污染、水污染、垃圾污染和噪声污染的综合治理，完善城市排水系统和污水管网建设，推进垃圾分类收集、密闭转运，提高城镇生活污水和垃圾处理率；积极防治农村面源污染，加强农村水源污染治理，科学使用农药化肥，重视农村垃圾集中收集，提高废弃物处置水平；五是坚持预防为主、防治结合，集中力量解决严重影响人民群众健康安全的突出问题，加快实施蓝天、碧水、绿地、洁净四大工程。到 2015 年，集中式饮用水源地水质达标率为 100％；城市大气环境质量指标控制在国家二级标准以内；“三废”排放量和国家规定的 4 种主要污染物排放量控制在计划指标内；城市生活污水集中处理率达到 80％；城市生活垃圾无害化处理率达到 90％。

三、鼓励资源节约利用，倡导绿色消费

以节能、节水、节材、节地和资源综合利用为目标，加快建立节约资源的体制

和工作机制，依靠科技进步，加强监督管理，在决策、技术支持、资源使用各个层面和生产、服务、消费各个环节全面推进节约型社会建设。

大力推进节能、节水、节材。建立节能降耗的推动机制，引导和鼓励企业加强管理，实施节能改造，建立低能耗、高效益的生产线，提高能源利用效率。大力发展节能建筑，全面推广新型节能建筑材料，推动既有建筑节能改造，推进低耗能、超低耗能和绿色建筑示范工程。引导商业和民用节能，在公用设施、宾馆商厦、居民住宅中推广采用高效节能产品，政府带头执行公共建筑空调室内温度标准，切实降低能源消耗。加大节水设备和工艺推广应用，使工业用水循环利用率达到60%以上。加大供水系统的管理和维护，减少管网漏损。加快中水回用设施及住宅小区配套雨水收集与处理系统建设，推动中水回用和公共建筑、生活小区、住宅节水，节约城市绿化、洗车用水，严格控制超采、禁止滥采地下水。提高原材料利用率，严格执行禁止过度包装法规政策。探索建立再生资源回收利用运行机制，建立再生资源回收利用系统，培育和发展再生资源回收利用产业。在全社会广泛开展创节约型城市、节约型政府、节约型企业、节约型社区的创建活动，引导全社会形成良好的节水意识和行为。

强化节约和集约化利用土地。落实土地用途管理制度，严格执行土地利用总体规划、年度用地计划和建设用地定额指标，完善土地使用市场准入制度，加强对闲置土地的管理和处置，提高土地利用效益。严格执行耕地保护制度，实施耕地总量动态平衡管理，适度开发耕地后备资源。开展农村集体建设用地流转管理试点，按照集约利用土地的原则做好村镇规划和建设，促进农村建设用地的节约、集约利用。积极推进土地整理，进一步提高耕地质量和产出水平。

倡导绿色消费。大力宣传和普及绿色消费知识，教育广大群众正确理解绿色消费内涵，积极倡导绿色生活方式和文明消费、适度消费、循环消费行为，推进消费观念的更新，鼓励节约使用、反复使用，提高全民节约意识，营造建设资源节约型、环境友好型社会的良好氛围，在全社会形成崇尚节俭、科学消费的观念。

第十章　扩展公共服务，促进社会和谐

坚持以人为本，以满足城乡居民全面发展和多样化、多层次的公共服务需求为目标，不断加大劳动就业、医疗卫生、科技教育、文体事业、社会保障、社会求助、防灾减灾、社区公共服务和民生综合服务体系的投入和建设力度，提高公共服务供给和保障能力，增强应对突发公共事件的能力，全面推进小康社会与和谐社会建设，使广大人民群众能够更好地共享改革发展的成果。

一、加大就业服务力度，提升就业水平

坚持劳动者自主择业、市场调节和政府促进就业的方针，强化政府促进就业的公共服务职能，健全就业服务体系，实施积极的就业政策，全面提升就业水平。

努力拓宽就业渠道。充分发挥项目带动就业、企业吸纳就业、服务业扩大就业的作用，通过推动大中型项目建设、扩大招商引资引进外来企业、大力发展就业容量大的劳动密集型中小企业、农副产品加工业、服务业和公益性服务等形式，广开就业渠道，千方百计增加就业岗位。进一步完善劳动者自主择业、市场调节就业、政府促进就业的市场导向就业机制。加强创业意识教育，转变就业观念，支持和鼓励自谋职业、自主创业，积极引导和推行阶段性就业、弹性就业等灵活多样的就业方式。大力发展劳务经济，鼓励农业劳动力向非农产业转移。"十二五"期间，力争新增城镇就业岗位 10000 个，城镇登记失业率控制在 4.5%以内，每年实现农村劳动力输转 10000 人。

加强就业服务和管理。按照建立统一开放、竞争有序的劳动力市场的要求，建立劳动力市场，加大对劳动力市场信息网络及相关设施的投入，健全劳动力市场信息服务体系，完善市场信息发布制度。鼓励劳动者参加各种形式的培训，支持市委党校、职业中专、农业广播电视学校、农业机械化学校、就业训练中心、用人单位依法开展就业前培训、在职培训、再就业培训和创业培训。力争在"十二五"期间，完成培训下岗失业人员 5000 人、农村劳动力转移就业技能培训 60000 人。充分发挥乡镇和社区在促进就业中的作用，加强乡镇、街道、社区再就业平台建设。促进和规范就业中介组织发展，鼓励社会各方面依法开展就业信息、技能培训、劳务租赁、劳务输出等就业服务活动。

实施积极的就业政策。用好国家资源型城市转型试点政策和就业再就业扶持政策，落实职业介绍和职业培训补贴费，做好对口紧缺专业高校毕业生、返乡农民工、复转军人和下岗失业人员的就业再就业工作，通过购买公益性岗位，重点解决困难群体就业难的问题。为全市下岗失业人员提供社会保险，支持下岗人员再就业，凡是由政府投资形成的公益性岗位，要优先安排大龄就业困难人员，特别是"4050"下岗职工。引导、鼓励农村劳动力外出就业，鼓励农民就地转移就业，建立健全零就业家庭动态援助工作机制。

二、完善医疗卫生体系，强化医疗保障

坚持以深化医药卫生体制改革和完善医疗卫生服务体系为主线，以提高医疗服务的供给能力和水平、体现服务的人性化、阳光性、公正性和可及性为核心，积极推进卫生管理法制化、资源配置科学化、卫生服务优质化建设，切实维护好、

实现好人民群众最根本的健康权益，促进全市卫生事业全面、协调和可持续发展，强化城乡居民的医疗卫生保障。

切实完善城乡医疗卫生服务体系。在市区，集中人力、物力和财力办好1家县级综合医院、1家中医医院、2家社区卫生服务中心及8个社区卫生服务站；在农村，确保每个乡镇建成1所标准化卫生院和1所规范化计生服务所、每个行政村设立1家村卫生室；重点实施完成玉门市人民医院住院医技综合楼、市卫生局卫生监督所、鼠疫检测站及地方病培训基地、精神卫生科、1家街道卫生社区服务中心和8个社区卫生服务站、3家乡镇卫生院、4个农垦团场卫生院及90个村卫生室等110个建设项目。

着力深化医药卫生体制改革。坚持政府主导，强化政府责任，加强政府在制度、规划、筹资、服务、监管等方面的职责，维护公共医疗卫生的公益性。全面推进国家基本药物制度的基层医疗卫生机构药品"零差率"销售制度，改变医疗机构"以药养医"机制，从根本上减轻群众医药负担；推进基本公共卫生服务逐步均等化，实施国家9类基本公共卫生服务和重大公共卫生服务项目，实现城乡居民享有基本公共卫生服务；健全完善城镇职工医保、城镇居民医保和新型农村合作医疗等三个医疗保障体系；积极探索公立医院改革，体现公立医院公益性质，提高医疗水平，降低医疗费用，努力满足人民群众不同层次的医疗服务需求。

切实加强公共卫生和应急体系建设。建立以政府为主导，全社会参与的城乡三级突发公共卫生事件应急处置体系，实现公共卫生信息网络和120急救网络覆盖城乡全部人口。进一步改善卫生监督、疾病预防控制、妇幼卫生等专业卫生机构的设施条件，提高综合服务能力，抓好疾病预防控制工作，突出重点，强化管理，落实措施，确保重大地方病和传染病得到有效预防和控制。

加快卫生人才队伍建设。积极协调和发挥各方面力量，力争用5年时间，把玉门市人民医院打造成为酒嘉地区知名医院，建成2个省级特色专科和5个市级中医特色专科，树立15～20名确有专长和成就，并具有较高影响力的名医。引进10名学科带头人和技术骨干，招录60名兰州医院等高等医学院校本科毕业生，建立一支结构合理、医术精良、群众公认的卫生领军人才队伍。

坚持中西医并重发展。进一步加强中医药工作，完善中医药服务体系，提高中医药服务水平。大力开展中药验方推广普及和中药材种植工作，加大中医药事业扶持力度，积极落实国家和省上制定的发展中医药优惠政策，形成全社会关心支持中医药发展的良好氛围。

三、健全社会保障体系，解除后顾之忧

按照切实保障、逐步改善的方针，建立健全以养老保险、医疗保险、失业保

险、工伤保险和生育保险为基础，覆盖全市及各乡镇的社会保障体系；全面落实城乡居民最低生活保障、城乡居民医疗救助、临时救助、灾害救助、五保供养等社会救助制度和城镇居民基本住房保障制度，在切实保障城乡困难群众基本生活的基础上，使其生活水平得以逐步提高。

扩大社会保险体系的覆盖面。以扩大社会保险覆盖面为重点，进一步落实《社会保险法》，积极推进基金征缴和监管工作，加大社会保险费的依法征缴和清欠力度，严格执行社会保障基金管理的政策规定，完善基金管理流程，推进内控制度建设。切实加强养老金的社会化发放进程和养老基金的“收支两条线”管理，充分保障离退休人员的基本生活；着力推进失业保险的覆盖面，强化基金运作能力，提高失业保险的保障功能。扎实推进农村社会保险制度建设，积极开展新型农村养老保险、农民工工伤保险，全面落实农村人口各项社会保险待遇。

努力推进社会救助体系建设。切实保障和改善困难群众的生活。继续推进以城乡居民最低生活保障制度为主体，以医疗、教育、就业、住房和法律等专项救助为辅助，以城乡居民医疗救助、临时救助、灾害救助、社会帮扶和慈善互助为补充，以制度为依托，覆盖全市城乡的社会救助体系，按照城乡一体化的要求，集中人力、物力和财力加快基本养老服务、城乡社区公共服务、防灾减灾基础设施和民生综合服务设施等救助项目建设，努力改善社会救助基础条件，建立专业社会服务和义务工作者队伍建设，为社会弱势群体提供切实有效的救助服务。

继续建立健全城镇居民基本住房保障制度。加快城镇保障性住房建设，改善城镇居民基本居住条件。着力解决低收入家庭住房困难问题，加快推进棚户区改造，积极增加廉租房和经济适用房房源，使人均住房 13 平方米以下低收入住房困难家庭住房基本得到保障。努力解决中等偏下收入家庭住房困难，加快建设公共租赁房和限价商品住房。“十二五”期间，争取改造玉门市新、老市区、饮马农场、农垦建筑工程公司、农垦裕盛公司、国营黄花农场棚户区 613589 平方米，建设住宅 6624 套；建设廉租住房 470 套，23500 平方米。

四、优化教育资源配置，提升教育水平

坚持以提高教育教学质量为中心、以改革创新为动力、以队伍建设为载体、以强化管理为突破口，大力实施“科教兴市”和“人才强市”战略，加快发展教育事业，全面推进素质教育，积极整合教育资源，逐步建成“布局合理、体系完整、发展均衡、质量一流”的教育体系，提升教育事业发展水平。

合理优化学校空间布局。按照集中优势师资、办学设施，办好重点学校的思路，积极推进新市区学校建设的进程，加快城乡学校教育布局调整步伐，合理优化城乡之间的教育资源配置，集中优势资源办好中心城镇的教学设施。

着力提高教育教学质量。巩固“两基”成果，努力扩大高中教育和中等职业技术教育，尝试推行包括3年幼儿教育在内的12年义务教育制，提高教育教学质量，全面发展教育事业。进一步改善办学条件，重点实施寄宿制学校建设，进一步调整优化教育布局结构。加强师资队伍建设，建立优化教师队伍的有效机制，实行教师资格制度，拓宽教师选聘渠道，改革教师任用制度，逐步实行教师聘用合同制，变身份管理为岗位管理，优化教师职务结构，切实提高教师队伍整体素质。改革教育模式，改进教学方法，大力发展现代远程教育，提高教育现代化、信息化水平，初步形成覆盖全市的现代教育体系。

积极改善学校办学条件。围绕建立“以新市区为中心的教育新框架”，根据新市区人口增长变化，促进各类教育协调发展，新建玉门镇寄宿制初中，扩建高级中学、石油中专，适时启动玉门市第三小学、第三幼儿园建设工程，满足新市区群众子女的教育需求。以寄宿制学校建设为引导，实施花海民族中学和花海、柳湖、独山子以及四个团场的中心小学建设项目，完成花海区域“一镇三乡”和四个团场的布局调整目标。按需调整老市区中小学、幼儿园布局，加大校舍维修改造和教学仪器设备购置力度，解决学校办学规模小、效益低和运转难的矛盾，保证老市区教育事业健康发展。

五、繁荣文化体育事业，丰富居民生活

以适应新时期城乡居民多样化的文化体育生活需求为目标，以建设文化体育大市为抓手，继续加强文化体育设施建设，坚持不懈地发展文化体育事业，全力打造繁荣、健康、活跃、有序的文化体育阵地，不断丰富人民群众的文化体育生活。

积极发展特色文化，繁荣文化事业。推广文化传播，繁荣文化事业，把文化作为经济社会发展的内在动力，树立开发文化新品、精品的意识，加大历史文化资源的研究保护和开发利用力度，鼓励文化人才的培养与创新，推动各种文化资源的有效整合，带动文化事业的全面发展。提高公共文化设施水平和服务能力，新建玉门市数字影剧院，重点推进以文化“三馆”（文化馆、图书馆、博物馆）和乡镇（街道）综合文化站、村（社区）文化图书室、组文化活动室等为核心的文化基础设施建设，形成覆盖城乡、内容充实、功能齐全的公共文化设施网络体系。完善基层文化服务体系，大力继承和弘扬民族传统文化，积极引入和学习优秀外来文化，优先扶持和促进优秀民间艺术和地域特色文化的发展，提升文化底蕴。积极开展各种形式的政府和民间文化活动，不断提高独具特色的文化活动质量，着力丰富居民文化生活。

大力发展体育事业，增强人民体质。加强全民体育运动健身场地和设施建

设，加快建设玉门市体育场（馆），构筑以玉门市体育场（馆）为龙头，各乡镇、街道、行政村、社区及学校体育设施为骨架和立足点的公共体育设施网络，不断完善全民健身的基础设施。建立健全具有玉门特色的全民健身组织服务体系，宣传、普及体育健身的重要性和相关知识，积极组织开展丰富多彩的群众体育活动和全民健身运动，提高群众体育普及程度，增强竞技体育实力，不断提升人民身体素质和健康水平。

六、建设科技创新体系、促进科技进步

深入实施“科技强市”战略，以提升主导产业核心竞争力为重点，加大科技投入，实施全民科学素质建设工程，加强科技专业人才队伍建设，实施知识产权和标准化工程，完善区域技术创新、知识创新和成果转化体系，为加快发展区域特色经济提供智力、技术支撑，实现产业规模化、生产标准化、品种良种化，科技进步对工、农经济的贡献率分别达到50％、69％。

健全科技创新体系。加强对外科技合作与交流，大力培养企业技术开发机构、行业工程技术中心，建立以企业为主体的技术创新体系，切实增强企业自主创新能力，巩固行业优势地位。加大财政科技引导力度，改善科技风险投资、担保、信贷机制，培育资本市场，健全科技资金保障体系，推动企业与社会科技创新及其产业化发展。大力培养优秀青年科技人才、科技管理人才和农村实用技术人才，健全知识创新体系，为科技创新提供智力支撑。实施全民科学素质建设工程，发挥基层科协科普主力军作用，健全科普宣传、科普教育和科普服务有机结合的科普网络体系，为科技开发与创新打下群众基础。

强化科技支撑作用。结合产业发展方向、发展重点，重点做好优良品种的培育和先进适用技术的推广、应用，广泛应用农业节水技术，加强现代农业技术与传统农业技术的结合，促进高新技术成果向现实生产力转化。结合农业产业化经营，积极引进高新技术项目，运用高新技术改造、培植传统产业和新兴产业，加快推进啤酒原料、棉花、果蔬、枸杞深加工等领域的高新技术项目建设，推进高产优质标准化生产基地建设步伐。到“十二五”期末，力争创建国家级高新技术企业5家，酒泉市民营科技型企业25家，开发高新技术产品10个以上；农作物优良品种覆盖率达到98％以上，农业先进适用技术覆盖率达到98％以上。

七、强化公共安全建设，维护社会稳定

以完善公共服务、保障社会安全为重点，强化应急体系建设，增强防灾减灾能力，提高安全生产水平，加强社会治安综合治理，为加快经济社会发展提供稳定的社会环境。

强化应急体系建设。加强公共安全应急预案体系、公共安全应急救援保障体系、公共场所应急体系及公共安全应急信息化建设，不断完善公共安全应急管理体系。加强公共安全基础设施和专业应急队伍建设，建立应急联动机制，提高应急处置能力。加强宣传和教育培训工作，提高自救、互救和应对各类突发性公共事件的综合能力。

增强防灾减灾能力。大力普及防灾减灾救灾，深入实施“突出重点、全面防御，健全体系、强化管理，社会参与、共同抵御”三项措施，加快完善“监测预报、震灾预防、紧急救援”三大工作体系，提高救灾物资储备能力，增强减灾救灾综合协调能力和公众互救自救能力。加大防震减灾经费投入力度，强化地震监测能力建设，抓好地震应急救援队伍建设，加强地震应急物资储备体系建设，推进地震应急避险场所建设，稳步提高抗震应急能力。加强抗旱防汛减灾设施建设，全力实施山洪灾害防治工程、河道治理工程、城乡防洪工程、抗旱备用水源工程，建立健全抗旱防汛预警体系，完善抗旱防汛减灾专项应急预案，不断增强抗旱防汛减灾能力。

提高安全生产水平。坚持“安全第一、预防为主、综合治理”的方针，全面加强企业安全管理，强化企业安全生产主体责任，健全安全生产监督体制，严格执行重大安全生产事故责任追究制度。实施重大危险源普查和监测监控，加强安全设施投入力度，搞好隐患治理和安全技术改造。严格执行安全生产许可制度，加强煤矿等高危行业和重点领域的安全生产。抓好非煤矿山、特种设备等领域的安全生产专项治理工作。

保障公共安全和维护社会稳定。加强社会治安综合治理，严厉打击各种犯罪活动，着力构建打、防、控、疏一体化的社会治安防范体系，创建“平安玉门”。进一步落实消防安全责任制，加强消防基础设施和队伍建设。加强交通安全监管，减少交通事故。强化对食品、药品、餐饮等的安全监管，保障人民群众身体健康。建立和完善矛盾排查、信息预警、应急处置机制，预防和妥善处置群体性突发事件。加强对公共利益的管理，以扩大就业、完善社会保障体系、发展社会事业为着力点，认真解决关系群众切身利益的实际问题，提高公共利益分配的公平性和可及性，保障广大人民群众共享发展改革的成果。注重社会公平，健全法律援助制度，切实维护贫困群众、弱势群体的合法权益。进一步完善信访工作责任制，建立健全社会利益协调和社会纠纷调处机制，积极疏导、说服教育、合理安排、统筹兼顾，调整好各阶层各方面的利益关系，化解社会矛盾，为构建和谐社会创造良好的社会氛围。

第十一章　创新体制机制，破解发展障碍

坚定不移地推进对内改革和对外开放，建立健全适应市场经济要求的体制和机制，大力优化经济社会发展环境，以区域软实力的建设和提升突破制约发展的体制、机制障碍。

一、切实转变政府职能，提高行政效率

按照建设服务政府、责任政府、法治政府的要求，加快转变政府职能，规范经济调节职能、强化市场监管职能、落实公共服务职能、完善社会管理职能。坚持和完善民主决策制度，健全专家咨询制度、社会听证制度和重大决策公示制度，促进民主科学决策。加强编制管理，合理划分事权，规范政府机构设置和权限配备，明晰政府部门的职能边界，消除部门职能交叉，积极推进职责、机构和编制的科学化、规范化、法定化。深入推进依法行政，规范政府公务人员的行政行为，促进公务人员依法行权履责；切实开展行政问责制，做到有责必问，有错必纠。大力推行政务公开，鼓励各类行政管理和公共事业单位全面公开办事制度、服务承诺、收费项目和标准；积极推进电子政务建设，促进政府工作公开化、透明化，依法接受人大、政协、公共团体和人民群众的监督、批评。精简审批项目，减少审批环节，优化审批程序，改进审批工作方式，加快建设简洁、高效、便民、公开的审批制度。建立和完善行政绩效考评体系，制订考评方案和实施办法，建立考评奖惩机制，加强对行政工作的激励和约束，提高行政效能。

二、大力改善投资环境，发展民营经济

强化政府部门的服务意识，提高政府公务员队伍整体素质和服务经济发展的能力，简化办事程序，提高办事效率，建立“一门受理，集中办理，统一收费，限时办结”的办事制度，创造企业满意的服务环境。严格控制涉及企业的收费项目和标准，继续减轻企业负担，为企业营造最低经营成本环境。进一步完善优惠政策，逐年加大财政对项目建设的扶持力度，为新上项目提供政府收费项目减免、贷款贴息、基础设施建设等支持，鼓励骨干企业做大做强，鼓励传统企业技术创新，鼓励小企业加快发展。深入贯彻国务院《关于鼓励支持和引导个体私营等非公有制经济发展的若干意见》精神，放宽对经营主体、经营范围和经营方式的限制，积极鼓励和引导民间资本进入法律法规未明确禁止准入的行业和领域。实施“税收减负、收费减负、利息减负”等减轻投资负担的配套政策，降低民间投资的综合成本。推行“公开审批、公开交易、公开收费”的配套权益保障政策，规范民间投资的市场秩序。采取“资金先导、政策引导与信用引导相结合”的投资引

导政策，引导民间投资合理流向。每两年专门举办一次以民营企业发展和科技进步为中心的交流会和表彰会(免收会务费)。

三、加快完善财政管理体制，建立公共财政

深化预算体制改革，强化预算管理与监督。严格执行《甘肃省预算审批监督条例》，成立专门的预算编制机构、执行系统和监督系统，建立预算编制、执行和监督分离的新预算管理制衡机制。抓住石化和新能源两大基地建设的大好时机，努力扩大税源，实现财政收入的大幅增长；优化支出结构，扩大财政对基本公共服务的覆盖范围，逐步提高对教育科技、文化卫生事业、新农村建设、社会保障、生态环境保护等重点领域的支出比重。深化"收支两条线"改革，扩大行政事业性收费纳入预算管理的范围，完善非税收入收缴管理制度。通过开征价格调节基金，进一步提高政府调控价格的能力，不断完善政府运用经济手段平抑价格的调控机制。加强政府投资项目管理，对非经营性政府投资项目加快推行"代建制"，规范政府投资项目的建设标准，按项目建设进度下达投资资金计划，建立和完善政府投资项目的风险管理机制，完善政府投资监管体系。

四、努力拓宽融资渠道，消除金融约束

采取政府扶持和市场运作相结合的方式，创新融资方式，打通融资障碍，拓宽融资渠道，努力消除经济社会发展的金融约束。做好项目规划和储备工作，积极争取国家和省上政策性资金的支持，特别是要积极争取甘肃省转贷地方政府债券额度。加强与各商业银行上级行的沟通、协调，争取各商业银行扩大在我市的信贷审批额度和信贷投放力度，协助商业银行做好信贷投放规划，优化信贷资金投向。定期召开银企见面会和银企项目对接洽谈会，做好商业银行和企业之间的沟通协调工作，解决银企之间的信息不对称，增加小额贷款担保基金，落实有效担保政策，有效缓解中小企业"贷款难"的问题。加快推进政府投融资平台的改革、规范和发展，培育平台在市场上独立融资的能力，充分发挥现有融资平台在支持大型基础设施项目和引导社会资金方面的作用。积极争取依托城投公司发行基础设施建设企业债券，尝试依托地方财政信用发行市政建设债券。加强与省、(酒泉)市两级投资开发公司的联系和沟通，建立多种形式的融资合作机制。借助BOT、PPP、TOT、BT等新型项目融资方式，吸引国内外民间资金在管理权和所有权上全面介入城乡基础设施的投资、建设和营运，建立混合经营的基础设施投融资体制。围绕石油、新能源、矿冶建材、现代农业等主导产业发展，以政府资金为引导，联合民间资本组建产业投资基金。积极培育上市资源，支持1～2家规模实力比较雄厚、市场前景比较广阔、技术优势比较明显的优质企业进

行股权重组,积极推动其在创业板或中小板上市融资。深化社会信用体系建设,强化守信激励和失信惩戒机制,严厉打击恶意逃废银行债务行为,依法维护金融债权,营造良好的金融生态环境。

五、积极改革公共管理,统筹城乡发展

打破城乡规划分割格局,加快撤村建居步伐,建立城乡一体规划的管理体制。积极稳妥推进户籍制度改革,逐步取消户籍人口农业和非农业性质划分,突破城乡二元结构,建立城乡统一的户口登记管理制度,加快社会福利和社会保障与户籍制度脱钩的步伐,促进人口向城市集中。坚持城市设施建设与农村设施建设并重、生产设施建设与生活设施建设并重、产业设施建设与生态设施建设并重,建立城乡基础设施建设一体化的统筹机制,通盘谋划城乡重大基础设施布局和建设,做到布局统一规划、项目统筹安排、功能同步发展,实现城乡基础设施联合共建、联网共享,加快城乡对接空间联系。依法完善农村土地管理制度,搞好土地确权、登记、颁证工作,建立土地流转有形市场,探索土地流转机制,规范流转行为。加快制定农村房屋登记管理和产权流转管理办法,建立城乡统一的房屋产权流转制度。建立城乡社会管理一体化的政策机制,进一步理顺市级政府与乡镇、街道的关系,加快管理重心下移、管理权限下放,形成城市工作、农村工作相互对接、良性互动的管理格局,促进城市经济社会一体化发展。

六、着力健全用人机制,强化智力保障

深入实施人才强市战略,进一步加强人才发展环境建设,完善人才考核评价和选拔任用机制,建立有利于吸引人才、留住人才、激励人才的保障机制,营造优秀人才脱颖而出和人尽其才的社会环境。紧紧围绕接续替代产业的发展需要,整合玉门石油机械学校、省经贸委人才培训学校玉门分校等教育培训资源,研究探索两校合并或联合办学的可行方式;加强与高等院校、科研院所的教育合作,建立人才联合培养和实训基地,着力培养一批为石化、新能源、农产品精深加工等产业服务的实用技术人才,支持高新技术人才以技术入股、技术服务等形式获得合法收益。在发展中考察和识别干部,把那些真正懂经济、会管熟悉项目、踏实肯干、能够为经济社会发展积极贡献的干部选拔到重要岗位上来。加强引智工作,坚持“不求所有、但求所用”,积极引进省内外高等院校、科研院所和企事业单位的智力资源。采取“引进外来人才、盘活现有人才、培养未来人才”的策略,培养引进一批企业经营管理人才和专业技术人才;整合优化培训资源,加强干部培训工作,初步形成一支门类齐全、档次合理、素质优良、新老衔接、充分满足经济社会发展需要的人才队伍。积极培育和发展人才市场,注重乡土人才的培育。

加快企业家队伍建设，建立多元化的分配激励和约束机制，培育和造就一批职业化、现代化、国际化的优秀企业家。

七、继续深化对外开放，促进经贸合作

完善政策、创新机制，优化投资环境，努力提高对内对外开放水平，突破自我发展瓶颈。坚持境外资金与市外资金并举、扩大数量与提高质量并重，按照选商引资的原则，扩大利用外资规模，提高招商引资的质量和水平，实现外资来源多元化；完善扶持政策，培育重点企业，鼓励更多的企业和个人参与外贸出口，壮大出口队伍。巩固传统出口市场，开拓新兴市场。加大品牌创建力度，优化出口产品结构，以精细化工、优质建材、新能源、绿色食品为重点，培植一批具有国际竞争力的优势出口产品。积极实施“走出去”战略，鼓励有条件的企业对外投资，开发利用国内其他地区和海外资源。加强劳务人员技能培训，进一步巩固和发展对外承包工程及劳务合作成果。加强与邻近地区的沟通、协作，逐步建立政府与民间双向互动的区域交流平台和合作机制，打通区域合作渠道，实现与毗邻地区的错位竞争、差异化发展，把玉门打造成西陇海兰新线经济带甘肃段上的节点城市。

第十二章　强化组织领导，保障规划落地

《玉门市国民经济和社会发展第十二个五年规划纲要》是全市未来五年发展的宏伟蓝图和行动纲领，为促进规划的贯彻和执行，必须进一步加强组织领导，完善规划体系，建立有效的实施机制，确保纲要提出的目标和任务顺利实现。

一、明确职能分工，加强组织落实

切实明确政府在规划实施中的职责，认真编制好年度计划，落实好规划纲要的目标和任务。综合运用规划、财政、金融等手段，发挥价格、信贷、投资等经济杠杆的作用，解决影响经济社会发展的重大问题。充分发挥市场配置资源的基础性作用，用规划引导市场主体行为，围绕重大项目的实施，加强管理和服务，确保规划发展目标的实现。《规划纲要》所确定的目标和任务，市政府将通过组织实施年度政府工作报告及国民经济和社会发展计划加以落实。市直各部门、乡镇要根据《规划纲要》，对所负责的领域制定具体落实措施，明确责任和进度要求。各专项规划作为全市“十二五”规划的重要组成部分，是《规划纲要》在特定领域的细化和延伸，突出反映市委、市政府在这些领域的政策意图。市政府有关部门要按照专项规划服从总体规划的原则，编制并实施好专项规划，确保发展目标、工作重点、重点任务的落实。进一步加强经济社会发展规划与城市规划、土

地利用规划之间的衔接配合，确保在总体要求上指向一致，在空间配置上相互协调，在时序安排上科学有序，不断提高规划的管理水平和实施成效。

二、把握转型试点，争取政策优惠

围绕转型试点，抢抓国家支持资源型城市可持续发展和振兴老工业基地的战略机遇，积极争取国家和甘肃省对玉门的城市转型在资金上予以重点扶持，在项目上予以重点倾斜，在政策上予以特殊优惠。按照国家产业政策，牢牢把握国家支持的重点领域，争取和落实符合国家产业政策的重大项目、符合行业市场准入的重大项目、国家重点支持的生态环保和社会发展项目。争取省级财政每年给予玉门一定比例的财力性转移支付配套资金。争取国家省市在财税、土地、项目、环保、社保等方面的政策支持。争取省政府出台支持玉门市资源型城市可持续发展的优惠政策。争取资源型城市发展接续替代产业和吸纳就业专项项目列入国家投资。

三、抓好招商引资，实施项目带动

突出项目建设对规划实施的支撑作用，树立抓项目就是促发展的观念。以石化和新能源两大基地建设为重点，立足资源禀赋优势和城市转型发展的需要，选准投资方向，筛选凝炼一批具有吸引力的大项目、好项目，加大招商引资力度、创新招商引资的方式，吸进国内外客商来玉门投资，以项目建设带动全市经济社会发展。着力提高招商引资质量。深化“招商选资”理念，优化引资结构，充分考虑引进项目的投资强度、对财政的贡献率和对区域经济的带动作用，注重提高引资项目中工业项目、高附加值服务业项目和高新技术产业项目的比例，推动产业结构优化升级。创新招商引资工作机制，加强招商项目库建设，夯实招商引资工作基础，增强招商引资工作的实效性。积极培育和引进龙头企业，开展产业链招商，着力引进科技含量高、投资密度高、经济效益好和成长性强的项目来玉门发展。立足现有产业基础，着力整合存量资产，盘活闲置资源，抓好引资企业增资扩股。依托优势产业、重点企业，吸引外来资金投向优势产业和重点企业，以存量吸引增量、以增量带动存量，发展投资强度高、经济效益好、拉动作用强的大项目。

四、建立公告制度，强化监督检查

健全规划实施定期公告制度。规划经市人民代表大会通过后，应予公开发布，利用各种新闻媒介广泛宣传，使社会各界充分了解全市经济社会发展的方向和战略目标，引导企业和群众自觉关心和参与规划的实施工作。市政府、有关部门、乡镇要将规划实施情况按年度向市人大报告，并向市政协通报，自觉接受人大和政协的监督检查；推进规划实施的信息公开，定期向社会公告规划实施的进展情况，广泛听取企业、公众的意见和建议，接受社会监督，促进规划目标的顺利实现。建立和完善规划实施的监督管理制度，形成完善的行政检查、行政纠正和行政责任追究机制。建立规划任务分解落实责任制，明确乡镇和部门责任，把其作为每一年度目标考核内容。发改委负责跟踪、分析《规划纲要》执行情况，加强对重大问题的监督预警，定期向政府报告执行情况。市委、市政府督查部门要将规划执行情况作为每一年度督查的重要内容，及时通报完成情况，提出督办建议，确保规划任务全面完成。

五、加强跟踪分析，适时调整修订

加强对规划实施的监测、预警和跟踪分析，建立健全市场分析预警机制，加强对经济社会发展中的敏感问题和不确定因素的监控、分析和把握，增强政府的应变调控能力。有关部门要加强对规划实施情况的跟踪分析，特别要加强对经济增长、劳动就业、商品和服务价格等宏观调控目标的监测预警。当宏观环境发生不可预见的重大变化，或由于其他原因致使实际经济运行严重偏离规划目标时，市政府要适时提出规划调整方案，报请市人大常委会审议批准。建立规划中期评估制度。由规划编制部门组织做好规划的中期评估工作，请有关专家及部门参与对规划执行期间（3 年左右）的实施情况进行客观分析与评价，对规划实施中出现的问题提出整改意见和对策措施，上报市政府。经中期评估，若需要对《规划纲要》进行修订，由市政府提出修订方案，提请市人大常委会审议批准实施。

附录二

甘肃省玉门市资源枯竭型城市转型规划

前　言

玉门市位于甘肃省河西走廊西部，毗邻酒泉市肃州区和嘉峪关市，辖4镇9乡(4个整建制移民乡)，有新、老两个市区，总面积1.35万平方公里，现已形成以老市区(老君庙)—赤金镇—新市区(玉门镇)—花海镇为主轴；以新市区—黄闸湾乡—下西号乡—柳河乡为副轴的经济发展格局。截至2010年年底，全市户籍总人口18.9万人，常住人口18.2万人，其中城镇人口8.6万人，农村人口9.6万人，人口自然增长率3.1‰。2010年，全市地区生产总值110.32亿元，其中第一产业6.94亿元、第二产业76.77亿元、第三产业26.61亿元，三次产业比重为6∶70∶24；按常住人口计算，人均地区生产总值60615元，城镇居民人均可支配收入16224元，农村居民人均纯收入7159元；地方财政收入4亿元，财政支出9.4亿元，城乡居民储蓄存款余额33.4亿元。

玉门市是我国石油工业的摇篮，也是重要的石油工业基地，更是典型的依矿而建、因油而兴的石油资源型城市。玉门油田自1938年开发建设，在70年的发展历程中承担了中国石油工业“大学校、大试验田、大研究所”和“出人才、出技术、出产品、出经验”的“三大四出”的历史重任，先后向全国各大油田培养和输送管理人员、科技人员、产业工人10万余人，累计开采石油3438万吨，加工原油5550万吨，上缴国家税金200多亿元，为中国石油工业的发展和新中国的建设做出了重要的历史贡献。但是自1990年以来，随着玉门石油资源逐渐枯竭，石油开采和加工产业开始衰落，原有的高度依赖石油开采、加工而建立的国民经济体系受到严重冲击，经济社会的可持续发展面临严重挑战，玉门市不得不面对资源型城市的转型和可持续发展问题，开始了艰难的转型之路。

党中央、国务院高度重视玉门老石油工业基地的发展，国家发展改革委和甘肃省委、省政府对玉门市转型发展也给予了大力支持。2009年3月，国务院将玉门市列为第二批32个资源枯竭城市之一，从而为玉门市的转型和可持续发展提供了重大机遇，同时也提出了殷切期望。

为充分发挥规划的规范、引导作用，促进玉门市的科学转型和经济社会的可持续发展，根据《国务院关于促进资源型城市可持续发展的若干意见》(国发〔2007〕38号)和甘肃省委、省政府"中心带动、两翼齐飞、组团发展、整体推进"区域发展新战略以及《国家发展改革委办公厅关于编制资源枯竭城市转型规划的指导意见》(发改办东北〔2009〕2173号)，结合玉门市实际，特制定本规划。本规划期限为2009—2020年，其中以2009—2010年为转型启动阶段，以2011—2015年为重点实施阶段，重大问题和经济社会发展目标展望到2020年。

第一章　转型的基础

玉门市作为典型的依矿而建、因油而兴的资源型城市，在长期的计划经济体制下，形成了大量的历史欠账。近年来，随着石油资源的逐渐枯竭，加上长期积累的体制性、机制性和结构性矛盾逐步显现，玉门市经济社会的可持续发展面临着巨大的困难，亟需通过转型发展来解决。

第一节　转型的迫切性

——石油资源面临枯竭，传统资源型产业衰退。玉门油田自1938年以来，先后开发了老君庙、石油沟、鸭儿峡、白杨河、单北、青西等6个油田，探明开采储量4299.8万吨，当前剩余可采储量约1018.8万吨，按照每年开采70万吨左右的规模，可开采年限不足15年。其中石油沟、白杨河、单北3个油田即将枯竭，老君庙、鸭儿峡已进入开发后期，大多数油井依靠大量注水开采，开采成本偏高，产量不断下降。随着石油资源的枯竭，玉门市传统的支柱产业——石油采炼业的发展受到较大制约，贡献大幅减弱，地方财力受到严重影响，油田税收占财政收入的比重由60%下降到2008年的16.6%。而石油开采、加工产业的衰退，也导致围绕油田、服务油田而建的30多户地方工商企业破产倒闭，地方原有的经济体系受到巨大冲击，地方税源锐减，财政收入大量流失。据测算，1998年—2008年11年间，玉门市与油田相关的地方税收平均每年减少3500万元。

——企业和政府东迁西移，城市经济集聚功能散失。由于油田企业赖以生存的石油资源的枯竭和石油开采、加工产业的衰落，大量的生产资源出现过剩，进而引发了玉门市的大搬迁。1995年，部分油田企业和5万多油田职工、家属西迁新疆哈密，铁路机构搬迁嘉峪关；2002年玉门油田生活基地东迁酒泉市肃州区，2003年市政府驻地西移70公里外的玉门镇。企业和政府搬迁后形成了玉门市新、老两个市区。新、老市区分置，一市两城双中心，导致城市经济集聚功能严重衰退，人口、资金大量外流。老市区因为油田企业、生活基地和市政府驻地的搬迁，人口由高峰时的13万人下降到目前的不足4万人，90%以上的工商企业破产倒闭，78%以上从事商贸、餐饮服务的个体工商户歇业或外流，众多厂房、办公用房、居民建筑和机械设备(生产线)等资产闲置，大量的企业存款和居民储蓄流失，投资和消费大幅萎缩，对经济发展的支撑、拉动能力减弱。新市区的人口尽管从2.5万人增加到4万多人，但仍是地广人稀，商贸、餐饮、娱乐等服务业还不发达，工业经济还较薄弱，作为全市政治文化中心和新兴工业中心的城市功能还没有显现出来。

——贫困人口增加，社会负担加重。近10年来，由于部分石油企业整体搬迁吐哈、铁路机构搬迁、石油企业生活基地搬迁、政府驻地搬迁、地方企业改制破产等原因，全市共有3.5万名职工下岗失业、近万名三产人员外出谋生。老市区现有人口中，生活特困人口达1.4万人，享受低保人员6000多人。截至2008年年底，全市养老保险金已累计欠缴3500万元，失业保险金累计欠缴1464万元，而要彻底解决下岗失业人员再就业和拖欠"两金"、医疗费、工龄补偿金等遗留问题，共需资金2.4亿元。另外，从1980年代开始，玉门市先后在"兴西济中"战略、"两西建设工程"和疏勒河移民综合开发工程中接受甘肃东部地区移民3.72万人，占全市农业人口的40.7%。移民区生产生活条件差、人均纯收入低(不足700元)，低于绝对贫困标准的人员占移民总数的80%以上，大量移民甚至连生产资料都不完备，移民扶贫开发的任务异常艰巨。

——生态环境恶化，治理和保护任务繁重。玉门市老市区受"先生产后生活"思想的影响，工业、商业、居住区交错，环境功能布局混杂，生态环境保护和建设的历史欠账较多，环境污染与生态破坏较为严重，治理和修复的任务重、难度大，所需投资多。老市区空气中碳氢化合物含量较高，甚至可检测出3-4-苯并芘等致癌有毒物；污染严重的大气总悬浮微粒(TSP)年日均值最高达0.85毫克/标立方米，超过国家二级标准1.8倍。油气勘探开采对地质地貌和生态植被破坏严重，造成油田开采区20多万亩的生态植被遭到毁坏，大部分油井的注水开采造成地下水水位逐年下降，水土流失和土地荒漠化面积分别占全市总面积的88.8%和49.6%。玉门油田及所属企业每年排放的近300万立方米的原油污物、生产废水和城市生活污水对老市区及下游乡镇水源和土壤造成严重污染，石油河污染物中石油类和挥发酚类分别超过国家标准的1.78倍和74.4倍(2007—2008年监测数据)。距新市区25公里的甘肃矿区，每年排放废水约2100立方米和大量废气，对周边乡镇的生态环境和生产、生活造成较大的影响。

——人才外流加剧，后续发展缺乏科技智力支撑。随着玉门石油资源枯竭和油田生活基地搬迁，导致经营管理人才和教育、文化、卫生等领域的专业技术人员大量外流，各类专业人才"留不住、引不进"的现象非常突出，成为阻碍玉门市经济社会发展的一大瓶颈。据统计，1990年以来，玉门市共流失各类经营管理人才、专业技术人员和生产技术能手4077人，占现有总人口的2.2%。各类人才的大量外流，导致后续发展缺乏科技保障和智力支持，对玉门市经济社会的可持续发展必然产生很大制约。

第二节 转型的优势

——地理区位优越，交通运输便利。玉门市是新亚欧大陆桥和河西走廊上的重要交通枢纽，东临嘉峪关和酒泉卫星发射中心，西通瓜州和敦煌，有公路直达中蒙边界马鬃山口岸，是内地通往新疆、青海，连接蒙古、中亚、欧洲的重要通道，素有"塞垣之襟带，车马之通衢"之称。境内有215省道、312国道、连霍高速、兰新铁路复线等公路、铁路干线穿境而过，临近的敦煌机场和嘉峪关机场与全国各大城市通航，国道、省道与县际公路交汇连接，交通网络发达，运输条件便利。另外，玉门炼化总厂有原油和成品油管道与"西油东送"主管道相连，老市区南站和玉门油田运输中心拥有原油和成品油装卸站台39个，货运专线4条，玉门东站有为玉门油田配套建设的货物编组站，油品接卸输转方便快捷。

——非石油资源储量可观，旅游资源丰富。玉门市矿产资源除石油已被大量开采外，还有煤(保有储量2583万吨左右)、芒硝(保有资源量530万吨)、石灰岩(保有储量3443万吨)、石膏(保有储量9620万吨)、蛇纹岩(远景储量25888.8万吨，氧化镁≥25%～40%)、高岭土(保有资源量5720万吨)等矿产储量可观，具有一定的资源优势，开发利用前景较大。风能、太阳能、水能等清洁能源丰富，开发潜力较大。玉门市素有"风口"之称，风能资源可开发储量3千万千瓦以上，至2010年底已建成装机容量170万千瓦；全市年日照时数长达3362小时，日照百分率达到75%，年总辐射量6480兆焦/平方米；疏勒河多年平均流量32.7立方米/秒，水能资源理论储量可装机46.24万千瓦，尚有60%的技术可开发量未开发。玉门市境内文物古迹众多、风景名胜独特，有距今3700多年的我国最大、最古老的古代羌族文化遗址——火烧沟原始部落村、昌马石窟、吾艾斯拱北等文化遗址和"中国石油第一井"、"铁人"故居纪念馆、干海子候鸟自然保护

区、昌马月亮湾自然风景区、赤金峡水利风景区等旅游景点。

——劳动力成本低廉,社会资本广泛。近年来,因石油企业改制分流和市属企业破产倒闭,玉门老市区现有城镇下岗职工近3万人,这些人大多是熟练的产业工人;玉门市每年新生劳动力1000余人,人均受教育年限超过9年;劳动力技能和成本具有明显的竞争优势。同时,玉门市作为“石油工业的摇篮”和“铁人故乡”,先后为全国各地石油企业输送了大批的管理干部、科技骨干和产业工人,可以说全国石油人都具有一种强烈的“玉门情结”,这使得玉门在全国乃至国外都拥有较大影响和良好的声誉,具有广泛的社会资本,从而为玉门市多渠道争取项目和招商引资创造了宽松的环境,特别是为进一步巩固、发展和提升石化产业提供了良好的社会网络和有利的外部条件。

——土地和水资源相对充足,发展空间广阔。玉门市总面积1.35万平方公里,人口密度每平方公里13.5人,尚有未利用土地1.08万平方公里,占总面积的80%;现有耕地总面积50.35万亩,占土地总面积的2.49%,人均耕地2.69亩,具有广阔的建设用地和发展空间。境内土地多为戈壁荒漠,地域开阔平坦,土地基岩裸露、地基稳固、土质坚硬、承载力高、建设成本低,非常适合布局大型工业项目。境内有疏勒河、白杨河、小昌马河和石油河四条河流,年径流量11.41亿立方米,可利用径流量4.7亿立方米;地下水储量1090亿立方米,可利用1.89亿立方米;地表地下水资源年度可利用量6.6亿立方米,人均3926立方米,高于全国2385.45立方米的平均水平,正常年份内完全能够满足工农业生产和居民生活用水。此外,老市区内储备了大量可盘活利用的闲置厂房、办公用房、居民住宅和服务设施,总面积达65.8万平方米,用房用地价格低廉,为低成本招商引资提供了便利的条件。

——工业基础较好,多元化产业格局初步形成。经过70年的开发建设,玉门市已发展成为集石油勘探、开采、冶炼、加工、科研、运输和销售为一体的综合性石化生产基地,年产原油80万吨,综合配套加工能力300万吨,可生产13类160多个石油产品,达到了国内中上游水平。近年来,玉门市又着力培育了新能源及新能源装备制造、矿冶建材、特色农产品精深加工等接续替代产业,初步构筑起了多点支撑、多元发展的地方工业体系新格局,为做大做强接续替代产业,加快经济转型奠定了基础。

——转型意识强烈,创业环境良好。面对石油资源即将枯竭、传统石化产业开始衰落的严峻形势,玉门人民在市委、市政府的领导下,大力继承和发挥“创业、奉献、求实、创新”的“铁人精神”,不等不靠、奋发进取、敢于实践,在接续替代产业的发展和城市转型方面进行了有益的探索,取得了初步成效。城市转型在全市广大干部和群众中已达成高度共识,发展抓项目成为硬道理,加大招商引资、优化投资环境已成为全社会共同遵循的发展理念，百姓创家业、能人创企业、干部创事业的氛围逐渐形成。2003年以来，新市区的开发建设也为城市转型拓展了空间，为城市未来的人口聚集和经济集聚搭建了新的平台。

第三节　转型的机遇

——转型发展的政策机遇。《国务院关于促进资源型城市可持续发展的若干意见》明确了国家加大对资源型城市尤其是资源枯竭城市可持续发展的支持力度，尽快建立有利于资源型城市可持续发展的体制机制的政策导向，《甘肃省人民政府关于支持白银市做好资源型城市转型工作的意见》明确指出：对列入国家确定的资源枯竭型城市，省政府将给予同等政策支持。2009年3月，玉门市被国家列入第二批资源型城市转型名单，上述政策意见必然给玉门城市转型工作提供千载难逢的历史机遇。

——新能源发展的产业机遇。发展低碳经济、促进绿色发展和清洁能源消费已成为全球共识，党和国家高度重视并鼓励新能源产业的发展，明确提出"国家鼓励开发利用新能源和可再生能源"，"积极发展新能源，改善能源结构"，大幅提高非化石能源占一次能源消费总量的比重。国家能源局《新兴能源产业发展规划》现已通过国家发展改革委审批，并上报国务院。这些都为玉门市利用丰富的风能、光能资源发展新能源产业提供了重大的历史机遇。

——承接东部产业转移的历史时机。随着东部地区劳动力成本的上升和能源约束的加强，东部地区产业结构调整和升级的要求越来越迫切，大量的劳动密集型产业和高载能产业开始在广大中西部地区寻求发展机会。玉门市作为老工业基地，拥有大量富余的熟练劳动力和丰富的电力能源供给，具有承接东部地区劳动密集型产业和高载能产业转移的比较优势。

——区域发展的重大机遇。国家将在未来10年进一步深入推进西部大开发战略，为支持甘肃经济发展，国务院出台了《关于进一步支持甘肃经济社会发展的若干意见》(国办发〔2010〕29号)，批复了《甘肃省循环经济总体规划》。同时，省委提出了"中心带动、两翼齐飞、组团发展、整体推进"的区域发展新战略。玉门市作为酒泉千万千瓦级风电基地的主要组成部分、酒(泉)嘉(峪关)经济区内的重要工业城市和10个省级循环经济试点园区所在地之一，若能乘势而上，积极谋划，用足、用活、用好这些政策机遇，必将争取到更多的项目、投资和发展空间。

第四节　转型的挑战

——首先，玉门市的城市转型是一个长期、渐进的过程，接续替代产业的发

展、社会民生问题的解决和生态环境破坏的治理、修复都需要大量、持续的资金投入和强大的科技、智力支持，而发展建设资金的不足和各类专业技术人才的缺乏正是玉门市转型发展中的瓶颈问题。因此，如何扩大招商引资的规模、争取国家和省上的资金支持，如何吸引和培养各类专业技术人才，使资金和科技、智力资源更好地服务于城市转型将是玉门市需要面对的重大挑战。

——其次，玉门市尽管整体的资源环境承载力较大，但是老市区的环境污染和生态破坏问题仍较突出，长期大规模发展和建设的水资源约束仍然存在。接续替代产业的发展和大规模的城市化建设必将对生态环境保护建设和水资源管理形成较大的压力。因此，如何在城市转型发展的过程中处理好开发建设与生态环境保护之间的关系，构建资源节约型和环境友好型社会，走出一条可持续发展之路也是玉门市需要应对的挑战。

——第三，玉门市利用资源禀赋优势发展石化产业的替代产业不能只是简单地从依托一种资源初加工产品转移到依托其他资源初加工产品上。一方面，不可再生资源总是要消耗衰竭；另一方面，无论是不可再生资源还是可再生资源的初级产品其附加值都比较低，本地可利用的经济收益也比较低。因此，利用资源禀赋发展接续替代产业要及早考虑资源性产品产业链的延伸，着眼于资源性产品的精深加工和转化利用，提高产品附加值，把资源优势切实转化为经济优势和发展优势，实现真正的产业转型。

——第四，由于市政府驻地搬迁，玉门市形成了新、老两个市区，二者相距70公里。从长远看为玉门市发展提供了广阔的平台，但就目前来看，城市发展的各类经济资源和人口被分散，经济积聚功能被严重削弱。因此，如何合理定位新、老市区的功能，促进新、老市区的协调发展，也是玉门市在转型发展过程中需要应对的挑战。

第二章　转型的总体思路

推进玉门市科学转型，必须进一步明确转型发展的指导思想与原则，找准转型发展重点，制定转型发展目标，创新转型发展模式，提升转型发展质量，促进经济社会可持续发展。

第一节　指导思想

以邓小平理论和“三个代表”重要思想为指导，深入贯彻落实科学发展观，遵循《国务院关于促进资源型城市可持续发展的若干意见》精神，以科学发展为主题，以强化基础、延伸产业、改善民生、全面转型为主线，以改革创新和扩大开放为动力，以经济转型为核心，以增强自我发展能力、实现可持续发展为目标，加快转变发展方式，着力优化经济结构，大力发展循环经济，切实保障和改善民生，进一步完善城市功能，科学谋划、凝聚力量、强化措施、务求实效，有重点、分阶段地推进玉门市经济、社会、生态、文化全面转型，以转型促发展，以发展保转型，努力把玉门市建设成为资源枯竭型城市转型的示范城和落实科学发展观的模范城。

第二节　基本原则

——坚持自力更生，借力发展。弘扬“铁人精神”，立足现有基础，挖掘自身潜力，发挥特色优势，自立自强，着力培育自我发展能力。同时积极争取国家和省上给予必要的政策、项目和资金支持，加强招商引资，大力引进外部资金、技术和人才，内外协调，借力发展。

——坚持市场主体，政府主导。强化政府的服务功能和宏观调控功能，转变政府职能，改进行政效率，完善政策法规，理顺体制机制，优化投资环境，调控要素流动，为各类市场主体和民间力量参与经济社会发展搭建平台、提供引导和辅助。突出市场的导向作用，充分发挥市场配置资源的基础性作用，激发各类市场主体的内在活力，形成发展合力。

——坚持以人为本，科学发展。以人为本、统筹规划，处理好当前发展和长远发展、总量扩张和结构优化、经济增长和改善民生、产业发展和生态环境保护、城市发展和农村发展的关系，着力提高公共服务水平，坚持走低碳、绿色发展之路，兼顾经济效益、社会效益和生态效益，实现经济与社会、人与自然的全面协调可持续发展。

——坚持经济中心，全面转型。大力发展接续替代产业，加速产业转型升级，加快实现石化产业单一主导性结构向多元产业协同主导型结构转变，全力推进经济转型。以经济转型为核心，带动社会、生态、文化建设，实现城市全面转型；以社会、生态、文化转型为支撑，改善城市功能和形象，提升城市竞争力，促进经济转型。

——坚持立足市情，发挥优势。从市情实际出发，充分利用区位条件和资源禀赋，积极寻求、创造、发挥比较优势，着力发展特色优势产业；坚持差异化竞争战略，找准定位，扬长避短、取长补短，力争与周边地区形成分工协作、相互促进的区域发展格局，推进高层次的城市转型。

第三节　功能定位

在转型发展的过程中，玉门市的功能定位是：全国老油田稳产转型可持续发展的试验基地、全国典型的新能源产业发展示范城市、甘肃省重要的循环经济发展示范基地及河西走廊生态环境保护和治理示范区。

——全国老油田稳产转型可持续发展的试验基地。坚持“稳产、扩炼、改造、延伸”的发展思路，不断提升石化产业的核心竞争力，实现石化产业的集群发展，使玉门市成为全国老油田稳产转型可持续发展的试验基地。

——全国典型的新能源产业发展示范城市。紧紧抓住新能源发展的历史机遇，利用丰富的风能、太阳能资源，大力发展风力发电和光热、光伏发电，研究论证建设其他新能源建设项目，扩大装机容量，不断推进规模化、产业化、集约化发展，将玉门市培育成为全国典型的新能源产业发展示范城市。

——甘肃省重要的循环经济发展示范基地。按照《甘肃省循环经济总体规划》要求，以建设资源节约型和环境友好型社会为目标，大力发展循环经济，努力提高资源综合利用水平，在生产、流通、消费等领域全面贯彻“减量化、再利用、资源化”的原则，加快形成“低投入、高产出、低消耗、少排放、能循环、可持续”的经济发展模式，将玉门市打造成为全省重要的循环经济发展示范基地。

——河西走廊生态环境保护和治理示范区。紧紧围绕生态环境的薄弱环节，强化生态环境保护和治理，以整治国土、建设绿色屏障、改善生态环境、促进人与自然和谐共生、实现经济社会可持续发展为目标，积极探索生态环境补偿的有效途径，处理好资源开发和生态环境保护、经济社会发展和生态环境建设的关系，把玉门市建设成为河西走廊生态环境保护与治理的示范区。

第四节　转型战略

依据玉门市城市转型的指导思想、基本原则和功能定位，坚持走“项目牵引、稳油强电、多业并举、新老联动、科技支撑，和谐发展”之路。

——项目牵引就是要以项目建设为核心，通过在产业、民生、生态环境等领域开发、建设一批关键项目来优化产业结构、促进总量扩张、加快城市转型，实现跨越式发展。

——稳油强电就是在进一步巩固提升石化产业、延伸石化产业链条、增强石化产业核心竞争力的同时，特别突出新能源产业的发展，以风电和光电等新能源为重心，配套发展水电、火电，建大基地兴大产业，把新能源为主体的电力能源产业及新能源装备制造业发展成玉门市新的支柱产业。

——多业并举就是要在产业发展上立足区位优势、资源禀赋和现有产业基础，大力发展矿产品洗选加工产业、建筑建材产业、特色农产品精深加工产业和旅游、物流产业等替代产业，形成多元主导，多点支撑的产业发展格局。

——新老联动就是要加快改造提升老市区，进一步开发建设新市区，完善城市功能，增强经济集聚，构建合理的分工协作关系，充分发挥新、老市区经济增长极的辐射带动功能，形成新老联动、双轮驱进、两翼发展的区域发展格局。

——科技支撑就是要坚持科教兴市、人才强市的发展思路，提倡和支持科技创新，培育和增强自主创新能力，促进科技成果转化，鼓励兴办科技企业；大力发展职业教育与培训，推广适用技术，多渠道、多方式地培养和引进各类专业人才，为玉门市的转型和发展寻求长久的科技支撑和智力支持。

——和谐发展就是要在促进产业发展、经济增长的同时，更加注重保障和改善民生，进一步推进城乡统筹发展，着力解决关系人民群众切身利益的现实问题，持续加大生态环境治理和保护力度，努力构建资源节约型和环境友好型社会，促进改革发展成果共享及经济与社会、人与自然的和谐发展，实现科学转型。

第五节　转型目标

抓住城市转型中的关键环节和主要矛盾，加强政策引导，激发内在活力，改善投资环境，发挥比较优势，围绕两年实现突破、五年明显见效、十年实现科学转型的阶段性目标，力争用5～10年时间，把玉门市打造成产业发达、经济繁荣、社会和谐、环境优美、民生幸福的百年石油城、风光能源城、生态文明城和资源型城市可持续发展示范区。

——启动阶段(2009—2010年)：主要围绕衔接国家和省上的转型政策，做好转型的全面启动准备工作。重点抓好转型领导协调机构的建设及已经确定的各类项目和财政性转移支付的实施工作，编制完成《玉门市资源枯竭型城市转型规划》的配套专项规划，使转型工作步入正常轨道。

——发展阶段(2011—2015年)：转型的全面推进和关键阶段。利用5年的时间，逐步建立资源开发补偿机制和衰退产业援助机制，巩固提升传统石化产业，培育壮大精细化工、石油钻采机械制造、新能源及新能源装备制造、矿产品洗选及精加工、新型建筑建材和物流、旅游等接续替代产业，基本形成多元产业协同发展的格局，使产业结构进一步优化，经济增长质量和效益显著提高，国民经济步入稳定快速发展的轨道。重点解决资源型城市在生态环境和社会民生领域存在的突出矛盾和历史遗留问题，使全市的生态环境明显好转，城乡公共服务水平和社会保障能力显著提高，各项社会事业蓬勃协调发展，人民生活水平和生活质量明显改善，经济社会可持续发展能力显著增强。

国民经济快速发展。与2010年相比，到2015年国民经济主要指标实现五个翻番：地区生产总值达到300亿元，翻1.45番；工业增加值达到200亿元，翻1.56番；固定资产投资达到330亿元，翻1.3番；财政总收入达到8亿元，翻1番；社会消费品零售总额达到26亿元，翻1番。

产业结构不断优化。接续替代产业形成规模，中小企业和民营经济蓬勃发展，市场竞争力明显增强，产值规模和吸纳就业能力不断提升；农业基础地位继

续巩固,特色优势进一步增强;第三产业快速发展,以旅游、物流行业为龙头,传统服务业为基础,现代服务业为支撑的第三产业发展格局基本确立,三次产业结构趋向合理。

城乡居民生活水平明显提高。城镇居民人均可支配收入突破30000元,农村居民人均纯收入突破10000元,移民群众人均纯收入突破5000元,贫困人口比重明显降低;基本建立覆盖城乡的社会保障体系和公共服务体系,社会保障水平、幸福指数、和谐指数明显提高;城镇登记失业率控制在4.5%以内,人口自然增长率控制在4‰以下。

可持续发展能力明显增强。生态环境逐步改善,城市绿化率达到35%以上,森林覆盖率达到7.8%;循环经济产业链稳固建立;资源利用效率提高,万元生产总值能耗降低20%,万元工业增加值耗水量降低13%,工业固体废物综合利用率达到86%以上;城市生活垃圾无害化处理率和生活污水处理率分别达到85%和80%。

——提升阶段(2016—2020年):再经过5年的努力,全面实现资源型城市转型的各项预期目标,接续替代产业发展成为新的支柱产业,产业链条完整,建成多个产业集群,培育出多个拥有自主知识产权、知名品牌和具有较强市场竞争力的重点骨干企业,新型工业化格局基本形成。三次产业协调发展,人民生活水平和质量大幅提高,社会保障体系覆盖城乡,社会事业全面推进,民生问题得到较好解决,生态环境全面恢复,城市功能更趋完善、品位显著提升、综合实力进一步增强。

第三章　产业转型与发展

坚持把培育多元产业作为经济转型的根本,以市场为导向、以项目为牵引、以企业为主体、以园区为平台,按照大工业、大产业、大园区、大循环的发展思路,遵循稳油强电、多业并举、集群发展的原则,重点建设石化与新能源两大支柱产业群,着力培育矿产品选炼及精加工产业、建筑建材产业、精细化工产业、特色农产品精深加工产业等四大主导产业,以旅游业和物流业为龙头带动第三产业发展,调整和优化产业结构,全面推进接续替代产业的发展,构建新的产业发展格局,打造产业集群优势。

第一节　支柱产业建设

立足现有基础,发挥比较优势,以风电为牵引,以延伸产业链条、优化产业结构、提升产业层级为主攻方向,巩固和提升传统石化产业群,培育和壮大"6+2"新能源产业群,着力推进石化和新能源产业"两大基地"建设跨越式发展,将石化产业和新能源产业发展成为支撑玉门市经济社会可持续发展的两大支柱产业群。

——巩固和提升传统石化产业群。按照原料路线多元化、产品加工精深化和产业发展延伸化的方向，实施“稳采、扩炼、改造、延伸”的发展战略，加快产能扩张、延伸产业链条、优化产品结构、发展配套产业，不断提升石化产业的核心竞争力，实现石化产业的集群化发展。力争到2015年，石化产业实现工业总产值350亿元，增加值100亿元，占全市工业增加值的比重达到45%以上，将玉门老市区打造成全省重要的石化产业基地、技术研发中心和全国老油田稳产转型可持续发展的试验区，使传统石化产业焕发新活力。

稳定原油采量。按照“探边摸底、外围拓展”的思路，坚持勘探开发一体化，合理开发利用青西、老君庙、鸭儿峡等老油田的油气资源，加大玉门油田周边酒东、民乐、潮水等油气勘探开发力度，为玉门油田的可持续发展提供坚实的资源基础。运用先进技术开发具有世界级难题之称的青西油田，以“稳油控水”为核心深挖老油田潜力，力争玉门油田年采油能力重上100万吨，努力延长石油资源产业的生产期，建设中国石油百年油田。

扩大炼油规模。依托老市区炼化工业基础和油田人才、技术、设备优势，扩大原油炼化容量，争取实施千万吨级扩容改造工程，力争到2015年原油加工能力达到500万吨，2020年达到1000万吨。原料来源除玉门油田自产石油以外，要抓住国家西油东送二线工程建设的机遇，充分利用玉门作为西北重要的石油加工和军用油品生产基地的地位，积极争取国家支持，力争开工建设600万立方米国家商业石油储备库，加大利用新疆、中亚的油气资源，增加西部管道玉门支线原油、成品油的分输配额。

提升炼化技术。以“做精炼油、做强化工、做专特油”为宗旨，按照“加快工程技术改造和技术进步步伐，加快产品质量升级换代和结构调整步伐，全面提高经济技术水平和经济技术指标”的工作方针，运用高新技术和先进适用技术，降低资源消耗，提升产业层次和产品质量。重点实施80万吨重油催化及裂化技术改造、8万吨苯分离、15万吨气体分馏和液化气脱硫工程，巩固玉门油田炼化总厂在航空航天油品、高温/低温润滑脂、真空设备润滑油脂等产品研发在国内的领先地位。

延伸开发上下游产品。按照“油田上游搞配套、下游深加工”的方针，着力延伸石化产业链条，发展配套企业，建设产业集群。上游依托玉门油田机械厂、金力机械公司、泓泰铆焊锻造公司等骨干企业，辐射带动一批中小企业，围绕油田搞配套，重点发展以抽油杆、抽油泵、抽油机为主的石油钻采和石油管道的配套设备，逐步向部分设备的成套、整机加工拓展。下游围绕原油深加工，大力发展

石油化工下游产品，引进一批上规模、上水平的精细化工产业项目，重点发展燃料油类、润滑油类、工艺用油类、电器用油类、真空油脂类、液压油类、润滑脂类、石蜡类以及大乙烯类和聚丙烯等产品。切实推进700万米抽油杆、100万吨乙烯、10万吨油田助剂、30万吨甲醇及副产品、20万吨石蜡、10万吨沥青、5000吨燃料油、1500吨润滑油等项目的实施。

——做大做强新能源产业群。充分发挥风能、太阳能富集的资源优势，把做大做强新能源产业群作为实现玉门市经济转型和可持续发展的重大举措，围绕酒泉千万千瓦级风电基地建设，按照以风电为牵引、以风电促网架、促调峰电源、促装备制造和资源综合利用的发展思路，着力打造“6＋2”新能源产业群，走好风电、光电、水电、火电等多能并举、循环发展、综合利用、联动开发的低碳经济路子。重点发展风电和光电板块，配套发展水电和火电板块，研究论证核电和生物质能发电等其他新能源项目；加快提升电网输转能力，电力外送和就地消纳转化相结合，积极发展高载能产业和储能产业；以新能源开发带动新能源装备制造业发展，提高产业配套水平；力争到2015年，建成各类发电总装机规模达1200万千瓦以上，新能源产业增加值达到65亿元，占工业增加值的比重达到30％，把玉门市建设成为全国典型的新能源产业发展示范城市和全国重要的新能源产业基地。

大力发展风电。加快风电项目建设步伐，加强与国内外电力企业的合作，全面开工建设酒泉风电基地二期规划玉门风电场工程，大力促进风能资源开发利用和风电产业的规模开发、聚集发展。进一步开展风能资源详查和综合评价工作，尽快编制中远期风能开发规划，全力争取国家特许权招标项目、省核准项目、省实验风场项目，增加玉门风电建设份额。着力解决好风电企业用水、用电以及当前亟需解决的自然保护区区划调整和空军靶场迁址等严重影响风电场建设进度的突出问题，积极帮助风电企业联系解决好风电设备尤其是主设备的供应、安装问题，加快实施2兆瓦、2.5兆瓦、3兆瓦、5兆瓦等大型国产化风机示范项目，重点建设昌马、七墩滩、麻黄滩、宽滩山、青石梁、黑崖子、红柳泉等风电场。加快测风系统、风电场监测预报系统建设，积极发展以安装、检修、运行维护为一体的风电技术服务项目，为大规模开发风电提供有效的技术保障。力争2015年，全市风电装机总量突破600万千瓦，2020年达到1000万千瓦。

积极开发光电。拓展新能源开发领域，充分利用太阳能资源优势，加强与周边市、县在光电的总体规划、技术研发、资源共享等方面的交流合作，加快测光工作和太阳能数据库的建设，积极开发光电，重点实施太阳能热发电、太阳能光伏并网发电和利用风电场大片土地的风光互补发电项目，力争到2015年光电装机容量达到100万千瓦，2020年达到200万千瓦。尽快落实与德国千年太阳公司、中国华电工程(集团)有限公司和西班牙阿本戈太阳能公司联合体签署的合作开发太阳能热发电项目的协议以及与中广核集团、大唐集团、龙源公司、国电电力酒泉发电有限公司分别签署的装机容量100万千瓦的意向性合作协议,争取项目早日启动、尽快建设。

推进调峰电源建设。配套发展水电和火电项目,优化电力结构,提高电网调峰能力,保障电网安全。水电方面,继续挖掘潜力,合理开发疏勒河流域水能资源,突出抓好疏花干渠、昌马新总干、昌瑞等7座总装机8.48万千瓦水电站的建设,争取在2011年昌马新总干、月亮湾二级水电站实现并网发电,月亮湾一级水电站完成主体工程,使水电装机容量累计达到22万千瓦;做好昌马水库60万千瓦抽水蓄能电站项目前期工作,争取列入甘肃省风电基地调峰电源规划和国家电力发展规划,实现尽早开工建设。火电方面,充分利用新疆、蒙古的煤炭资源,重点建设玉门油田、大唐八〇三热电厂2个2×30万千瓦上大压小火电项目和大唐、国网能源2个2×100万千瓦火电项目,力争到2015年全市火电装机总量达到500万千瓦以上。

提升电网输送能力。全力支持二期主力电网工程建设,扩大电网容量,缓解玉门市电力外送的压力。力争到2015年,建成750千伏玉门变电站、8~10座330千伏变电站和750千伏双回输变电线路及正负800千伏直流输变电线路各一条,形成以超高压输变电线路为骨干的输配电网结构,争取1000千伏点对点直流输变电工程在玉门市规划布点,密切关注智能电网建设,实现与华北、华中、华东电网直流联网,基本解决玉门市电力上网输送问题。

壮大新能源装备制造业。积极引进新能源装备制造企业及新能源设备研发和质量检验机构,提高产业聚集水平,增强产业配套能力,做大做强新能源装备制造业。以风电促风电装备制造,重点发展风机塔筒、风电主机、叶片、法兰、轮毂、机电等产品,扩大风电装备制造业规模,促进风电设备制造产业向技术自主化、制造集约化、设备成套化、服务网络化发展。以开发太阳能为契机,发展以单晶硅、多晶硅发电板和蓄电池为主的光电设备制造业,形成光电设备制造产业集群。

加快发展高载能和储能产业。积极探索电力能源就地消纳、转化的有效途径,大力实施资源转换战略,加快发展高载能产业和储能产业,促进资源综合利用,实现资源优势向发展优势的转变。充分发挥老市区和玉门东镇建化产业园基础设施完备、交通运输便捷、闲置资产富集、环境容量大、周边矿产资源丰富等优势,全力争取建设电力局域网,争取布局建设高载能产业园,走矿电一体化的发展路子。加快发展矿产品选炼及精加工、水泥制造、煤化工等高载能产业,以铁合金、铸造、干法水泥、焦炭等为主攻方向,集中力量论证和包装一批投资规模

大、产业关联度高、符合循环经济模式的高载能项目，实现电力就地消纳和资源循环高效利用。延伸发展储能产业，坚持风光储一体化，争取上马电解水制氢、兆瓦级储能电站和高容量动力电池等能源项目。

第二节　主导产业培育

依托农产品特色突出、矿产资源丰富和电力富集的资源优势，以资源综合开发、延伸产业链、增加附加值为导向，培育壮大矿产品选炼及精加工、建筑建材、精细化工和农产品精深加工等四大主导产业。

——发展矿产品选炼及精加工产业。立足玉门及周边丰富的矿产资源和充沛的电力资源，加快发展以铁精粉、铅锌粉、金精粉、铬金粉、铜精粉等为主的矿产品洗选加工业和以硅铁合金、硅锰合金、铬合金、生铁锭、离心铸管等为主的高载能冶炼产业，不断延伸产业链条，扩大矿产品的精深加工，提高产品附加值。依托勤峰铁业、广汇铸造等企业，延伸"矿山开采—选冶加工—铁锭—离心铸管—无缝钢管"矿冶产业链，重点建设 40 万吨球墨铸管、50 万吨电解铝、40 万吨铁合金等项目。力争到 2015 年，各类矿产品的洗冶能力达到 400 万吨以上，形成集矿产资源采掘洗选、矿产品精深加工、系列产品开发为一体的产业集群。

——培育精细化工产业。依托同福化工、静洋钛白等企业，延伸"硫铁矿—硫酸—钛白"化工产业链，重点扩建 20 万吨硫酸和 2 万吨钛白粉生产线；依托甘肃松迪焦化公司，延伸"煤炭洗选—炼焦—焦炉煤气—余热发电"焦化产业链，重点建设 100 万吨焦化项目；延伸"石灰石—电石—PVC—离子膜烧碱"建材产业链，重点建设 50 万吨电石、30 万吨 PVC、30 万吨烧碱等项目。抓住甘肃省政府与新疆维吾尔自治区政府签订《全面战略合作框架协议》、《煤炭供需和运输保障合作协议》以及酒泉市 500 万吨煤化工项目列入《甘肃省煤化工产业发展规划》的有利时机，发挥老市区铁路运输专线和闲置资产等优势，加大招商引资力度，争取 500 万吨煤化工项目落户玉门市，发展以煤制油、煤制烯烃、煤制二甲醚、煤制甲烷气、煤制乙二醇等产品为方向的新型煤化工产业，逐步建成煤化工产业新体系。

——提升建筑建材产业。重点发展以特种水泥、干法水泥熟料、新型墙体材料、铝塑管材、石材板材等为主的建筑建材业，建设循环经济产业链条，培育建材龙头企业和名优品牌，重点建设祁连山 400 万吨水泥、100 万平方米石材加工等项目。争取到 2015 年，水泥年生产能力达到 500 万吨，新型墙体材料年生产能力达到 30 万立方米，石材板材年加工能力达到 150 万平方米。

——壮大特色农产品精深加工产业。依托玉门辖区和毗邻县市农业资源优势，按照"发展节水高效特色农业，专业化布局、产业化经营、标准化生产、技能化培训”的要求，围绕啤酒原料、草畜、果蔬、油料等优势特色农业，培育壮大农产品加工龙头企业，提升科技含量，延伸产业链，到2015年，农产品加工增值率由目前的40%提高到70%，各类农产品综合加工能力达到50万吨，着力打造“中国啤酒原料之都”和“草畜业大市”，建成50万吨农产品精深加工基地。

壮大啤酒原料集团，深度开发酒花制品。依托拓璞公司等酒花加工企业，延伸“啤酒花种植—颗粒酒花—酒花浸膏—黄腐酚—配合饲料”酒花产业链，重点建设10吨黄腐酚、2万吨配合饲料等项目。到2015年，酒花制品的年生产能力达到2万吨，其中浸膏、黄腐酚等高技术产品年生产能力达到500吨，啤酒麦芽年生产能力突破20万吨，带动形成5万亩优质啤酒花、10万亩优质啤酒大麦种植规模，把玉门市建成全国优质酒花种植、种苗繁育、精深加工、产品研发的示范基地。

大力发展饲草和绿色、无公害肉乳制品及其副产品加工地，到2015年饲草加工能力达到10万吨，肉羊、肉牛加工能力分别达到40万只、3万头，带动形成10万亩饲草和100万只肉羊、5万头肉牛的种养规模。

大力发展以胡萝卜、青红椒、大蒜、洋葱、番茄、葡萄等加工型果蔬为主的果蔬精深加工业，新建蔬菜储藏、速冻和脱水蔬菜加工生产线，培育“蔬菜水果种植—果汁、果酱加工—浓缩饮料、保健酒”绿色果蔬产业链，重点建设2万吨葡萄酒、1万吨番茄酱、8000吨果蔬浆、1万吨浓缩饮料、1000吨保健酒等项目；到2015年，各类果蔬加工能力达到5万吨，带动形成15万亩精品果蔬的种植规模。大力发展以胡麻、油葵、红花为主的油料综合加工和以甘草、枸杞为主的中药材加工等新兴产业。

第三节　产业结构调整

依托玉门的交通区位优势和旅游资源，大力发展现代物流和旅游产业。以现代物流和旅游产业为主导，带动商贸流通、购物娱乐、餐饮住宿、社区服务、电子商务、金融保险、中介咨询等行业的发展，推进第三产业的全面繁荣，调整和优化产业结构，使第二、三产业的比例更加协调。

——培育壮大现代物流产业。抓住国家建设九大物流区域、十大物流通道的机遇，依托交通区位优势，培育壮大现代物流产业，畅通物资交流，汇集区域商气，把玉门市建设成为西陇海兰新经济带上重要的物流集散地和地区性物流节点城市。

按照专业化、产业化、社会化的要求，积极引进中铁快运、圆通、申通等省内外大型物流配送企业，鼓励支持顺兴物流中心、货运中心、邮政速递等物流企业做大做强，通过引进、整合、嫁接等方式积极促进物流企业规模化、集团化发展。

鼓励发展覆盖城乡的区域性中小物流速递企业，形成联通内外、高效便捷、服务周到的快递服务网络。加快建设新市区货运市场、储销市场、城市物流配送中心、物流公共信息平台等城市物流工程和“万村千乡”市场、农产品直销市场、农资及日用消费品配送中心、农产品冷链物流设施等农村物流工程。加快现有物流设施的标准化改造，构筑以现代综合交通体系为主的物流运输平台、以现代通信和网络技术为主的物流信息平台、以规模仓储和自动化管理为主的物流储存配送平台，逐步建立以功能性物流中心和多层次配送中心为节点的覆盖城乡的现代物流体系。加快物流园区建设，重点在新市区和东镇建化工业园建设两个集运输、仓储、配送及配套服务为一体的现代化物流园。

——大力发展特色旅游产业。以玉门油田全国工业旅游示范点建设和玉门油田红色旅游景区建设列入全省旅游发展规划为契机，科学编制《玉门市旅游经济总体发展规划》和《景区景点开发建设专项规划》，立足蓝天、荒漠、绿洲、古迹、风车、油井交相辉映的靓丽景观，充分发挥历史文化旅游、自然风光旅游和工业旅游的综合资源优势，积极利用地处嘉峪关、敦煌两个国际旅游城市之间的区位优势，加快提升景区景点质量，加大对外宣传推广力度，创优创名“风电产业摇篮”、“风机博览园”、“石油摇篮”、“铁人故乡”等旅游资源品牌，深入实施“8442”工程，努力把玉门市建设成为酒泉—嘉峪关—敦煌黄金旅游专线上的重要旅游接力区。

以实现产业融合为切入点，加强与风电企业、玉门油田和中核四〇四等企业的合作开发，加快风光大道、风机博览园、风光博物馆、风电观景台、油田工业设施、核工业博物馆、梯级水电站观光等工业旅游设施建设，联合中石油集团建设油田企业爱国主义教育基地。加快开发“铁人”故乡、火烧沟文化遗址、吾艾斯拱北、赤金峡水利风景区、月亮湾千眼泉、硅化木地质公园、干海子自然保护区等人文历史和自然景观。加强与周边酒泉市肃州区、敦煌市、嘉峪关市等丝绸之路黄金旅游线路的衔接，探索联合促销推介模式。把工业旅游、红色旅游、休闲度假旅游、民族宗教旅游等旅游业态有效结合起来，以发展“一日游”、“沿途游”为抓手，着力打造精品旅游线路和景区，着力开发特色旅游文化和商品，着力提升旅游接待档次和服务质量，不断提高旅游资源产业化经营水平。力争到2015年，全市接待海内外游客达到60万人次，旅游总收入达到1.75亿元以上。

——全面推进服务业繁荣发展。充分利用物流和旅游产业关联度大的特征，以物流业和旅游业为主导和龙头，聚集人气、商气、财气，带动商贸流通、购物娱乐、餐饮住宿等传统服务业和社区服务、电子商务、金融保险、中介咨询等现代服务业的发展。按照市场主体资质和服务标准，建立公开透明、管理规范和全行业统一的市场准入制度，规范市场秩序、改善投资环境、加强招商引资，积极鼓励和引导市内外各类投资主体在更广泛的领域、更深入的层次上参与第三产业的发展，坚持做大产业规模与提升经营层次相结合，全面推动第三产业大繁荣大发展，促进产业结构优化，增强经济社会发展的综合配套服务能力，提升产业发展水平。到2015年，使第三产业增加值占地区生产总值的比重提高到28%，从业人员占全社会从业人员的比重达到36%。

专栏1:旅游开发"8442"工程

8大精品旅游景点:重点开发吾艾斯拱北、火烧沟原始部落村、硅化木地质公园、玉门油田工业旅游景区、"铁人"王进喜纪念馆、赤金峡水利风景区、风电景观、昌马石窟等8处精品景点景区。

4条精品旅游线路:一是嘉峪关—吾艾斯墓—骟马城—火烧沟原始部落村—玉门油田工业旅游景区—"铁人"故居—赤金红山寺—"铁人"王进喜纪念馆的文化旅游线;二是金玉阳光度假村—赤金峡风景区—硅化木地质公园—玉门风电厂—玉门市新市区—瓜州的休闲旅游线;三是玉门市新市区—梯级电站—昌马水库—昌马石窟—天生桥—梦柯冰川的冰川旅游线;四是玉门市新市区—青山水库—百亩胡杨林—花海下回庄—汉代长城和烽燧—干海子自然保护区的大漠旅游线。

4类系列旅游商品:一是充分发掘玉门市的历史文物资源,研发以火烧沟的彩陶碗、三狗方鼎、鹰嘴壶、陶埙及骟马文化的陶罐为代表的系列历史文化主题旅游商品;二是研究开发以铁人故乡酒、绿色保健品南瓜粉为代表的地方名优特产主题旅游商品;三是研发以石油钻塔、采油井架、炼油装置、风电机模型为代表的地方工业主题旅游商品;四是研发以岷县及东乡刺绣为代表的系列民间工艺主题旅游商品,丰富旅游商品市场。

2个旅游接待小区:一是在玉门新市区统一安排旅游接待宾馆、开发特色小吃、举办特色文娱活动,逐步把新市区建设成为丝绸之路黄金旅游专线上旅游团队和各类过境人员的接待点和休整集散地,以旅游业的发展促进新市区的繁荣;二是把玉门老市区建设成为河西走廊有一定知名度的避暑、休闲度假胜地,以文化旅游业的发展繁荣老市区的经济。

第四节　循环经济发展

以转变经济发展方式为主线，以机制创新和科技创新为动力，以建设资源节约型和环境友好型社会、实现城市可持续发展为目标，遵循统筹规划、合理布局、因地制宜、注重实效、政府推动、市场引导、企业实施、公众参与的方针，大力发展循环经济。在生产、流通、消费领域全面贯彻"减量化、再利用、资源化"原则，积极培育循环经济产业链，大力推进资源节约、资源综合利用和清洁生产、绿色消

费，加速形成节约能源资源和保护生态环境的发展方式和消费模式，加快建设资源节约型和环境友好型社会，把玉门市打造成全省重要的循环经济发展示范基地。

——全面实施节能改造，促进节能降耗。按照循环经济减量化原则，突出抓好燃煤工业锅炉（炉窑）改造、电机系统节能、绿色照明、能量系统优化、余热余压利用、节能建材等六大工程，加强建筑、交通、商用、民用、农村、政府机构等社会各个领域的节能工作。

——狠抓循环经济项目，促进资源综合利用。以“大工业、大产业、大园区、大循环”为导向，加快用高新适用技术改造传统产业，着力打造“风光水热多能互补发电—区域高载能产业消纳—自然资源综合利用”、“冶炼—冶炼废渣—建筑建材—再生产品”、“石油开采—石油炼化—精细化工—原油成品油储备—石化下游产品开发”、“种植养殖—精深加工—废弃物再生利用”、“装备制造—废弃资源—再生产品制造”五大循环经济产业链，构建涵盖新能源、石油化工、装备制造、矿选采炼、建筑建材和农产品精深加工等所有工业门类的循环经济体系。促进粉煤灰、煤矸石、化工废渣、冶炼废渣、工业废气和废水等大宗工业废弃物的综合利用，遏制工业废弃物污染。

——加快淘汰落后产能，大力推行清洁生产。积极开展和推广资源节约、替代和循环利用技术，尽快出台限制和淘汰制造业落后生产能力目录，加快淘汰小火电机组、硅锰合金矿热炉、黏土红砖生产等落后装备和技术工艺，认真执行国家制定的有关耗能（耗电）、耗水最高限额和定额、能效标准，严禁生产、销售和使用国家明令淘汰和达不到能效标准的用能（用电）、用水产品。认真贯彻《中华人民共和国清洁生产促进法》，在矿冶、化工、建材、火电等重点行业实施强制性清洁生产审核，监督落实清洁生产方案，引导企业开展清洁生产审计和 ISO14000 环境管理体系认证。

——提倡绿色消费，创建绿色消费文化。加强对循环经济、资源节约和生态环境保护的宣传教育，提高政府、企业、公众的循环经济意识、资源节约意识和生态环境保护意识。在全社会大力提倡和弘扬绿色消费，使节能、节水、节材、节粮、垃圾分类回收、减少使用一次性用品逐步成为每个市民的自觉行动，形成健康文明、节约资源、保护环境的绿色生活方式和绿色消费文化。

第五节　园区布局优化

按照统筹规划、合理布局、节约用地、集聚发展的原则，进一步创新发展思路，理顺管理体制，加大投入力度，促进资金、技术、人才、项目等生产资源向园区聚集，推动园区向专业化、特色化、集聚化方向发展，使其成为加快“两大基地”建设的重要载体和发展循环经济的示范区。

以“统一名称、统一规划、统一布局、统一管理、统一职能”为原则，遵循“一区三园、一园一特”的运行模式和发展思路，对现有经济开发区、石化产业园、建材化工产业园、清洁能源产业园等四个工业园区进行整合，组建玉门经济开发区，下辖新能源产业园、石化产业园、建材化工产业园，形成“统一规划、相对独立”的管理体制。按照领域相通、产业关联的要求，规划建设一批企业相对集中、配套服务齐全、上下游产业关联的主导产业集群，促进园区产业合理布局，形成分类集中、主业突出、错位竞争的集聚发展格局。

——玉门经济开发区新能源产业园重点布局风电、光电、储能项目等新能源及新能源装备制造、水电、农产品精深加工和高新技术产业等项目，配套发展风电、光电和梯级水电站等工业观光旅游项目。

——玉门经济开发区石化产业园重点布局石油采炼和石化产品精深加工、石油钻采机械和配套设备制造、煤电、煤化工产业，以及其他与石化产业相关或整合利用闲置资产的项目，辅助发展新型建材、金属矿产品冶炼和精加工、石油老工业基地工业旅游等产业。

——玉门经济开发区建材化工产业园重点布局化工、矿产品采选及精深加工（含铁冶铸造）、新型建筑建材等三大产业，并围绕三大产业重点构造“硫酸—钛白粉—硫酸预热发电—矿产品、固体废弃物采选回收加工—建筑建材”循环经济产业链。

以“整体规划、分期实施、滚动发展”为原则，坚持配套先行，加快园区基础设施和服务体系建设，着力解决项目用地、交通运输、供水、供热、供电、排污、通讯、安全、环保、金融及公共服务等方面存在的突出问题，为企业入驻和发展创造良好的软硬件环境，增强园区对项目的吸纳承载能力。突出项目对工业园区建设的拉动作用，认真落实省级开发区在税费减免、土地收益返还等方面的优惠政策，加大招商引资力度，重点引进一批具有竞争优势、关联度高、带动力强的龙头企业，引导外来投资和工业企业向产业园集中，壮大园区规模，增强园区产业的聚集效应，争取将玉门经济开发区升级为国家级开发区。

第四章　城乡一体化建设

按照城乡规划布局一体化、基础设施建设一体化、产业发展一体化和公共管理一体化的总体要求，改造提升老市区，开发建设新市区，增强并完善新、老市区城市功能，着力推进新农村建设，破除统筹城乡发展的体制机制性障碍，改变城乡二元结构，率先在酒泉乃至全省实现城乡统筹发展，形成以工促农、以城带乡、城乡结合、工农互动的城乡一体化发展新格局。

第一节　城乡规划布局一体化

按照《玉门市城市总体规划》确定的发展方向，坚持“因地制宜、突出特色、准确定位、适度超前”的原则，科学编制土地利用规划、小城镇建设规划、行政村建设规划及城乡建设各领域控制性分项规划，形成较为完善的城乡布局规划体系。

着力提高城乡规划建设管理水平，加快形成城乡统一规划、统一建设、统一管理的新机制，有效整合城乡资源，合理划定功能分区，明确具体功能定位，统筹安排重大产业发展项目、公共事业项目、社会发展项目，合理布局居住建设空间、产业发展空间和公共基础设施，促进工业向园区集中、人口向城镇集中、土地向规模化集中，优化城乡建设空间布局，不断提高资源配置效率和设施共享程度，逐步形成以新、老市区为核心，以玉门镇、花海镇、赤金镇三个中心小城镇为节点，以其他乡镇和中心村为依托，层级分明、梯度推进、相互衔接、以城带乡、城乡互动的城镇发展新格局。

把新、老市区作为城镇体系的第一层次，加快建设新市区，改造提升老市区，逐步完善城市功能、大力提升城市形象、着力提高城市化水平，积极推进工业向园区集中、基础设施向城市周边辐射、城郊村和城中村农村转社区、农民变市民，增强新、老市区的辐射带动能力，将新市区打造成以能源新都、石化新城、戈壁绿洲上的低碳示范新城为定位的全市发展的主核心，将老市区打造成以“百年石油城”、石化工业基地为定位的全市发展的次核心。把玉门镇、花海镇、赤金镇三个中心小城镇作为城镇体系的第二层次，加快建设镇域工商业体系，促进产业集聚；加快完善城镇基础设施和公共服务体系，推进农村人口向城镇集中、土地经营向规模大户集中；突出城镇特色，提高发展质量，逐步把三个中心小城镇真正建设成为承接新、老市区辐射、带动周边乡镇发展的片区发展中心。把其他乡镇和中心村作为第三层次，大力推进特色优势农业的发展和农业产业化经营，积极创造条件，促进人口适度集中，增强配套服务新、老市区和中心城镇的能力，逐步实现城乡一体化发展。

全面引导和推进农民集中式居住，加速人口由农村向城镇、小城镇向城市的梯度转移，集聚人口，聚敛人气，加快城镇化进程。新市区要加大商品房的开发和保障性住房的建设，最大限度地放宽落户条件，引导在城市稳定就业和居住的人员有序转为城市居民；老市区要充分利用大量闲置的居民住宅资源，探索吸引人口特别是周边农民进城居住的可行途径。对于其他小城镇，要按照“适于居住、便于生产、易于配套、利于发展、群众认可”的原则，因地制宜地推进农民集中居住区建设，原则上不再审批新建分散小康住宅。

第二节　城乡基础设施建设一体化

坚持城市设施建设与农村设施建设并重、生产设施建设与生活设施建设并重、产业设施建设与生态设施建设并重，通盘谋划城乡重大基础设施布局和建设，做到布局统一规划、项目统筹安排、功能同步发展，实现城乡基础设施联合共建、联网共享，加快城乡对接延伸，强化城乡空间联系，优化城乡发展布局。

按照“高起点规划、高标准建设、高效能管理”的思路，坚持“以人为本、以水为脉、以绿为基”的原则，加强新、老市区基础设施建设，完善城市配套服务功能，提升城市品位，改善城市形象，聚集城市人气。继续改造完善路网、管网、电网、通讯网、环卫、消防等基础设施，重点实施保障性安居工程、垃圾处理、污水处理、集中供热、天然气入户、城市道路、电网改造、供排水和绿化、亮化、美化等基础设施工程。配套完善商贸流通、公共交通、社会服务、文化休闲等公共服务体系，优化配置教育、卫生、文化等社会资源，重点实施支线机场、火车站、汽车站、物资储备库、商贸市场、文化广场等工程。将社区公共服务设施建设列入城市建设总体规划，按照社区公共服务用房不少于350平方米的标准，在已建成的住宅小区和新建住宅小区改建、新建社区活动、服务场所，建立社区服务站(所)，同时规划户外活动场地，配备健身器材。加快生态环境建设步伐，重点实施城市防洪、公共绿化、“一园两轴三湖四带”城市水景生态工程等。

按照城郊乡镇向城市集中、周边村向集镇集中的城镇化发展思路，完善中心集镇、社区式中心村功能，针对农村发展中的薄弱环节，加大农村基础设施建设力度。围绕小城镇建设，实施集镇道路、供排水、供热及绿化、亮化等基础设施建设工程；围绕新农村建设，实施小康住宅、危房改造、饮水安全、道路建设、农网改造、沼气入户等工程；围绕农田基础设施建设，实施中低产田改造、土地整理、节水灌溉、灌区续建配套、病险水库(闸)除险加固等工程。

加强城乡公路网规划修编和调整，加快花玉路、玉布路、黄农路等城乡公路建设步伐，完善城乡路网体系，全面构建玉门市域1小时公路交通圈和城郊区1刻钟公路交通圈，加快农村出行公交化步伐，2020年建成覆盖城乡、方便快捷的公交客运网络，不断拉近城乡之间的距离，促进城乡融合发展。促进城市基础设施向农村延伸，加快农村通讯、电视、信息网络入户步伐，逐步实现市域供水、供电、供气以及通讯、信息网络的一体化，提高城乡基础设施配套能力。加快城乡现代物流基础设施建设，构筑覆盖城乡的现代物流体系。

专栏2:老市区基础设施建设

城市道路及配套设施建设工程：改造建设路、自由路、安康路、制氧路、东运路等32条42公里城区道路，并配套绿化、亮化、美化建设工程。

管网改造:实施老市区112公里供排水管网、20公里供热管网及12台套供热锅炉改造工程。

电力、通讯设施改造工程:对老市区电力设施及22公里老化的供电线路进行改造,进一步改造完善城市通讯网络。

热电联供工程:建成玉门油田2×30万千瓦热电联产项目。

保障性安居工程:加大廉租住房建设工程,将老市区所有低收入家庭全部纳入住房保障补助范围。实施老市区棚户区改造工程。

专栏3:新市区基础设施建设

城市道路建设工程:建设环城路、和平路、靖东南路、永吉路、玉苑东路、赤金东路、清泉东路、金湾东路等8条30公里城区主次干道,并配套完成道路绿化、亮化及供排水管网架设工程。

集中供热工程:新建占地面积为21867平方米的热源厂一座,总供热面积近期达到90万平方米,远期达到120万平方米,并配套架设10公里供热管网。

保障性安居工程:建设单套建筑面积50平方米廉租住房23500平方米。完成新市区、饮马农场、农垦建筑工程公司、农垦裕盛公司、国营黄花农场613589平方米棚户区住宅改造。

电力、通讯设施建设工程:实施城市电网建设工程,以移动通信3G网络建设为契机,逐步建立覆盖全市的新一代通信网络。

天然气入户工程:新建日供能力800立方米的天然气储气气化站5座,并配套输气入户管网。

公共服务体系建设工程:实施支线机场、火车站、汽车站等公共交通设施建设工程。支持民政、商务、粮食等部门建设重要物资储备库。建设商品交易市场、文化广场等消费、休闲、娱乐设施。

生态环境建设工程:实施城市防洪、公共绿化、“一园两轴三湖四带”城市水景绿化体系建设等工程。

专栏4:“一园、两轴、三湖、四带”城市水景生态工程

以城市周边生态绿地、郊野农田为背景,以景观性道路绿化为轴线,以城市公园绿化为中心,街头绿地为点缀,庭院小区绿化为依托,以环城防护林大环境绿化为导向,按照玉门市总体规划,坚持“生态优先、分片拓展、绿脉相连、结构整合”的原则,规划形成“一园、两轴、三湖、四带”为主的绿化系统,以玉泽湖公园、世纪广场为绿心,以城市主干道、次干道两侧绿化、功能组团绿化隔离带为绿带,构筑多层次、多功能、点线面相结合的城市生态园林绿化体系。

“一园”即玉泽湖公园。利用公园现有规模,以改善城市水土环境、提高公园观赏档次为目标，继续加大公园建设力度，突出绿化及仿古建筑的开发建设，形成集游憩、娱乐、休闲为一体的综合性大园林景观。

“两轴”即新城区绿色中轴线和工业园区绿色轴线。以新城区、工业园区为重点，建设绿地生态系统。主要按照“一心、二轴、三片区”的用地格局实施绿化，建设市区道路绿化风景带和社会生态绿化景观区，组成新城区的绿地网络骨架和绿色轴线，实现“绿掩新城，花满新区”的规划目标。

“三湖”即引水入城工程。引水入城工程是玉门市为改善人居环境、增加城市灵气而实施的一项重点工程。项目从市区昌盛路东侧沿不规则水系由南向北穿城而过，其中修建有三个大小不一的人工湖。绿化主要突出园林水系造景要求，形成与湖域、引水渠道相融汇协调的水体园林景观，供市民游憩、娱乐。

“四带”即青黛坡绿化带、城区东侧绿化带、312国道绿化带、环城防风林绿化带。前三条绿带呈现不同走向，为冬春季风的屏障，同时又是新市区主要绿线。环城防风林绿化带作为建成区的外围林带，是玉门对外开放的景观大道，具有展示形象和外围防护的作用。

专栏5:农村基础设施建设

集镇基础设施:实施中心集镇道路、供排水、供热、供电、绿化、亮化等基础设施建设工程，完善集镇服务功能，提升集镇的辐射带动作用。

农村危房改造:完成全市57个行政村14627户160.9万平方米的农村危旧房改造工程。

农村饮水安全:新打机井28眼，架设配套供水管网820公里，解决全市5.88万人的饮水安全问题。

村村通工程:完成全市16条1330公里通乡公路建设工程。全面改造全市农村2000公里村组道路，并配套建设8座客运站，提升农村道路通行能力。

农田水利设施建设:对全市农村350公里农田末级渠道及配套设施进行改造，全面提升渠系灌溉能力。

农村电网改造:新建、改造910公里输电线路，新建35千伏变电站11座，并完成6000户入户改造工程。

节水灌溉:实施10万亩高效农业节水灌溉工程和昌马、花海、白石3个灌区节水配套改造项目，发展常规节水40万亩，高新节水10万亩。

沼气入户:完成全市10000户一池三改工程。

广电村村通:改造全市有线电视传输光缆4292公里，完成24500户入户终端接收设备。改造新建全市57个行政村3500公里广电传输线路及接收设备。

中低产田改造:2009—2010年改造中低产田1.6万亩，新增粮食生产能力16万公斤，2011—2015年改造中低产田5万亩，新增粮食生产能力50万公斤。

土地整理工程：实施 5 万亩土地整理工程，通过土地整理复垦，建立渠、路林、田相配套的高标准农田。

第三节 城乡产业发展一体化

进一步促进城乡资源的合理流动和优化配置，加速城乡经济的协调发展，使三大产业在城乡之间进行广泛联合，城乡经济相互渗透，相辅相成，实现共同繁荣。一方面要加快城乡工农业经济的一体化，使城乡工农业相互补充，互相促进；另一方面要加快城乡商贸流通业的一体化，形成以城带乡、城乡结合的市场网络。

按照“建大龙头、带大基地、兴大产业、占大市场”的农业产业化发展思路，坚持以工业化理念谋划农业，以产业化经营发展农业，以特色优势农产品的精深加工带动特色优势农业的大发展，促进农业增效、农民增收。创新土地承包经营权流转制度，按照依法、自愿、有偿原则，积极鼓励和引导农民以转包、出租、互换、转让、股份合作等形式流转土地承包经营权，推动土地规模化经营，优化农业生产种植结构，提高农业综合生产能力。在特色优势农业发展上坚持“量”的扩张和“质”的提升相统一。一方面大力发展啤酒原料、草畜、果蔬、油料、棉花等特色优势农产品，扩大种植面积，推广设施农业、高效节水技术和农业科技，增加产量。另一方面加快引进、选育和推广良种良品，打造农业标准化生产服务体系，做大做强特色优势农产品标准化生产基地，发展绿色无公害农业和有机农业；加强宣传、加大营销，创优创名“玉门酒花”、“祁连清泉人参果”、“沁馨韭菜”、“花海蜜瓜”、“清泉羊”等品牌，形成品牌优势；推进农产品市场流通体系建设，改善农产品市场流通环境，增强流通能力，提高流通效率，促进农产品流通增值。

坚持改革与发展同步、扩大总量与提高质量并举的方针，合理布局、提升服务、加强管理，充分利用地方资源优势和剩余劳动力，加快发展乡镇企业，深化乡镇企业产权改革，转变经营管理机制，提升农村工业化水平；积极引进并扶持一批特色农副产品精深加工企业，培育行业龙头，延伸产业链条，做大产业规模，提升产品档次，增强龙头企业的辐射带动能力。大力发展多种形式的农民经济合作组织，提高农民的组织化程度；积极推广订单农业，引导农民以销定产；以建立合理的利益分配结构为基础、以产业链全过程管理为支撑、以保护农民利益为根本，努力探索龙头企业、农民经济合作组织和农户之间的利益联结机制，提升农业产业化经营水平。通过以工促农、工农互动，实现企业与农民互惠互利、共同发展，致富农民、繁荣农村，努力在农业增效、农民增收上达到一个新水平。

以区域性物流中心建设为抓手，以城乡市场流通网络体系建设为重点，鼓励城市商贸流通企业向农村延伸，大力发展商品专业市场、连锁经营、物流配送、电子商务等经营方式，全方位推进城市与乡村的联合与协作，建立优势互补的城乡商贸流通体系。切实抓好商工、商旅、商农三个结合，努力推动城乡产业联动、三次产业融合发展。通过产品推介、品牌连锁、展示展销等手段，强化商工结合，扩大产品的市场占有率；通过商业街与旅游景点的有机结合，集聚人气，以旅兴商；大力发展农贸市场和农村商业网点，引导和扶持农民以多种方式进入商贸流通领域，加快发展集休闲、观光、餐饮于一体的城郊休闲农业，鼓励和支持城郊农民围绕服务城市从事商贸服务业。

第四节　城乡公共管理一体化

统筹城乡社会管理，促进城乡公共管理一体化，使管理更加有序，社会更趋和谐。

加快撤村建居步伐。对城市化发展已覆盖或即将覆盖的城中村和城郊村，适时实施撤村建居工作，推进农村转社区、农民转市民，健全有关组织机构，逐步转变工作职能。按照统一规划和城市标准，在农转非人员集中安置的社区，加快完善配套水、电、气、通信和文化、体育、卫生、绿化等公共基础设施，及时建立基层社区组织，增强自我服务、自我管理能力，满足社区居民的生活需要。

积极稳妥地推进户籍制度改革。逐步取消户籍人口农业和非农业类型划分，突破城乡二元结构，建立城乡统一的户口登记管理制度。以拥有固定住所、稳定职业或生活来源为基本落户条件，切实简化审批程序，加快审批进度，按实际居住地登记为“居民户口”，实行城乡一元化户口登记制度，实现城乡居民一个户口本，对进城落户的农民在劳动就业、计划生育、子女入学、社会保障以及保障性住房等方面给予和城市居民同等的待遇，促进人口向新、老市区集聚。对外来迁入人员按照“降低门槛、放宽政策、简化手续”原则，实行准入条件管理。同时优先保障各类专业人才、外来投资者入驻新市区。实行以身份证为核心凭证的社会管理模式，探索居住证管理制度等辅助政策。以强化基础信息应用为重点，全面加强流动人口管理，提高服务水平。

探索土地流转机制。依法完善农村土地管理制度，搞好土地确权、登记、颁证工作，规范流转行为。建立土地流转有形市场，扶持培育土地银行、土地专业合作社、土地交易市场、土地协会等土地流转中介组织，鼓励引导农民以转包、出租、互换、转让、股份合作等形式流转土地承包经营权。完善被征地农民补偿制度，建立被征地农民社会保障体系和土地承包经营权退出机制，探索以土地换社保、换就业、换稳定收益的具体办法。

建立城乡统一的房屋产权流转制度。制定农村房屋登记管理办法，房管部门负责对进城居住的农民合法取得的农村房屋登记造册，确认农村房屋所有权，

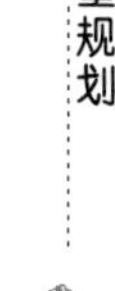

核发房屋所有权证。加快制定农村房屋产权流转管理办法，建立城乡统一的房屋产权流转制度，由房管部门负责具体组织实施，依法合规推进农村房屋产权自由流转(包括买卖、赠与、作价入股、抵押贷款、租赁等)，逐步实现城乡房屋同证、同权。

探索建立对农民自愿放弃宅基地的补偿机制。农户自愿放弃原宅基地的，原宅基地使用权予以注销，由市、乡两级政府对其房屋按不低于当地征地补偿标准的价格进行补偿，或按征地补偿标准以农民集中居住区住房进行房屋置换，土地交原集体经济组织经营。对农户自愿放弃宅基地及承包土地，进入集中居住区居住的，市政府制定奖励政策予以补助。

建立综合管理体系。进一步理顺市政府与乡镇、街道的关系，加快管理重心下移、管理权限下放，形成城市工作、农村工作相互对接、良性互动的管理格局。按照整合资源、集中办公、便民服务的要求，全面推进乡镇为民服务中心建设，不断提高为民服务的质量和效能。推进农村管理体制改革，搞好以村务公开、财务监督、群众评议为主要内容的规范化管理，培育农村服务性、公益性、互助性组织，完善社会自治功能。强化城乡行政综合执法、道路绿化保洁养护等工作，确保管理职能全覆盖。深化“平安玉门”创建工程，推进治安防控体系建设，把平安建设向基层延伸，实现平安建设无盲区。开展文明办事处、村(居)委会创建活动，加强群众法律素质、市民素质教育，倡导健康文明的生活方式，形成良好的社会风尚。

第五章　生态环境保护与治理

以构建区域生态圈为目标，以“建绿洲、护水源、治风沙”项目和“蓝天、碧水、绿地、洁净”工程为抓手，加快生态环境保护和治理基础设施建设，加强污染防治和生态修复，促进经济社会与生态环境的协调发展，实现人与自然和谐相处，建设生态环境友好型宜居城市。

第一节　生态保护

按照“南护水源、中建绿洲、北治风沙”的生态建设思路，扎实推进生态人居建设步伐，努力构建“以人为本、以水为脉、以绿为基”的生态文明城市。绿洲农业区按照城乡绿化美化一体化的思路，实施城乡水源保护、环城防护林、三北防护林、退耕还林、绿色通道、盐碱地治理、水土流失治理和园林化单位创建、社区绿化、村容村貌整治、生态经济庭院、村落等重点工程，为广大人民群众创造一个优美的人居环境。水源涵养区以强化疏勒河、白杨河、石油河、小昌马河水源涵养能力为重点，实施河道治理和干海子、南山等自然保护区的管护和建设，促进生态系统良性循环。风沙治理区以风沙口和“三化”土地治理为重点，加强国家重点公益林管护，实施沙化土地封禁保护和禁牧休牧工程，有效遏制水土流失和风沙危害，保护国土生态安全。到2015年全市森林覆盖率提高到7.6%，城市绿化率达到35%。

专栏6:生态建设与保护项目

水源保护项目:实施玉门市城乡水源保护工程，建立从水源地到供水末端全过程的饮用水安全检测体系，改造输水管网50公里，保护面积16平方公里。

水土保持项目:实施玉门市新市区、昌马水库库区、条湖水库库区、石油河、白杨河小流域水土保持生态治理项目，治理水土流失面积135平方公里，营造水保林2万亩。

林业建设项目:实施三北防护林工程，完成人工造林5万亩，封沙育林10万亩;实施东北—西南向的椭圆形环城林带，规划造林面积2万亩，栽植各类苗木350万株;建设规模1500亩的玉门市林业生态园区;实施国家重点公益林保护项目，力争花海、青山、南山110万亩及新增的30万亩国家重点公益林全部纳入补偿范围，实行专业管护。

风沙治理项目:以玉门市十大风沙口为重点，实施2.5万亩风沙治理工程;实施280万亩玉门花海沙化土地封禁保护区建设项目。

湿地保护与恢复项目:实施玉门市湿地自然保护区建设项目，建设生态输水渠道30公里，保护和恢复湿地11万亩。

盐碱地治理项目:实施黄闸湾、花海、独山子等乡镇盐碱地改良项目，治理耕地盐碱地13万亩，荒地盐碱地48万亩。

第二节　环境治理

实施蓝天、碧水、绿地、洁净四大工程，进一步改善城乡人居环境。蓝天工程，即以水电厂烟气脱硫、炼化总厂尾气利用和建材化工产业园废气、废渣处理等工程为重点，实施大气污染防治项目，到2015年，全年空气环境质量达到二级标准天数超过70%。碧水工程，即建设城镇污水处理厂及配套管网系统，重点实施石油河流域污染治理、经济开发区污水处理厂、炼化总厂污水稳定达标治理等工程，对集中式饮用水源地完善保护措施，到2015年，城市生活污水处理率提高到80%以上，工业污水处理率提高到65%以上，主要河流水质达标率达到90%。绿地工程，即重点实施6万亩土壤污染治理项目、新市区环城防风林网建设、干海子注水、花海生态农业示范基地、沿山乡镇自然生态保护等工程，加大治理流域、工矿企业、养殖场、生活垃圾等面源污染。洁净工程，深入开展城乡环境卫生整治工作，实行城乡垃圾的分类集中收集处置，逐步实现垃圾资源回收利

用、建筑垃圾定点处置，建立医疗废弃物和危险废物处置中心，到2015年，使医疗废弃物、危险废物的无害化处置率达到100%，城乡生活垃圾无害化处理率达到85%。

专栏7:污染治理重点建设项目

废气污染治理项目:实施火电厂烟气脱硫及除尘改造项目;实施炼化总厂炼油化工尾气收集回收利用项目;实施东镇建化工业园区废气集中收集处理项目。

流域污染防治项目:实施疏勒河、石油河流域污染防治项目，新建石油河流域水质监测站。

污水治理项目:实施炼油厂三级防控体系建设，治理炼油生产污水，实现废水达标排放，配套在线监测系统，实施污染达标与排放总量监控;新建经济开发区日处理3万吨、建化产业园日处理2.5万吨和老市区日处理2万吨工业污水处理厂3座。

土壤污染治理项目:实施石油河流域6万亩污染土壤改良项目，在赤金镇建立微生物土壤污染防治田。

固体废物处理项目:实施老市区日处理90吨的垃圾处理厂项目，并配套垃圾分类收集、运输设施设备;建设新市区危险废物和医疗垃圾集中处置中心。

第三节　资源节约

坚持开发与节约并重、节约优先的原则，推广循环经济模式，建立资源节约型产业结构，加大节能新产品新技术的宣传和推广力度。新建、改扩建项目要率先执行具有国际先进水平的能耗、物耗、水耗等标准，提高资源综合利用水平，降低单位产出能源和资源消耗，力争到2015年，使单位地区生产总值的能耗和用水量分别降低20%、13%，固体废物综合利用率达到86%。按照“谁开发、谁保护，谁破坏、谁修复”的原则建立健全资源开发、环境治理和生态补偿机制，加大对油田采空搬离区、老市区暨矿区生产生活迁出区的生态恢复和综合治理。优化配置水资源，加强水源地保护和区域性调水工程建设，提高区域水资源优化配置能力和城乡供水保障能力。推行节水技术，提高工业用水回用率。严格执行森林限额采伐制度，强化花海、青山和南山天然林保护，加强更新改造，保持森林资源增长总量大于消耗量。合理利用草原牧场，实施退牧还草工程，草原区平均植被覆盖度提高10%。

第六章　社会民生事业发展

以建设“和谐玉门”为目标，深入实施社会民生改善战略，着力解决劳动就业、社会保障、教育公平、医疗卫生、文化体育、扶贫开发等重大民生问题，着力缩小基本公共服务的城乡差别，全面提升公共服务水平，坚持以人为本，积极推进和谐社会建设。

第一节　劳动就业

实施更加积极的就业政策，努力提高就业水平。坚持劳动者自主择业、市场调节和政府促进就业的方针，强化政府促进就业的公共服务职能，完善就业服务体系，加强就业技能培训和就业信息服务，创新就业机制和思路，贯彻落实各项就业扶持政策，支持和鼓励自谋职业、自主创业，积极引导和推行阶段性就业、弹性就业等灵活多样的就业方式。建立、健全政府部门促进就业的长效机制，拓宽就业渠道，通过大力发展就业容量大的劳动密集型中小企业、农副产品加工业、服务业和公益性服务来开发就业岗位。用好国家转型政策和就业再就业扶持政策，落实职业介绍和职业培训补贴费，为全市下岗失业人员提供社会保险，支持下岗人员再就业，凡是由政府投资形成的公益性岗位，要优先安排大龄就业困难人员，特别是“4050”下岗职工。引导、鼓励农村劳动力外出就业，鼓励农民就地转移就业，建立健全零就业家庭动态援助工作机制。力争到2015年，累计新增城镇就业岗位10000个，每年向外输转农村劳动力10000人以上，累计培训下岗失业人员5000人，农村劳动力转移就业技能培训60000人。

统筹城乡劳动就业，加快建立城乡统一、运作规范、竞争有序的劳动力市场。加大劳务技能培训，加强劳务基地和劳务市场建设，积极打造、宣传和推荐一批特色劳务品牌，大力推进劳务输出。规范劳动用工制度，强化劳动监察，严格推行劳动合同管理，维护劳动者的合法权益。

第二节　社会保障

大力增进民生福祉，按照“广覆盖、保基本、多层次、可持续”的要求，加快健全覆盖城乡的社会保障体系，切实提高城乡居民社会保障水平。

进一步完善城乡职工基本养老、医疗、失业、工伤和生育保险制度，强化社会保险基金征缴和监管，以民营企业、个体工商户、进城务工人员为重点，全面扩大工伤和生育保险的覆盖面，提高医疗保险和失业保险统筹层次，逐步做实基本养老保险账户。探索行政机关、事业单位社会保障制度改革，鼓励有条件的企业在政府指导下建立补充保险制度。完善城市最低生活保障制度，认真解决好进城务工人员社会保障问题，全面实施农村最低生活保障制度，努力把符合条件的城乡困难群众全部纳入低保范围。完善被征地农民社会保障政策，做到即征即保和应保尽保。

完善社会救助体系，规划建设一批辐射全市城乡、功能设施齐全的社会福利

院、中心敬老院、老年公寓、老年大学、老年服务中心、老年活动中心、残疾人康复中心和流浪乞讨人员救助站等社会福利机构和社会救助机构，加强老龄人口、残疾人口的服务和权益保护。加强对城乡困难群体的救助，鼓励社会救助和民间慈善等多种形式的救助活动。实施《妇女儿童发展规划》，切实保障妇女、未成年人的合法权益，推进妇女儿童事业发展。建立玉门市防灾减灾指挥中心、救灾物资储备中心和突发自然灾害紧急避难场所，进一步完善突发灾害应急处置和灾害应急救援体系，增强解决受灾群众生活困难问题的能力。

加大地方财政预算中社会保障支出的比例，建立稳定的社会保障基金筹措渠道和严格管理、有效运营的新机制。按照尊重历史、以人为本、分类施策、分步实施的原则，积极争取中央和省上的转移支付资金，花大力气集中解决关停破产企业欠缴养老保险金、失业保险金和医疗保险费、欠发工资、股金、医药费、伤残津贴、身份置换金、经济补偿金和上世纪 60 年代精简退职人员生活费，确保各种社会保险按时足额发放，全力保障并逐步改善下岗失业人员的基本生活。

第三节　医疗卫生

加快建立覆盖城乡居民的基本医疗卫生制度，完善公共卫生服务体系、基本医疗保障体系、药品供应保障体系、突发公共卫生事件应急处理和疾病预防控制体系，切实解决好人民群众看病难、看病贵的问题，实现人人享有基本医疗卫生服务的目标。

加快城乡卫生事业一体化进程，重点加强市、乡镇、村三级卫生服务网络和城市社区卫生服务体系建设。集中人力、物力和财力办好 1 家县级综合医院、1 家中医医院、2 家社区卫生服务中心及 8 个社区卫生服务站，确保每个乡镇建成 1 所标准化卫生院和 1 所规范化计生服务所、每个行政村设立 1 所村卫生室。重点实施玉门市人民医院住院医技综合楼、市卫生局卫生监督所、鼠疫检测站及地方病培训基地、精神卫生科、1 家街道卫生社区服务中心和 8 个社区卫生服务站、3 家乡镇卫生院、4 家农垦团场卫生院及 90 所村卫生室等 110 个建设项目。全面推进医疗卫生机构规范化、标准化建设工程，到 2015 年，城镇医疗卫生机构全部达到省级标准，村村建起标准化卫生室。

加大对基层医疗机构和公共卫生的投入，加强疾病预防控制、卫生监督、妇幼保健、精神卫生等公共卫生机构建设，完善疾病预防控制和应急救治体系，提高公共卫生服务水平，提升市级医疗应急救治能力和应对突发公共卫生事件、重大疫情、重大疾病、新发传染病等的快速应急处置能力。

加强城乡基本公共卫生服务，逐步实现公共卫生服务均等化。建立基本药物制度，完善基本药品和医疗服务定价政策。健全计划生育奖励扶助制度，加强农村基层计划生育技术服务体系建设，稳定低生育水平。完善人口管理与决策信息系统，建立快速、科学的人口信息采集和监测机制。

第四节　文化体育

加快发展城乡文化体育事业，繁荣城乡居民文化体育生活，提升全民的文化素养和身体素质。

积极发展公益性文化事业。加快博物馆、文化馆、图书馆、电影院和街道综合文化站等城市文化设施建设。全面建立稳定的农村文化投入保障机制，不断完善农村公共文化服务体系，加强农村文化设施建设，全力推进广播电视村村通、乡镇综合文化站和村文化室、文化信息资源共享、农村电影放映等惠农文化工程。到2012年，基本建立完备的城乡公共文化服务体系，所有城乡文化设施达到规定标准，实现村村都有文化室。加强全民体育运动健身场地和设施建设，积极开展丰富多彩的群众体育活动和全民健身运动，不断提高人民身体素质和健康水平。

以建设“文化玉门”为目标，凝炼特色文化，着力推进文化创新，大力弘扬“创业、奉献、求实、创新”的“铁人精神”，增强铁人精神的吸引力、感染力和影响力，促进传统文化向创新文化转变、制度层面向价值观层面转变，以文化转型促进经济社会全面转型。积极发展社区文化、村镇文化、企业文化、校园文化和广场文化，提升玉门新市区的文化品位；抓好文艺骨干培养，努力创作出更多反映玉门特色、弘扬“铁人精神”、紧跟时代脉搏、富有思想内涵和艺术感染力的文艺作品。

第五节　科技教育

按照调整布局结构、优化资源配置、提高服务水平的思路，继续深化教育体制改革，大力发展教育事业，促进教育现代化。整合教育资源，推进素质教育，实现九年制义务教育质量提高、城市普及高中阶段教育、农村普及三年制学前教育的目标。高度重视和大力发展职业教育和继续教育，鼓励社会力量办学，使人均受教育年限达到12年，培养和造就一批新型专业人才。加快实施民族中学、初级中学、职业技术学校、寄宿制学校等校舍危房改造项目，新建玉门镇寄宿制初中，扩建高级中学、石油中专，适时启动玉门市第三小学、第三幼儿园建设工程，以寄宿制学校建设为引导，实施花海民族中学和花海、柳湖、独山子以及4个农垦团场的中心小学建设项目，完成花海区域“一镇三乡”和4个农垦团场的布局调整目标。改善办学条件，提高教育教学质量，力争把玉门高级中学打造成河西名校。

提升工农业生产的技术装备水平，加强技术工艺和流程改造，产精品、创品

牌。加快企业科技进步，提高工业园区科技水平，大力发展高新技术产业，促进产业结构优化和产品升级。加强农业科技园区建设，推进农业标准化，大力发展有机生态农业。搞好科普工作，着力推广先进制造技术、智能技术和节能技术，提高城乡群众的科学技术素养。鼓励兴办民营科技企业，进一步培育和发展技术市场，促进科技成果转化。完善科技进步奖励机制，重奖有突出贡献的各类人才。

第六节　扶贫开发

坚持开发式扶贫、开放式扶贫和救济式扶贫有机结合，创新扶贫开发模式，促进产业发展，重点加快移民乡群众脱贫致富的步伐。支持特色产业发展，每个扶贫开发工作重点乡集中扶持1～2个特色产业，提高农村贫困人口自我发展能力。完善整村推进扶贫规划，加大以工代赈实施力度。实行新的扶贫标准，对农村低收入人口全面实施扶贫政策，把尽快稳定解决扶贫对象温饱并实现脱贫致富作为新阶段扶贫开发的首要任务，让更多的农村贫困人口共享改革发展成果。促进农村最低生活保障制度和扶贫开发政策有效衔接。建立贫困农民创业基金，开展贫困农民创业试点工作。积极发展村级扶贫互助资金组织，健全和完善管理机制。完善协作扶贫机制，加大对口和定点扶贫工作力度。积极引导各类社会资源投入扶贫事业。

按照“规划先行、项目支撑、找准路子、措施保证”的移民工作思路，积极争取省市项目、资金、政策扶持，严格落实市直部门帮扶包挂移民责任制，加大本级部门物资帮扶力度，实行面上包项目、点上包村、村中包户、与移民增收挂钩的“三包一挂”制度。加强移民乡基础设施建设，加快发展社会事业，着力改善移民区生产生活条件，推进基层政权、危房改造、盐碱地改良和生态建设，基本解决移民群众住房、饮水、就医、就学、出行等民生问题。培育壮大设施养殖、啤酒花、葡萄、枸杞、棉花等移民增收主导产业，鼓励移民群众就近发展加工、运输、民族特色商贸和餐饮等二、三产业，全面落实人均一亩高效田、户均一座增收棚、户均输转一个劳动力的“三个一”增收致富任务，确保移民人均纯收入在2015年末达到全省当年农民人均纯收入水平，实现安居脱贫目标。

第七章　促进转型的保障措施

增强城市转型的紧迫感和使命感，解放思想，深化改革，创新体制机制，以城市转型统揽全市工作全局，统筹兼顾，科学决策，落实责任，快速推进。

第一节　加强组织领导

成立玉门市资源型城市转型工作领导小组，建立统一领导、分工明确、运作协调、考核严格的转型工作机制。市转型工作领导小组定期召开会议，统筹解决转型中重大事项决策、政策制定和工作指导等重大问题。领导小组下设城市转型工作办公室，配备专门人员具体负责信息综合、协调落实、政策研究、舆论宣传、转型规划实施、重大项目推进等工作，争取国家和省上在解决遗留问题、项目布局、接续替代产业发展、财政税收政策等方面给予支持。

建立转型工作责任制，把转型目标和任务层层分解落实到部门，具体到个人，并纳入年度考核，严格兑现奖惩。人大常委会、政协要加强对转型工作的检查、监督，利用自身联系广泛、智力密集的优势，积极组织力量，为城市转型献计献策。各职能部门要认真做好协调沟通、衔接配合工作。

第二节　实施项目带动

抢抓国家支持资源型城市可持续发展和振兴老工业基地的战略机遇，吃透国家产业政策，牢牢把握国家支持的重点领域，积极争取和落实符合国家产业政策的重大项目、符合行业市场准入的重大项目、国家重点支持的生态环保和社会发展项目。抓住东部地区加快产业转移的契机，立足资源禀赋和比较优势，选准投资方向，筛选凝炼一批具有吸引力的好项目，加大招商引资力度，扩大招商引资领域，创新招商引资方式，吸进国内外客商来玉门市投资。

坚持国家投资项目和招商引资项目并举，生产性项目和公益性项目并重，重点抓好能够支撑和拉动经济社会发展的重大项目，建立项目督办发展机制，加强项目建设管理，加快项目建设进度，以各类项目的实施和建设促进玉门市产业的转型升级。

第三节　强化智力支撑

深入实施人才强市战略，进一步加强人才发展环境建设，完善人才考核评价和选拔任用机制，建立有利于吸引人才、留住人才、激励人才的保障机制，营造优秀人才脱颖而出和人尽其才的社会环境。

紧紧围绕接续替代产业的发展需要，整合玉门石油机械学校、省工信委人才培训学校玉门分校等教育培训资源，研究探索两校合并或联合办学的可行方式；加强与高等院校、科研院所的合作，建立人才联合培养和实训基地，着力培养一批为石化、新能源、装备制造和农产品精深加工等产业发展服务的实用技术人才，支持高新技术人才以技术入股、技术服务等形式获得合法收益。加强引智工

作,坚持"不求所有、但求所用",积极引进省内外高等院校、科研院所和企事业单位的智力资源。在转型中考察和识别干部,把那些真正懂经济、会管理、熟悉项目、踏实肯干、能够为城市转型积极贡献的干部选拔到重要岗位上来。

第四节 优化投资环境

紧紧围绕城市转型强化政府经济调节、市场监管、社会管理和公共服务职能,突出战略规划、政策研究、协调服务、环境建设等关键环节,促进政府管理创新,树立政府管理就是服务、公务员就是服务员的工作理念,积极推行限时办结制、首问责任制、一卡通和一站式服务,提高行政管理的效率和透明度,建设廉洁高效的服务型政府。

解放思想,创新观念,积极推进财税、投融资和金融等各项改革,加强法制建设,强化舆论监督,加快政府职能转变。努力营造能够加快全市发展的政策环境,有利于保护发展的法制环境,人人参与、大众监督的舆论环境,专业规范、优质高效的服务环境,使投资环境成为一种发展优势。不断拓宽对内对外开放的渠道和领域,建立健全鼓励支持民营经济发展的政策扶持体系、服务体系和信用担保体系,用资源优势、政策优势、基础优势和服务优势促进要素集聚,使玉门市成为创业投资的乐土。

第五节 破解金融约束

充分发挥政府自身的组织优势,建立高效率的金融合作机制,加强"金政、金企"的沟通与协作,借鉴开发性金融合作理念,以项目建设为核心,坚持"政府热点、雪中送炭、规划先行、信用建设、融资推动"的金融合作思路,破解城市转型发展的金融约束,建立有利于科学转型和可持续发展的金融支持体系和机制,使玉门的城市转型与金融业互动发展、互为支撑、共创双赢。

建立由市委和市政府牵头、人民银行玉门支行负责协调、本地各金融监管部门、金融机构及相关工商企业参加的金融支持城市转型联席会议制度,形成定期的集体议事和沟通平台,切实解决金融机构与政府、企业间的信息不对称难题。借助联席会议制度,使本地金融监管部门和银行业金融机构等介入政府制定区域发展规划、项目规划以及企业提出具体项目的过程,积极发挥参谋助手作用,提出投融资建议,在具体落实和操作中提供帮助,以实现产业政策和金融政策的有效对接。尽快研究落实各项优惠政策,加大吸引省内外银行业金融机构在玉门市设立分支机构的力度,高效率做好各项准入审批和服务,不断完善玉门市银行业服务体系,获取更多的金融资源。深化信用体系建设,继续协调配合相关部门完善"三库一网一平台"(企业和个人信用信息数据库、企业信用信息基础数据库、人口基础信息数据库、社会信用网、电子政务外网数据交换平台）的信用信息共享机制，重点归集税务、环保、质量、节能等信息，丰富企业和个人信用档案的内容，不断提高数据质量；大力推广企业和个人信用信息在政府行政管理、企业经济活动和个人社会生活中的应用，强化守信激励和失信惩戒机制，为城市转型营造良好的金融生态环境。

创新融资方式，打通融资障碍，努力满足城市转型发展的资金需求。拓宽融资渠道，大力支持优质企业发行短期融资券、中期票据、中小企业集合票据等债务融资工具，着力培育中小企业上市资源，积极争取甘肃省转贷地方政府债券额度。协调金融机构根据政策导向和产业发展重点，围绕转型规划，重点支持一批对全市经济社会发展有重大影响的产业发展项目、循环经济项目、基础设施建设项目、生态环保项目和社会民生项目，做好信贷计划与其他投融资计划的衔接与配套工作，推进项目落地。组建中小企业贷款担保公司，降低担保收费，完善担保制度，建立针对中小企业贷款的财政贴息制度，尝试推出中小企业贷款保证保险等，争取各商业银行驻玉门市的分支机构在风险可控的原则下适度降低中小企业贷款门槛，提高中小企业贷款在全部贷款中的比重，缓解中小企业贷款难的问题。进一步推动农村信用社改革，加强对农村信用合作社的监管与扶持；充分发挥邮政储蓄银行在农村地区的储蓄、汇兑和小额贷款功能，鼓励和促进邮政储蓄资金回流农村；稳妥推进村镇银行、小额贷款组织、农村资金互助社等的试点，健全农村金融组织体系；引导涉农金融机构端正经营理念，坚持服务“三农”的经营方向，开发适合“三农”发展的信贷产品。积极引导和鼓励小额信贷发展，大力开展下岗失业人员小额担保贷款、生源地助学贷款，为繁荣第三产业、有效缓解再就业压力、切实解决家庭贫困学生上学难提供强有力的金融支持，维护社会稳定。

第六节　用好转型资金

按照资源枯竭城市中央财力性转移支付补助资金使用管理规定，着力加强资金使用引导和监督，切实发挥并提高转型资金的效用。参照国债资金管理规定，成立资源型城市转移支付资金管理机构，建立转型资金分配监管机制，合理安排中央财力性转移支付资金，切实为城市转型提供资金支持。制定具体的资金使用计划，严格资金使用范围、申请条件、拨付程序，将资金重点用在接替产业项目贷款贴息、社会保障、科技教育、医疗卫生、生态环保、公共基础设施等方面，确保资金使用性质和用途不变。完善资金管理制度，对转型资金实行专户储存、专款专用，加大资金监管力度，实行全程跟踪审计和决算验收，花大力气提高资金使用效益。

第七节 加大扶持力度

在充分发挥市场配置资源的基础性作用的同时，加大对玉门市资源型城市转型工作的政策扶持力度，做好规划的组织实施。

加强财政扶持。认真执行国家对资源型城市转型的各项政策，在积极争取提高补助资金总量的同时，进一步加大省财政对玉门市财力性转移支付资金补助力度和基础设施、生态环境、产业发展、社会保障、公共服务、扶贫开发等资源型城市转型项目专项资金支持力度。对符合国家产业政策的转型项目由省财政予以贷款贴息。省工业强省专项资金和预留预算内基建资金适度向玉门市倾斜。积极帮助玉门市化解市政迁址形成的政府债务和其他方面的历史欠账。

进一步加大投入力度。集中扶持玉门市建设一批能够吸纳就业、资源综合利用和发展接续替代产业的项目，特别是对石化基地、新能源基地和循环经济园区建设给予更多的扶持。对玉门市公益性及以公益性建设为主的农村基础设施、生态环保、社会事业等领域的项目建设，逐步加大投入力度，取消或减少县及县以下配套资金。将老市区危旧房、新市区城中村、农垦团场居民住房改造纳入棚户区改造范围，加大资金投入。

优先布局重大项目。积极争取有利于玉门市转型的国家重大产业项目在玉门市布局。由省上或酒泉市审批或核准的水利、交通、保障性住房、生态环境、扶贫开发、特色农业、石油等矿产资源开发利用、优势能源、风电和光电设备制造、调峰电源和电网建设、物流和旅游等重点产业项目优先在玉门市布局。支持有市场、有效益的资源就地加工转化。

统筹建设用地计划。国家批准的重点基础设施项目用地计划指标，争取由国家统筹安排；省重点建设项目用地计划指标，由省上在用地年度计划指标中解决。统筹使用好新增建设用地土地有偿使用费等各类专项资金，用于土地整理复垦开发，补充耕地数量，提高耕地质量。省上单列下达玉门市年度用地计划，并对当年用地指标不足的部分给予追加审批。玉门市内开展农村建设用地整理符合城乡建设用地增减挂钩条件的，可在国家下达的周转指标控制下，开展挂钩工作。农村宅基地和村庄整理出的土地，优先用于增加耕地；用于建设用地的，应符合土地利用总体规划，并优先用于新农村建设。

省直有关部门和酒泉市要加强对玉门市转型的指导、协调和支持，尽快研究和落实支持玉门市加快转型的配套措施和实施意见，抓好规划的落实工作，切实帮助玉门市解决转型中的突出问题。有关部门和玉门市要适时组织开展规划实施情况评估和修编，针对实施中出现的新情况、新问题，对规划重要内容及时调整，确保规划有效实施。

附录三

玉门市现代农业发展和新农村建设情况

玉门市委农村工作办公室

（2012年7月19日）

玉门是一个老工业基地，是中国石油工业的摇篮、“铁人”王进喜的故乡，同时又是一个传统的农业县市，现有12个农村乡镇、53万亩耕地和9.8万农业人口。近年来，玉门市以培育优势特色产业为核心，积极探索符合玉门特色的农业发展新路子，经过几年努力，农村经济结构得到新优化，产业化经营实现新突破，农村面貌发生新变化，扶贫开发取得新成效，有力地促进了农业增效和农民增收，为全市现代农业跨越发展奠定了坚实基础。

一、主要做法和成效

近年来，玉门市紧紧围绕农业增效、农民增收目标，依托区域内环境资源优势，以发展现代农业为方向，狠抓农业结构调整、龙头企业项目建设、农业科技园区建设、支柱产业培育和农业品牌创建等工作，使全市农业和农村经济实现了突破性进展。以新农村建设为主线，狠抓农村危旧房改造和环境综合整治，全面提升农村环境面貌，为现代农业发展创造了良好基础条件。今年1～6月份，农业增加值完成2亿元，同比增长10%；农民人均现金收入达到5733元，同比增长27.8%。预计全年农业增加值可达到8亿元，较上年增加8%，农民人均纯收入可达到9270元，较上年增加1210元，增长15%。

1. 着力调整农村经济结构，特色产业规模化发展格局形成

近年来，我市根据地域气候特征，将12个乡镇划分为城郊绿洲农业片区、花海盆地农业片区和沿山冷凉农业片区，按照“一乡一业”、“一乡一品”的发展模式，全力打造1000亩人参果、1万亩温棚韭菜、10万亩啤酒原料、10万亩蔬菜、10万亩特色林果、100万只羊的“六个一”特色产业基地。通过政策撬动、行政推动、典型带动、宣传发动等措施，有力地促进了传统产业向设施农业转变，优势产业向优势产区集中，蔬菜、特色林果、设施养殖等高效特色产业，初步形成了专业化、集约化、规模化的发展格局。目前，千亩人参果基地、万亩温室韭菜基地、10万亩蔬菜基地、10万亩特色林果基地已全面建成，百万只养羊大县和10万亩啤酒原料基地进一步巩固提升，以温室种植、钢架拱棚和特色林果等为主的高效田种植模式全面推行，高效田面积达到35.3万亩，占到全市农作物耕种面积的67.2%。清泉人参果基地今年新增日光温室300座，420亩，规模累计达到了860座，1050亩。赤金万亩温室韭菜基地今年新增日光温室1060座，1540亩，累计建成日光温室6500多座、近万亩，温室面积占到全镇耕地面积的26%，实现了户均2座棚，主产区人均1座棚的发展目标，“一镇一业一品”产业格局全面形成。蔬菜产业今年落实日光温室新建任务1677座，2400亩，新建钢架拱棚4200亩，新建50亩以上温室连片小区18个，百亩以上拱棚连片点26个，落实大田蔬菜11.3万亩。特色林果种植面积今年新增3.5万亩，累计达到10.5万亩。其中，枸杞达到9.3万亩，葡萄达到1.2万亩，建成万亩枸杞种植基地1个，千亩种植基地4个，葡萄千亩基地和百亩基地各1个。设施养殖业采取大场大户和千家万户发展相结合的模式，今年新改扩建标准化养殖小区17个，累计建成养殖小区319个，发展规模养殖户5410户，2012年牛羊饲养量可分别达到1.3万头、126万只，已实现了养羊大县建设目标，正在向养羊强县目标迈进。

2. 精心打造农业科技示范园区，农业标准化进程加快推进

近年来，我市按照效益优先、示范带动、资源整合的原则，以开发引进新品种、试验示范新技术、配套完善新设施为重点，整合政策、资金、技术等要素，集中扶持有特色、重科技、高效益的农业科技园区做强做大。目前，千亩人参果、万亩韭菜、千亩设施农业、千亩精品蔬菜4个酒泉市级园区及柳河万亩蔬菜、千亩啤酒花等6个县级园区各项基础设施配套工作稳步推进，核心区面积逐年扩张，累计引进种植“名、优、新、特”品种200多个，示范推广节水、增产、提效等关键技术100余项，带动效应日益增强，整体显示度明显提升。同时，依托农业科技示范园区建设，大力推广高效节水技术和农业标准化生产技术。膜下滴灌、垄膜沟灌、全膜覆盖等节水技术已被广泛应用于农业灌溉、园林绿化、植被保护和生态

治理等多个领域，目前，全市高效节水和常规节水滴灌面积达到13万亩。全市累计申报认定无公害食品10个、绿色食品6个、无公害农产品产地11个。玉门酒花获得全国地理标志产品认证，清泉“祁连清泉”人参果获得国家A级绿色食品；“沁馨”韭菜、“绿峰春柳”啤酒原料、“花海蜜”食用瓜获得无公害产品产地认证，红玉枸杞、顺兴精品蔬菜等优质农产品的品牌效应不断增强。制定修订了19项无公害产品标准化生产技术规程，农作物标准化程度达78%，建成农业标准化生产基地17万亩。

3. 积极推动农业产业化发展，农业综合生产效益稳步提高

围绕优势主导产业就近转化增值，不断加大招商引资力度，多渠道筹措资金，新续改扩建农产品龙头加工企业，集中打造农产品品牌，强化龙头企业与基地、农户之间的利益联结机制，有效提高了农业产业化龙头企业的带动能力。今年，我市着力实施玉门绿地生物制品公司二期工程、拓璞科技3×1500升浸膏萃取生产线项目、5万吨枸杞系列产品加工项目、新市区农副产品批发市场建设项目和花海3000立方米的葡萄恒温库项目等五大重点农业龙头项目。全市粮食、饲草、啤酒原料、蔬菜、棉花、油料、特色林果等主要农产品都建立了对应的加工企业，使龙头加工企业累计达到40家，带动形成产业基地45万亩，65%以上的农产品实现了就地转化增值，90%以上的农作物实现了订单保障。同时，我市立足主导产业，按照农民的合作意愿和市场的发展需要，积极探索建立多渠道、多区域、多层次的专业合作组织，建立起了适应市场农业的龙头企业＋专业合作组织＋农户的利益共同体，有效地促进了我市农业集约化生产、一体化经营机制的发育和形成。今年新建农民专业合作示范社9个，其中省级3个、酒泉市级6个，农民专业合作社累计达到52个，其中创建国家级4个，省级6个，酒泉市级13个，全市农民专业合作社逐渐向高层次、规范化方向发展。

4. 强势推进新农村建设，农村整体环境面貌全面提升

近年来，我市把农村危旧房改造和环境综合整治工作作为最大的民生工程紧抓不放。按照“抓点示范、串点连线、折线成面、整体推进”的思路和“五统一”标准(统一选址规划、统一设计风格、统一建设标准，统一采购材料、统一质量要求)，分整组推进、整村推进、沿线推进、整乡推进四个层次梯次推进农村危旧房改造。按照“五清五改五化”要求(清垃圾、清柴堆、清粪堆、清路障、清院落，改水、改厕、改厨、改路、改圈，道路硬化、门前硬化、门面美化、周围绿化、圈舍洁净化)，全面开展农村环境综合整治。因地制宜、机动灵活地采用小城镇新建模式、城乡一体化新建模式、楼聚式中心村新建模式、社区式中心村新建模式、小康住宅新建模式、整村整组改造模式等六种建设模式，强势推进新农村建设。今年全

市共落实楼聚式中心村 5 个，落实新建、改建危旧房 30 户以上的新农村示范点 104 个，5700 户，目前 95%的农宅已开工建设。到年底，玉门镇、下西号乡 2 个乡镇可完成整乡改造提升任务，全市累计有 24 个村可完成整村改造提升任务，占到全市行政村总数的 41%，危旧房完成改造 1.98 万户，占总农户数的 80%。

5. 加强农村基础设施建设，现代农业发展条件有效改善

为有效保证现代农业发展战略实施，近年来，借助国家、省市大力实施农村危旧房改造、农业综合开发、清洁能源利用、生态改善、基础设施建设等项目和资金，切实加大基础设施建设力度，有效改善了现代农业发展条件。截至目前，我市 80%的农户完成了农村危旧房改造和村容村貌综合整治。推广应用沼气 6000 户，农村清洁能源利用率达到了近 40%。累计投入 3 亿多元，先后实施了农村饮水安全、水库除险加固、节水改造、小型农田水利建设等工程，年增加输水能力 4000 万立方，为农村 5 万人解决了安全饮水问题。近三年，投资 4.4 亿元，新改建县乡村公路 69 条、400 多公里，通村油路覆盖率达 89.5%，通组油路覆盖率达 46%，农村交通条件得到极大改善。累计完成植树造林面积 11.8 万亩，建成农田防护林 3.5 万亩，推广节水灌溉面积 13 万亩，取得了良好的经济和生态效益。

6. 培育开发优势支柱产业，移民脱贫致富步伐不断加快

我市按照省委提出的移民工作"规划先行、项目支撑、找准路子、强化措施"的总体工作要求，充分调动全市各方面的力量砥砺奋进，实现了移民区经济社会的全面发展。2008 年，我市 3 个疏勒河项目移民乡被列入全省扶贫扶持范围，按照户均 3000 元的标准予以扶持；省扶贫开发领导小组 25 个成员单位从资金、项目方面进行了大力帮扶，配套实施了危房改造、盐碱地改良、生态环境改善等一批重大基础性工程；酒泉市委确定每名常委包抓一个移民乡，带领相关部门采取多种有效形式，持续对我市 4 个移民乡开展了卓有成效的扶帮建活动，使移民乡农田水利、乡村道路、人畜饮水、供电入户等大批基础建设项目驶上快车道，移民群众生产生活条件发生了显著变化；我市在多年移民工作实践中，探索建立了"领导挂点、部门包村、干部帮建、乡村干部包户"四位一体移民工作机制，全市 70 多个帮建单位共落实帮扶物资和资金 2300 多万元，使一批涉及稳定、民生的重大项目得以实施。今年我市紧紧抓住"联村联户，为民富民"行动开展和疏勒河移民项目开发的重要机遇，市、县、乡三级上下联动、协同推进，与四个移民乡群众实现一对一全覆盖帮扶，有力推动了全市移民扶贫工作。截至目前，联村单位和联户干部共帮扶资金物资 520 余万元，有力地支持了农村重点产业发展和重点工作开展。同时，结合玉门移民工作的实际，玉门市委、市政府创造性地提

出了移民群众脱贫致富“人均一亩高效田，户均一座增收棚，户均一人搞劳务”的“三个一”发展目标，以设施养殖、特色种植、劳务输转为主攻方向，带动移民群众增收。目前，四个移民乡已全面实现了脱贫致富“三个一”目标，正在向“户均羊饲养量达到30只，人均培育2亩高效田，户均1人搞劳务的“321”目标奋进，设施养殖、枸杞、葡萄等增收支柱产业正在培育形成。今年，各移民乡定植枸杞7550亩、葡萄1830亩，打建日光温室23座，建成暖棚圈舍400座，调引种羊8000只。枸杞、葡萄累计种植面积达到2万亩、4000亩，发展各类养殖户4900户，牛羊饲养量12.8万头(只)。

7. 持续强化扶持政策措施，农民增收致富途径逐步拓宽

我市在积极落实中央和省市各项惠农政策的同时，围绕全市农村主导产业发展，持续强化政策措施，采取整合资金、协调贷款、强化帮扶等措施，综合运用贷款贴息、信用担保、民办公助、以奖代补等手段，对重点产业和重点工作进行配套扶持，仅今年一年市财政安排农业重点产业扶持资金达到500万元，用于农业农村重点工作的各类资金达到3000万元，担保发放小额妇女贷款5亿元，有力地推动了农村经济持续快速发展。不断健全地流转服务体系，加快土地流转步伐，全市农村土地流转的组织化和规模化程度明显提高，流转规模趋于扩大，流转进程不断加快。截至目前，全市农村土地流转面积达到7.8万亩，占总耕地面积的17%。坚持市场引导培训、培训促进就业的原则，积极整合培训资源，增强培训的实效性和针对性，集中开展农业科技技能化培训，努力提高外出务工人员技能水平，有效提高了农村劳动力的就业能力和科技应用能力，农业提质增效、农民创业增收渠道显著拓宽。截至目前，全市累计培训农村劳动力4756人，输转农村劳动力2150人，劳务收入达到近2亿元。

二、存在的主要困难和问题

1. 农业投入仍然不足

虽然近几年省、市、县各级都加大了对农业的投入，现代农业也从初步实现向基本实现跨越，但在这一关键阶段，不仅要求较大规模、较高程度的农业生产投入资金，而且对劳动和土地的替代率也要达到较高水平，以逐步适应工业化、商品化和信息化需要。特别是温室蔬菜、制种和葡萄、枸杞等设施农业和高效节水农业均为高投入产业，农民承受能力有限，需要大幅度投入，而目前市、县级补助标准过低，相关配套项目和资金严重不足，对快速推进高效农业发展仍然是杯水车薪，一定程度上影响了广大农民发展生产的积极性。同时，农产品质量安全检测体系不健全，仅凭县乡两级投入，在短期内很难建立完善农产品质量安全检

测体系，农产品质量安全隐患仍然存在。

2. 农民增收的难度加大

由于农业的弱质特征，受气候环境、水土资源等因素影响，我市区域内雪灾、风灾、洪灾、酷暑等极端气候引发的自然灾害频发，对前期投入较大的设施农业造成了严重影响，给农民造成了巨大损失。农民增收受农产品市场行情的制约因素较为明显，特别是农产品价格波动异常，种植成本逐年增加，使啤酒原料等优势特色产业市场行情持续低迷，相当一部分酒花种植农户收入锐减。日光温室、新兴林果等增收产业虽然有了快速发展，但整体收效周期长，农民短期增收效果不明显。同时，我市四个移民乡现有的10万亩耕地中有4.7万亩土地盐碱、沙化程度严重，耕地十分贫瘠，土壤改造成本高，增收产业培育发展慢，移民群众增收的难度相当大。

3. 农产品加工企业带动能力弱

全市培育的40家农产品龙头加工企业，大部分以初级加工为主，科技含量不高、产业链条短、产品附加值低、带动能力弱，与市场连接松散，还未形成以契约为基础的紧密的产业体系和利益机制。虽然我市近年已打造了清泉人参果、赤金韭菜、花海蜜瓜等一批特色农产品品牌，但由于特色农产品规模小，产后加工能力弱，农产品生产标准化程度低，市场份额小，特色农产品品牌效应不高，资源优势尚未转化为经济优势，总体上仍在“量”的层面徘徊，没有从根本上跨越到“质”的阶段。

4. 农业科技服务体系不完善

近几年，乡镇和农口部门新进的人员基本上为非专业人员，广大农民群众也非常渴望专业技术到基层开展技术指导服务。但由于涉农技术部门受专业人才引进体制机制和进人条件的制约，县、乡两级农业技术推广、林业、畜牧防疫等为农服务基层站所专业技术人员力量补充严重不足，而现有技术人员年龄偏大、知识老化，农技推广效率不高，无法适应当前设施养殖、日光温室、枸杞、葡萄等产业发展的需要。同时，乡、村两级的农业知识培训效果不明显，缺乏农业“土专家”的示范和引导，相当一部分农民自身文化素质低，对新技术、新成果接纳、消化和吸收慢，先进适用技术的推广和应用面较小，科技转化率和对农业的贡献率偏低。

5. 农村村容村貌整治困难较多

随着新农村示范点建设的深入实施，农村基础条件好的村组和农户基本上全部实现了人居环境改造提升，其他尚未进行改造的村组由于经济条件、地域特征千差万别，基础设施投入和公共服务需求有很大差异，改造难度逐年加大。要抓好各项工作最关键的是要有资金保障，而县乡一级财力有限，上级部门扶持资金少，缺少长效投入机制，极大地束缚了新农村建设。现有的许多涉农项目资金，由于来自不同的部门，在使用上难以整合，不能完全根据实际情况安排使用，影响新农村建设整体效应的发挥。

6. 农业农村工作体制机制还不完善

主要是现行的农村土地流转、宅基地流转制度不完善，城乡一体化发展的体制机制尚未建立，农村社会事业发展落后，农业社会化服务体系不够健全，极大地制约了新农村建设及城乡一体化发展。

三、今后发展的思路和重点

为加快现代农业发展步伐，我市将按照全省“三化”兴“三农”和酒泉市“做精一产”的要求，以“服务城市、富裕农民”为目标，以增加农民收入为核心，以发展精品珍品农业为方向，以加快转变农业发展方式为主题，围绕“扩规模、提品质、强流通、增效益”的思路，大力推进“六个一”特色产业基地建设，大力推进农业产业化经营，构建体现玉门特色的农业产业体系，夯实农村发展基础，逐步实现传统农业向现代农业的全面跨越。主要做好以下几个方面的工作：

1. 着眼于“传统农业”向“新型农业”转变，大力推进农业精细化，打造具有玉门特色的“六个一”产业基地。以发展城郊农业为方向，着力优化农业结构，以市场和消费者需求为导向，大力实行精耕细作、精细管理，持续发展人参果、蔬菜、葡萄、枸杞、设施养殖等市场前景好、种养效益好的产业，全面建成千亩人参果、万亩温室韭菜、10 万亩蔬菜和 10 万亩特色林果基地，巩固发展 10 万亩啤酒原料基地和“百万只养羊强县”。经过几年努力，形成 5 个万亩蔬菜乡镇，全市建成蔬菜生产专业村 20 个，日光温室蔬菜达到 2 万亩，拱棚蔬菜达到 2.5 万亩；以葡萄、枸杞为主的特色林果种植面积达到 12 万亩；把我市打造成名副其实的“啤酒原料之都”和“百万只肉羊养殖强县”。

2. 着眼于“农业商品”向“精品珍品”转变，大力推进农业品牌化，打造全省重要的农产品加工基地。着眼于转变农业发展方式，创新农业经营机制，把标准化生产贯穿于农业生产的全过程，用工业技术规程改造提升农业，建设高标准科技园区，努力提高农产品的质量安全水平和市场竞争力，打造优质农产品品牌。采取对外招商引龙头、吸纳内资建龙头、改组改建强龙头等措施，围绕精深加工、冷藏保鲜等新建 2 个以上投资上规模、产品上档次、科技含量高的龙头项目，农产品加工增值率提高到 60%以上。加快农产品流通体系建设，建成集仓储包装、冷链物流和专业市场为一体的农产品交易中心，扶持壮大农民专业合作社，切实把基地与超市、市民连接起来，逐步实现农超对接，使 90%以上的农产品实现订单种植、订单销售。强力推进农业标准化，完善农产品质量安全保障体系，

全面扩张“沁馨”韭菜、“祁连清泉”人参果、“花海蜜”食用瓜、玉门酒花、花海辣椒面、花海葡萄、昌马羊、清泉羊、玉门枸杞、红花、孜然等品牌农产品的市场影响力和竞争力，使无公害产地认定规模达到15万亩以上，培育形成1～2个国家级农产品知名品牌、5个省级名优农产品品牌。

3. 着眼于“试验示范”向“创新创造”转变，大力推进农业现代化，打造省级现代农业示范园区。坚持高标准建设园区基础设施，高起点引进推广新品种、新技术，将顺兴现代农业园区建成省级现代农业科技园区，持续抓好千亩人参果、万亩韭菜、千亩设施农业、千亩精品蔬菜等4个酒泉市级示范园区扩大规模和配套提升，加强花海万亩特色林果、柳河万亩蔬菜、良种场酒花、千只种羊、枸杞苗木繁育、优质枸杞栽培等6个县级园区建设，使科技园区成为集精品引进、精品技术、精细管理、精品效益为一体的示范推广基地，使全市农业科技成果转化率达到60%以上。经过几年的努力，力争建成1～2个省级农业示范园区，争取将玉门镇顺兴现代农业园区、清泉千亩人参果、赤金万亩韭菜园区打造成酒泉一流的农业科技园区，将下西号精品蔬菜园区建成城郊农业观光园和精品珍品展示园。

4. 着眼于“局部带动”向“整体推进”转变，大力推进城乡一体化，打造全省新农村建设样板。以“服务城市，富裕农民”为目标，把整体提升农村环境面貌作为最大的民生实事，继续按照“五统一”和“五清五改五化”的标准，大力实施农村住房改造和环境综合整治工程，两年内全面完成老乡镇居民点改造提升，把玉门建成家家户户门面一新、花坛街面整齐美观、房前屋后绿树成荫、村组油路通达顺畅、文体设施配套完善、村容村貌整洁美化、百姓生活和谐幸福的新农村，成为酒泉市乃至全省的新农村建设样板。加快农民由依靠农业增收向依靠二、三产业和劳务转变，不断增加农民工资性收入。完善农村土地流转制度，健全土地承包纠纷调解仲裁体系，结合全市确定的主导产业和特色产业布局，引导土地流转和规模经营向优势产业和优势区域集中，向规模大户和龙头企业集中，力争每年新增土地流转面积1万亩，到2015年达到10万亩以上。

5. 着眼于“输血帮扶”向“造血发展”转变，大力推进扶贫开发常效化，树立全省移民脱贫致富新标杆。坚持移民包挂帮扶责任制，认真落实移民扶贫开发项目，加快实施“321”产业增收工程(户均羊饲养量达到30只，人均培育2亩高效田，户均1人搞劳务)，每年调引良种基础母羊1万只，户均养羊30只以上，力争每年减少贫困人口2000人，移民人均纯收入年增长25%；加快实施以工代赈、盐碱地改良、低产田治理和渠、林、路、水、电等扶贫开发和基础设施建设项目，全面解决移民乡安全饮水问题，切实提高基础设施配套水平。到2015年，改良盐碱地5.2万亩，改造危旧房屋2500套，铺筑通村通组油路80公里。认真落实省委"联村联户、为民富民"行动，按照"四级联动、综合带动、全面覆盖、务求实效、长期坚持"的有关要求，突出综合性、大规模、全覆盖、长效化，确保全年联系工作不间断，不实现脱贫致富目标不脱钩。

四、几点建议

1. 持续加大对高效农业的投入

建议省上积极建立高效农业发展专项基金，并逐年增加发展资金，研究制定扶持高效农业发展的新举措，重点支持高新农业节水技术推广、农业科技园区建设、连片日光温室建设、加工企业培育、农民专业合作社和市场体系建设，为高效农业规模化发展创造条件。同时，建立农业风险保障基金，逐步扩大政策性保险品种范围和保险覆盖面，降低农民从事温室蔬菜、啤酒原料等传统特色产业的风险，为高效农业发展提供有力支撑。

2. 建立完善农产品质量检测专业机构

建议省上及酒泉市进一步探索农产品质量监管新模式，加快推动县乡农产品速测室建设，切实提高"产地准出、市场准入"的快速检测能力，实现由普通农产品向无公害农产品、绿色食品的转变，推动品牌农业健康发展。

3. 创新专业实用人才引进培养机制

建议尽快研究出台农村实用人才奖励办法，进一步完善人才管理激励机制，适当放宽职业技能证书考证认证、年轻专业技术人才进出条件，广泛招录一批优秀农业科技专业人才，努力培养一支扎根农村的高素质乡土人才队伍，为现代农业发展提供可靠的人才支撑。

4. 进一步加大新农村建设的投入力度

我市多年来在新农村建设上取得了显著成效，积累了非常好的经验和做法，在全省全市都起到了很好的示范带头作用，建议省农办将我市列为全省新农村建设示范县，并设立新农村建设专项资金，不断加大资金投入力度，为今后全省新农村建设探索路子，积累经验。

5. 加快制定出台推动城乡一体化发展的措施办法

尽快制定出台统筹城乡发展的承包地及宅基地流转、社会保障、就业培训、户籍等各方面的措施办法，有效促进城乡一体化发展。

参考文献

[1] 祖田修.农学原论[M].北京:中国人民大学出版社,2003.
[2] 曾繁仁.中国古代“天人合一”思想与当代生态文化建设[J].文史哲,2006(4).
[3] 朱跃龙,吴文良,霍苗.生态农村——未来农村发展的理想模式[J].绿色经济,2005(1):64—66.
[4] 胡浩民,马步广.生态文明视角下的新农村建设[J].社会科学研究,2009(4):109—112.
[5] 朱跃龙.京郊平原区生态农村发展模式研究[D].中国农业大学,2005.
[6] 黄寿山,庞雄飞,梁广文等.深圳市碧岭示范生态村的规划与实施[J].生态科学,1997,16(2):22—27.
[7] 李来定,朱键荣.宝应县生态村建设实践.环境导报[J],2002(3):26—27.
[8] 杨京平.农业生态工程与技术[M].北京:化学工业出版社,2001.
[9] 杨京平.全球生态村运动评述[J].生态经济,2000(4):46—48.
[10] 丁国胜.试探我国乡村建设的生态路径——基于生态农村及生态村的建设经验分析[C].转变与重构——2011中国城市规划年会论文集.南京:东南大学出版社,2011.
[11] 白生成.玉门市提高水资源承载力的途径[J].中国水利,2009,21:37—38.

[12] 黄祖辉，徐旭初，蒋文华. 中国“三农”问题：分析框架、现实研制和解决思路[J]. 中国农林经济，2009(7)：4—11.
[13] Darling，F. F. A wider environment of ecology and conservation[J]. Daedalus，1967(96)：1003—1019.
[14] 杨京平. 全球生态村运动述评[J]. 生态经济，2000(4)：46—48.
[15] TakeuchiK，NamikiY，TanakaH. Designing Eco-villages for Revitalizing Japanese Rural Area[J]. EeolEng，1998，11(1)：177—197.
[16] 施玉书，马建萍，赵国平，钱勇忠，吴米良. 建德市能源—经济—环保生态村研究报告[J]. 中国沼气，2000(4)：39—41.
[17] 张辉，刘广科，郑传玲，张爱琴，施伟文. 仪征市马坝村低丘岗地农林生态村建设及效益分析[J]. 江苏林业科技，2001(5)：11—13，26.
[18] 卢兵友. 典型农村庭院生态系统结构多样性与系统功能研究[J]. 上海环境科学，2001(8)：381－383，407.
[19] 程广文. 东关村小流域综合治理与旅游生态村建设[J]. 水土保持研究，1996(4)：42—45.
[20] 杨海蒂. 生态省建设的新篇章——海南省文明生态村建设纪事[J]. 特区展望，2002(3)：26—28.
[21] 关尔. 希望扎根在田野上——关注云南民族文化生态村建设[J]. 今日民族，2002(1)：14—20.
[22] 杨树喆. 建设龙脊壮族文化生态村研究[J]. 广西民族研究，2002(3)：79—86.
[23] 翁伯奇，刘明香，应朝阳. 山区小康生态村建设模式与若干对策研究[J]. 农业系统科学与综合研究，2001(2)：152—155.
[24] 万朴，崔春龙，王成端，董发勤，李虎杰，熊艺谋，黄胜. 山区小康经济—生态文明村落—小城镇化发展与探索——北川县曲山镇黄家坝村的生态农业思路与实践[J]. 西南工学院学报，2001(3)：74—78.
[25] 黄寿山，庞雄飞，梁广文，史大鹏，方旭，余明恩，吴志敏. 深圳市碧岭示范生态村的规划与实施[J]. 生态科学，1997(2)：23—28.
[26] 范涡河，史进，王法尧，梁太芹，傅培璟. 安徽淮北平原建设“生态村”途径的探讨[J]. 农业现代化研究，1986(3)：30—32.
[27] 翁伯奇，黄勤楼，陈金波. 持续农业的新发展——生态农村的建设[J]. 云南环境科学，2000(1)：99—103
[28] 孙新章，成升魁，闵庆文. 生态农村工程：解决中国“三农”问题的新思维[J]. 农业现代化研究，2004(2)：86—89.

[29] 卞有生. 生态农业是我国农业发展、乡村建设的有效途径[J]. 环境保护, 1988(10):5—7.
[30] 祖艳群,李元. 小甸头村农业生态系统结构的灰色关联分析[J]. 农业现代化研究,1999(5):317—320.
[31] 刘健. 浙江省3个"全球500佳"生态村产业结构评述[J]. 农村生态环境, 1998(4):39—41,63.
[32] 朱珍华,吴文良. 当前我国农业面临的五大压力[J]. 首都经济,2002(8): 40—41.
[33] 李来定,朱健荣. 宝应县生态村建设实践[J]. 环境导报,2002(3):26—27.
[34] 汪泽艾. 我县生态村建设的几种模式[J]. 农业科技通讯,2003(7):4—5.
[35] 许兆然. 中国南部石灰岩地区生物保护和综合治理生态村模式[J]. 广西植物,1996(1):48—55.
[36] 宗良纲,卢东,杨永岗,肖兴星,周泽江. 有机农业:可持续农业的典范[N]. 江苏农业科技报,2003-01-08001.
[37] 粟驰. 京郊山区村级生态旅游与观光农业可持续发展模式研究[D]. 中国农业大学,2004.
[38] 李元,祖艳群,胡先奇,邱世刚. 生态村农业生态经济系统综合评价指标体系的研究[J]. 生态经济,1994(2):30—34.

后记

玉门市地处甘肃省西北部，位于古丝绸之路要道，东临嘉峪关，西毗敦煌，为甘肃河西走廊交通之门户，是我国中原通往新疆、青海、蒙古、中亚、欧洲的必经之路，素有“塞垣咽喉、表里藩维”之称。以“铁人”王进喜为代表的一批批玉门儿女为新中国石油工业的发展做出了突出贡献。这座享誉中外的石油城从2009年开始，在玉门市委、市政府的带领下迈出了生态农村建设的步伐。在三年的时间里，玉门生态农村建设已经初见成效，农村面貌焕然一新，一批富裕、美丽、满意、和谐的社会主义新农村已经出现，花海镇、玉门镇和下西号乡生态农村建设成果突出，并且形成了自己特有的模式，成了全市生态农村建设学习的典范。生态农村品牌也逐渐打响，在省内有了一定的知名度，玉门市关于生态农村建设的专题报道也不断涌现，“农村生活城市化、村庄环境风景画”的幸福家园画卷映入眼帘。玉门市生态农村建设呈现给我们的是一个决策正确、群众满意、领导认可的新农村，展现给我们的是一个目光长远、策略到位、手段突出、卓有成效的生态农村。

本书在研究与写作过程中得到了浙江大学农业现代化与农村发展研究中心的大力支持，在此表示感谢！在资料收集和调研过程中，得到了玉门市农村工作办公室等相关部门领导和花海镇副书记章忠明同志的热情帮助，同时西北师范大学商学院魏彦珩老师，研究生金虎玲、张晶、顾克腾等参与了此次项目的调研和资料整理工作。在此表示衷心感谢！

由于品牌新农村建设涉及政治、经济、社会、教育、文化等诸多方面，是一项

非常复杂的系统工程，尽管作者做了大量的实证调研工作和规范分析，并付出了很多努力，但由于这方面的基础资料不多，加之时间仓促及研究者水平有限，研究中肯定存在许多遗漏和不当之处，恳请各位专家、学者批评指正。

柳建平

2012 年 12 月

图书在版编目(CIP)数据

戈壁明珠玉门 / 柳建平，张永丽著. —杭州：浙江大学出版社，2013.9
ISBN 978-7-308-12267-2

Ⅰ.①戈… Ⅱ.①柳…②张… Ⅲ.①生态环境建设—研究—玉门市 Ⅳ.①X321.242.3

中国版本图书馆 CIP 数据核字(2013)第 228592 号

戈壁明珠玉门

柳建平　张永丽　著

丛书策划　陈丽霞
责任编辑　陈丽霞
文字编辑　赵博雅
封面设计　春天·书装工作室
出版发行　浙江大学出版社
(杭州市天目山路 148 号　邮政编码 310007)
(网址：http://www.zjupress.com)
排　　版　浙江时代出版服务有限公司
印　　刷　杭州日报报业集团盛元印务有限公司
开　　本　710mm×1000mm　1/16
印　　张　16
字　　数　296 千
版 印 次　2013 年 10 月第 1 版　2013 年 10 月第 1 次印刷
书　　号　ISBN 978-7-308-12267-2
定　　价　42.00 元

浙江大学出版社发行部联系方式　(0571)88925591;http://zjdxcbs.tmall.com